高速ディジタル回路実装ノウハウ

久保寺 忠 著

高速信号を確実に伝送する基板設計とノイズ対策

CQ出版社

まえがき

世の中，まさにスピード時代．こんな言葉が使われ続けて，私の知るところで30年以上が経ちました．ネットワークや携帯端末の普及によって情報配信が活発に行われ，最近では家庭にいながらにして，音楽ソースやゲーム・ソースなどを気軽に得られるようになりました．

それにしても最近のプリント基板上の電子部品は，ずいぶん少なくなったものです．あるメーカの方が「これからはプリント基板設計の時代ではない．LSI設計にどんどんシフトしなくては」と語っていた気もちがわかるような気がします．実際，最近のゲーム機のケースを外して内部を見てみると，ヒートシンクと数えるほどしか部品が載っていないプリント基板が目に入ります．表面層は，プリント・パターンすらほとんどありません．

今後，LSIが進化し集積化が進むにしたがって，プリント基板設計はどんどん楽になるのでしょうか？いいえ，当分の間そのようなことはないでしょう．

LSI内部とは比較にならないほど長いクロック配線やバス配線の処理，電源やグラウンド・プレーンが引き起こす共振，コネクタ周辺のノイズ対策，外来ノイズへの対応など，高速化のためのさまざまな問題と戦い続けなければなりません．しかも，コストも下げなければなりません．これが，現代の回路設計者とプリント基板を扱う実装技術者の姿だと思います．

CADが今ほど一般的でなかった昔は，回路設計者がプリント基板の部品レイアウトから配線，電源，グラウンド・パターンまで，すべて自分たちの手で設計していました．片面基板が主流だったので，限られたスペースに部品を入れ，電源やグラウンド・パターンを太くするには，それなりの経験が必要でした．

当時はアナログ回路が中心でしたから，回路図には信号経路だけでなく，リターン・グラウンドや電源経路なども描くことが多く，高周波回路が異常発振を起こしたりしても，信号経路を推測するのはそれほど難しくありませんでした．つまり，電源，信号，グラウンドが一対のものであるということを理解していました．

ところが，ディジタル回路の回路図には，LSIや抵抗，コンデンサなどの端子間を接続する結線情報が中心になっており，電源やグラウンドが表現されていません．クロック周波数が低いうちはこれでも良かったのですが，高速化とともにアナログの技術，特に高周波技術が要求されてきました．しかも，プリント基板上の電源の数は増え，層数も増えてきました．その結果，高速信号のリターン経路や電源の取り方など，多くのことに注意を払った設計技術が要求されてきました．昔のように，これらの注意点を回路図に表現しておけば良いとは考えますが，現在のCADシステムを見ても，残念ながらここまでできるものはないようです．

今も昔も変わらないことですが，一番重要なのは回路設計者と基板設計者のコミュニケーションです．ただ，入社2～3年の技術者や，今までプリント基板に関わってこなかった技術者の皆さんにとっては，どのようにコミュニケーションを取ったら良いかすらわからないと思います．本書では，こんな読者を対象にして，高速信号を扱うプリント基板を設計するうえで，重要な事柄を整理して解説しました．扱っているクロック周波数はそれほど高くありませんが，基本を知ることによって設計を始めて間がない方でも，高速化，低コスト化への取り組みができるようになるでしょう．

なお本書は，トランジスタ技術 2000年10月号～2001年11月号までの連載記事と1999年11月号の特集記事をもとに加筆，再編集したものです．編集にあたり内容の不整合をご指摘くださったトランジスタ技術編集部の寺前裕司氏，実験を担当してくださった富士ゼロックス㈱の安藤 勝氏，㈱ハーテックの松永茂樹氏，吉田 宏氏，プリント基板材料の情報提供にご協力いただいた松下電工㈱電子基材事業部の仲摩恵一氏，東京研究所の冨永弘幸氏，プリント基板設計法についてご教授いただいた日本電気回路基板事業部の河野正英氏，クロック・ドライバの情報提供にご協力いただいた日本IDT㈱(Integrated Device Technology Inc.)の神山 渡氏，飯島幸彦氏，測定に関してアドバイスおよびご協力いただいた㈱日立製作所の中村 篤氏，その他多くの方々に，この誌面をお借りして深謝いたします．

2002年夏　著者

目　次

第１章　プリント基板の高速化と周波数特性 …………17
～高速/高周波回路を実装するために～

1-1　ディジタル回路の高速化とプリント基板の実際 …………17
高速化するCPUとメモリ …………17
LSIの大規模化と問題点 …………18
遅れているプリント基板の高速化 …………18

1-2　プリント基板材料と高周波特性 …………20
ディジタル信号は基本波周波数とその高調波からなる …………20
誘電正接が小さい基板ほど高周波に向く …………20
誘電率が小さいほど高周波に向く …………21
実際のプリント基板の高周波特性 …………22
誘電率は高周波で低下する …………23
ガラス・エポキシ基板が扱える最大周波数 …………24
コラム　基板の取り数はどうやって決める？ …………27

第２章　高速センスによる多層プリント基板活用 ……31
～信号層/電源層/グラウンド層のレイアウトと配線術～

2-1　なぜ？多層基板か …………31

2-2　どうやって層数を決めるのか？ …………32
まずは部品の数を必要最小限にする …………32
プリント・パターンの設計ルールと層数 …………33

2-3 各層の信号の割り当て …… 34
4層基板 …… 34
6層基板 …… 36
8層基板 …… 37

2-4 高速ディジタル基板のパターン設計の基本 …… 38
パターン・レイアウトと特性インピーダンスの変化 …… 38
信号層にもベタ・グラウンドは必要 …… 41
ベタやガーディングは低インピーダンスでグラウンドに接続 …… 41
配線は90°に曲げない …… 43

2-5 スルー・ホールの形状とクリアランス …… 45
標準的な形状 …… 45
適切なクリアランス設定 …… 46

2-6 多層プリント基板の構造と新しい製法 …… 48
多層基板の製造工程 …… 48
ビルド・アップ多層基板 …… 51
コラム 使用しているプリント基板材料を把握しておこう! …… 55

第3章 クロック信号ラインの伝播遅延要因 …… 57
～基板上で最も高速な信号のふるまいと問題点～

3-1 プリント基板上の主な遅延要因 …… 57
ICに起因する遅延 …… 57
配線に起因する遅延 …… 58

3-2 実際の高速ICの伝播特性 …… 60
実験による検証 …… 60
クロック・ドライバのスイッチング特性の定義 …… 62

3-3 プリント・パターンの伝播特性 ……67
実験による検証 ……67
配線による遅延を求める ……68
配線とICの遅延時間は？ ……70

第4章 高速ディジタル基板の信号波形の実際 ……71
～DIMMのクロック信号波形の観測と考察～

4-1 DIMM周辺に潜む高速伝送時の問題点 ……71
クロック信号はシステムの中で一番高速 ……71
配線のキャパシタンスとインダクタンス ……71
DIMM周辺の部品レイアウト ……73

4-2 実際の高速基板のクロック信号波形 ……75
DIMM周辺の回路 ……75
SDRAMの電気的特性 ……77
プリント基板各部の実測波形 ……79
コラム 一筆書きのプリント・パターンは本当に良い？ ……83

第5章 伝播遅延とスキューへの対応 ……85
～伝播速度の算出法と高速回路の動作マージンの検証～

5-1 真空中を伝わる信号の速度 ……85
真空中の電荷の伝播速度 ……85
真空中の配線を伝わる信号の速度 ……86
誘電体と伝播速度の関係 ……87

5-2 プリント・パターンを伝わる信号の速度 ……87
配線上に容量負荷が存在するときの伝播速度 ……87

5-3　配線による伝播遅延と回路の動作マージン ……………… 89
バス・バッファの伝播特性と設計余裕度 …………………… 89
クロック・ドライバの伝播特性と設計余裕度 ……………… 91

5-4　配線間の伝播時間差への対応 …………………………… 92
プリント・パターンによる対策 ……………………………… 92
回路での対策 ………………………………………………… 93

第6章　高速バッファICの種類と伝播特性 ………… 101
～その実力と使い方を実験で検証～

6-1　高速ドライブICの電気的特性 ………………………… 102
ドライブICの種類と特徴 …………………………………… 102
AC特性の比較 ……………………………………………… 102

6-2　バス・バッファの伝播特性 …………………………… 103
汎用バス・バッファ 74FCT244ATの概要 ………………… 103
パルス・スキューの測定 …………………………………… 104
コラム　クロック・ドライバの種類 ………………………… 106

6-3　クロック・ドライバの伝播特性 ……………………… 107
クロック・ドライバ 74FCT3807Aの概要 ………………… 107
パルス・スキューの測定 …………………………………… 107

6-4　PLL内蔵型クロック・ドライバの伝播特性 ………… 109
PLLの基本動作 ……………………………………………… 109
PLL内蔵型クロック・ドライバ 74FCT88915TTの概要 … 109
パルス・スキューの測定 …………………………………… 113
出力周波数の設定 …………………………………………… 115
放射ノイズ対策に利用できる ……………………………… 117

第７章　パスコンの役割とその最適容量 ……………… 119

～高速ICの安定動作に必須！その施し方と設計法～

7-1　パスコンの働き ……………………………………………………119
電源パターンからもノイズが発生する ………………………………… 119
パスコンは電気の貯水槽 ………………………………………………… 120
パスコン両端の電圧の変化 ……………………………………………… 120

7-2　ICとパスコン間にはどんな電流が流れているか…………122
容量の充放電電流 ………………………………………………………… 122
コラム　高速ディジタル基板で活躍するパスコン …………………… 124
出力段に流れる貫通電流 ………………………………………………… 125

7-3　容量値の算出例 ……………………………………………………128
例題回路 …………………………………………………………………… 128
電源電圧降下が0.1 V以下になるときのパスコン容量 ………………… 128

7-4　パスコンに適したコンデンサ ……………………………………129
コンデンサの構造と周波数特性 ………………………………………… 129
積層セラミック・コンデンサが良い …………………………………… 131

7-5　高速ICの電源端子に流れる電流 ………………………………132
4種類のインバータICを評価する ……………………………………… 132
測定の方法 ………………………………………………………………… 134
速いICは電源電流の変化が急峻………………………………………… 135

7-6　ICの等価内部容量の算出…………………………………………137
74LV04の等価内部容量 ………………………………………………… 137
74LVC04の等価内部容量………………………………………………… 138

7-7　パスコンの容量と電源リプルの変化 ……………………139
実験回路…………………………………………………………… 139
実測値と計算値の比較と考察…………………………………… 140

7-8　パスコンの数と放射ノイズの変化 ……………………141

7-9　パスコンの正しい実装位置 ……………………………143
クロック・ドライバの内部回路を見てみる …………………… 143
メーカ推奨のパスコンの実装位置 ……………………………… 143
パスコンが先かICが先か………………………………………… 147

第８章　配線インダクタンスの低減方法 …………… 149
～ICに安定な電源を供給するために～

8-1　プリント・パターンのインダクタンス成分に注目 ………149
プリント・パターンは抵抗とインダクタンスで表せる ……… 149
直流抵抗を下げるだけなら簡単だが…　……………………… 150
コラム　データシートの推奨パターンを鵜呑みにしない ……… 151

8-2　2種類のインダクタンス ………………………………152
自己インダクタンス ……………………………………………… 152
相互インダクタンス ……………………………………………… 153

8-3　空中の銅線に生じるインダクタンス …………………153
1本の銅線に生じるインダクタンス …………………………… 153
2本の平行銅線に生じるインダクタンス ……………………… 154
現場でよく見る誤ったインダクタンス低減法 ………………… 156

8-4　プリント・パターンの形状と実効インダクタンス ………156
1本のプリント・パターン ……………………………………… 156

2本のプリント・パターン …… 157

8-5 プリント・パターンのインダクタンスと電圧変動 …… 158

信号の周波数と配線インピーダンス …… 158

プリント・パターンに生じる誘導起電力 …… 159

8-6 パスコン-電源端子間の距離と電源電圧変動 …… 160

基板を作って実験してみる …… 160

コラム IBIS モデルとは <吉田 宏> …… 160

測定の方法 …… 163

電源パターンが長いほど電源電圧変動が大きい …… 164

8-7 実効インダクタンスと電源電圧変動 …… 166

電源とグラウンド・パターンの距離を変えるとどうなるか …… 166

電源とグラウンドは近づけて配線する …… 167

8-8 電源とグラウンドのパターン間距離と放射ノイズ …… 169

実験で検証する …… 169

パスコンの効果を確認 …… 170

ループ面積と放射ノイズ …… 171

まとめ …… 175

第9章 伝送線路のインピーダンス整合 …… 177

～信号エネルギを 100 %負荷に伝えるテクニック～

9-1 インピーダンス整合とは …… 177

水に喩えると… …… 177

電気信号の流れで考えると… …… 178

終端の基本「テブナン終端」 …… 180

9-2　ダンピング抵抗と終端抵抗の算出 …… 181
反射係数を算出する …… 181
整合条件を満たすダンピング抵抗値と終端抵抗値を求める …… 183

9-3　インピーダンス整合の効果 …… 184
モデル基板を作って検証する …… 184
コラム　特性インピーダンスの計算ツール …… 185
ダンピング抵抗値が不適切なときの波形 …… 187
ダンピング抵抗値を合わせ込む …… 190
DIMMのクロック端子の位置と信号波形 …… 192

第10章　プリント・パターンのインピーダンス設計 …… 199
～特性インピーダンスと伝送速度の考察～

10-1　プリント・パターンのインピーダンス変化と反射 …… 199
パターンのインピーダンスは場所によってぜんぜん違う …… 199
シミュレーションでインピーダンスの変化を見てみよう …… 200

10-2　各種伝送線路の構造と特性インピーダンス …… 202
マイクロストリップ線路 …… 202
エンベデッド・マイクロストリップ線路 …… 204
ストリップ線路 …… 205
コプレーナ線路 …… 205

10-3　バス信号の配線間スキューの問題 …… 208
バス・ラインを配線するときの問題点 …… 208
負荷の数が多いほど伝播速度は遅くなる …… 208
バス・ライン上の信号伝播のようす …… 209

10-4 配線構造と伝播速度/インピーダンス/信号波形 …………213
信号は1nsでどのくらい進む？ …………213
整合したマイクロストリップ線路の伝播速度 …………214
コプレーナ線路の伝播速度 …………216

10-5 2本の配線を伝播する電流の向きと インピーダンス変化 …………218
プリント・パターンのインピーダンスは常に変化している …………218
同相と逆相の伝送波形の違い …………220

第11章 ノイズを出さない高速回路設計 …………221
～ノイズ発生のしくみと高速ICの選び方～

11-1 クロック信号波形の理解を深める …………221
クロック信号は正弦波とその高調波で構成されている …………221
波形から周波数特性を導く …………223
台形波の高調波スペクトラム …………224

11-2 理想的なクロック波形とは… …………226
駆動電流の大きいバッファICに要注意！ …………226
ドライバの駆動能力とクロック波形 …………227
コラム ロジックICの低電圧化とノイズ・レベル …………233

11-3 プリント基板から放射されるノイズの正体 …………234
放射ノイズの正体は電磁界 …………234
磁界 …………234
電界 …………235
電界と磁界の関係 …………236

11-4 配線に流れる電流と放射ノイズのふるまい ……237
配線から電磁波が放射されるしくみ …… 237
電流経路と放射ノイズ量 …… 238

11-5 放射ノイズの算出例 ……240
バッファ出力の配線インピーダンスの算出 …… 241
インピーダンス図と電圧スペクトルから電流値を算出する …… 243
放射ノイズを算出する …… 243

11-6 バッファICの動作速度と放射ノイズ・レベル ……245
速いICほど放射ノイズが大きい …… 245
超高速クロック・ドライバの放射ノイズ …… 246

第12章 ノイズを出さないプリント基板設計 …… 251
～部品レイアウトとアートワークの心得～

12-1 プリント基板から放射されるノイズの原因と対策 ……251
ループ面積を小さくしよう …… 251
ノイズ低減のかぎはコモン・モード電流の抑制 …… 252

12-2 ループ線路から発生する放射ノイズ ……255
ループの大きさと放射ノイズ …… 255
シミュレータで見るプリント基板上のノイズのふるまい …… 258

12-3 ベタ・グラウンドのノイズ低減効果 ……260
実験で検証する …… 260
低域で30～40 dB，高域で10～20 dB改善される …… 261
計算で求める放射ノイズ・レベルの精度 …… 261

12-4 プリント基板からの距離と電界強度 …… 264
マイクロストリップ線路に流れる電流の算出 …… 264
基板から3m離れた位置での電界強度を算出する …… 265
マイクロストリップ線路の電流分布 …… 266

12-5 実際の基板の部品レイアウトと放射ノイズ …… 267
部品レイアウト変更前のノイズ・シミュレーション …… 268
部品レイアウト変更後のノイズ・シミュレーション …… 269
実際の基板の放射ノイズ測定 …… 270

12-6 むだなダンピング抵抗の削減 …… 271
配線が波長より十分短ければ抵抗は要らない …… 271
シミュレータを使って不要な抵抗を見つける …… 272

12-7 基板の厚みと放射ノイズ …… 272
多層基板の構造と電源とグラウンドのインピーダンス …… 272
薄い基板ほど低ノイズ …… 273
コラム 集中定数と分布定数 …… 274

12-8 パスコンの位置と近傍磁界の変化 …… 276
近傍磁界の測定法 …… 276
パスコンと近傍磁界の変化 …… 280

第1章
プリント基板の高速化と周波数特性
～高速/高周波回路を実装するために～

1.1　ディジタル回路の高速化とプリント基板の実際

● 高速化するCPUとメモリ

電子製品の性能を大幅に向上させ，小型，軽量化したのは，ハードウェア技術，特にLSIの微細化と高速化，高速回路の実装技術の進展に負うところが多いと思います．

図1-1に示すのは，CPUおよびメモリの高速化とプリント基板上の動作クロック周波数の推移です．デバイスの高速化がどんどん進んでいるのがわかります．最近は，半導体チップの配線をアルミから銅に変更して導電率を上げ，クロックを1GHz以上にしたCPUも発表されており，高速化を中心とした技術開発は当分続きそうです．メモリも同様で，SDRAM(Synchronous DRAM)の高速化はもちろん，最近ではクロックの両エッ

〈図1-1〉高速化するCPU，メモリ，プリント基板

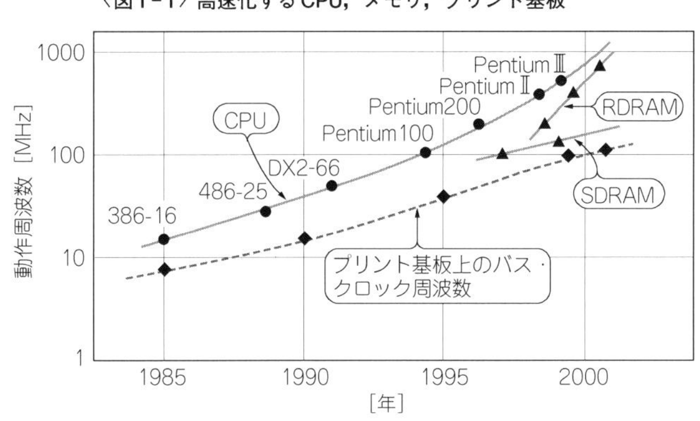

ジでデータを取り込むDDR-SDRAM(Double Data Rate SDRAM)も使われています.

● LSIの大規模化と問題点

ASIC(Application Specific IC)では,微細化のメリットを生かして,CPUやメモリ,そして周辺回路までを一つのチップに取り込み,全体で数百万ゲートに達するものも実現されました.しかし,回路規模が増加すると,複数の信号間で生じる伝播速度の差(スキュー)や,信号間の微妙なタイミングの問題解決が難しくなります.

図1-2は,ASICの微細化技術と低電圧化の進展についてまとめたものです.微細化が進むとリーク電流が問題になるため,電源電圧がどんどん下がっています.ただし,動作電圧の低下は悪いことばかりだけではありません.内部のトランジスタが短時間で"H"と"L"を遷移できるようになるので,高速化の面では有利です.

動作電圧が下がるということは,ノイズ・マージンも同時に下がります.最近問題になっているESD(Electrostatic Discharge;静電気放電)の耐力不足は,ICの低電圧化と密接な関係があると言われています.

● 遅れているプリント基板の高速化

図1-1に戻って,プリント基板上の動作クロック周波数はどうなっているか見てみま

〈図1-2〉ASICの微細化と低電圧化

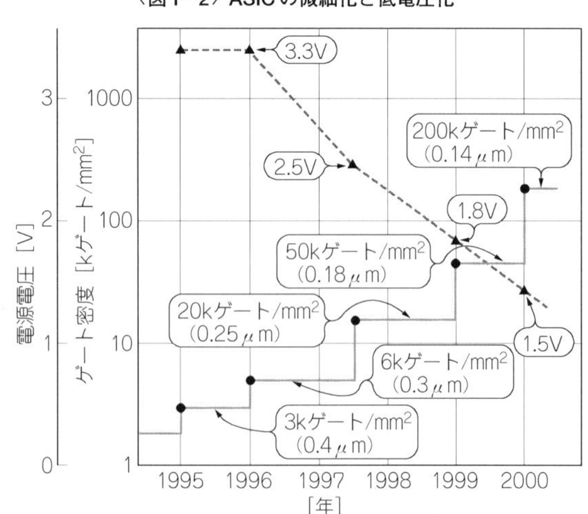

しょう．CPUやメモリを搭載した一般的な基板を例にとりました．プリント基板はデバイスの動作速度に比べて高速化が遅れており，その差はどんどん広がっています．デバイス内部で高速に処理された信号が，プリント基板上では，低速にしか伝播できないのは，なんとももったいない話ですね．

もちろん，プリント基板側でも高速化の取り組みがなされています．回路設計の段階で，シミュレータを使って配線インピーダンスや信号波形を確認して最適解を求めたり，CADに組み込まれたアート・ワーク設計用のシミュレータを利用して，部品の配置や配線と信号のタイミングを同時に解析したりしています．

図1-3(b)(c)に示すような，新しい多層プリント基板の製造プロセスも現れています．配線距離を短縮したり，基板サイズを小さくできるため，低コスト化が実現できるようになってきました．

このように，プリント基板の技術開発は日進月歩でどんどん進んでいるので，常に基板メーカから新しい情報を入手する姿勢が大切です．

〈図1-3〉多層プリント基板のプロセスの進化

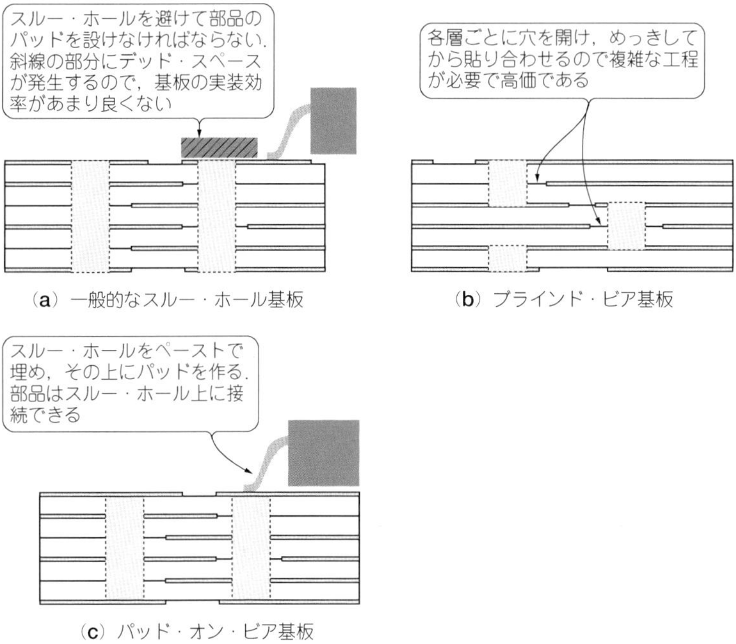

(**a**) 一般的なスルー・ホール基板

(**b**) ブラインド・ビア基板

(**c**) パッド・オン・ビア基板

1.2　プリント基板材料と高周波特性

● ディジタル信号は基本波周波数とその高調波からなる

図1-4に示すように，プリント基板上で最も周波数の高いクロック信号の波形は，基本波周波数の正弦波とその奇数倍の周波数の正弦波が足し合わされていると考えられます．例えば，100 MHzのクロック信号は，300 MHzの第3次高調波，500 MHzの第5次高調波…が足し合わされた信号です．このことは，100 MHzのクロック信号を，波形をくずさず確実に伝送するためには，500 MHz以上の正弦波を伝送できるプリント基板を設計する必要があることを意味しています．

現場では，100 MHzを越えるようなバスを使った回路でも，通常のFR4(ガラス・エポキシ基板)を使うケースが多いようです．クロック信号の高調波成分はいくらか減衰しているはずですが，現場では動作に影響しなければ良しとすることが多いようです．

● 誘電正接が小さい基板ほど高周波に向く

図1-5に示すのは，理想的な誘電体とそうでない誘電体の電圧と電流の位相の関係です．

実際のプリント基板の絶縁材は，誘電体と並列または直列に抵抗ぶんがあり，その抵抗によってδ°の損失が発生します．この角度δが大きいほど損失も増加します．一般に，$\tan\delta$を誘電正接と呼び，この値が小さいほど高周波での損失が小さくなります．

図1-6に，誘電正接の周波数による変化を示します．誘電正接は周波数による変化はほとんどありません．

〈図1-4〉ディジタル信号は基本波周波数とその高調波からなる

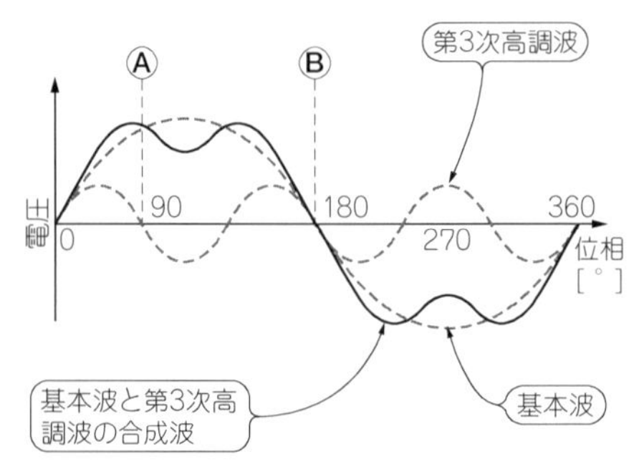

● 誘電率が小さいほど高周波に向く

プリント・パターンからは電磁界が発生し，空中や絶縁物の内部を通過します．

電磁界の通過のしやすさは，誘電率で表されます．誘電率が高いほど，電磁界は通過しやすくなります．基板の誘電率は空気より高いので，信号線から発生する電磁界は，基板の内部に集中します．誘電率が大きくなればなるほど，材料中に高周波が通りやすくなり絶縁性は悪くなるので，RF回路や高速回路には誘電率の小さな材料を使います．

周波数が高くなり誘電体が理想的な絶縁体でなくなると，信号電流が誘電体中を流れて，基板内部で発熱が起きます．配線層からグラウンド層に電流が流れるので，誘電率が大きくなるほど、信号のロスは大きくなります．

〈図1-5〉[1] 誘電正接tanδの大きい誘電体は損失が大きい

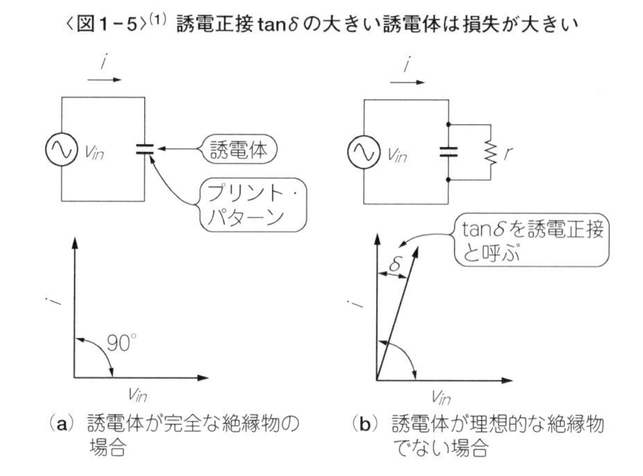

(a) 誘電体が完全な絶縁物の場合　(b) 誘電体が理想的な絶縁物でない場合

〈図1-6〉誘電正接の周波数特性

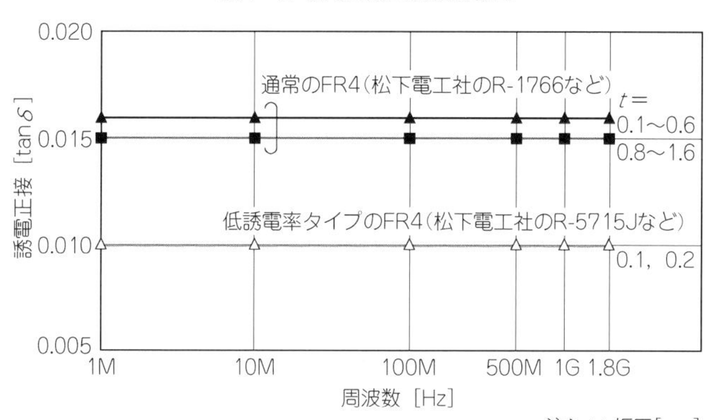

● 実際のプリント基板の高周波特性

表1-1に，実際に使われているガラス・エポキシ基板材料と低誘電率のガラス・エポキシ基板材料の主な特性を示します．高速回路や高周波回路では，体積抵抗率より比誘電率や誘電正接が小さいことが重要です．

FR4(R-1766)の比誘電率は，4.7@1 MHzであるのに対して，低誘電率タイプではR-5715Jで3.8@1 MHz，R-5755では3.5です．誘電正接(tanδ)も右の材料ほど数値が低くなっており，高速回路や高周波回路に適します．

図1-7は，各種の基板材料の誘電率と誘電正接をプロットしたものです．左下の材料ほど，誘電率が低く低損失です．フッ素樹脂，ポリイミド樹脂などが高速に向く材料で，**表1-1**の低誘電率エポキシ基板(R-5755)はポリイミドとほぼ同様の性能です．一般に，低誘電率，低誘電正接の材料ほどコストが高くなるので，開発する商品の仕様やターゲット・コストに合わせて，材料を選定しなければなりません．

〈表1-1〉(2) 基板の種類と性能

試験項目	単位	ガラス・エポキシ基板 FR4(R-1766)	FR4 MEGTRON (R-5715J)	FR4 MEGTRON5 (R-5755)
体積抵抗率	Ω・cm	5×10^{15}	5×10^{15}	3.5×10^{15}
表面抵抗	Ω	5×10^{14}	5×10^{14}	4×10^{14}
絶縁抵抗	Ω	1×10^{14}	1×10^{14}	2.5×10^{14}
比誘電率@1 MHz	―	4.7	3.8	3.5
誘電正接@1 MHz	―	0.015	0.010	0.004
備考	―	汎用	低誘電率・高耐熱	低誘電率・高耐熱

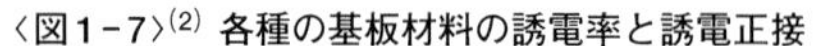

〈図1-7〉(2) 各種の基板材料の誘電率と誘電正接

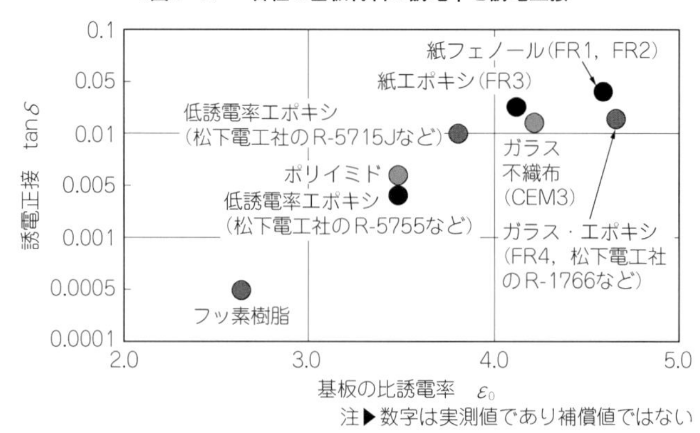

● 誘電率は高周波で低下する

図1-8は，R - 1766(FR4)とR - 5715Jの比誘電率の周波数特性を示すものです．

R - 1766(厚さ0.1～0.6 mm)の誘電率は，4.6@1 MHz，4.3@100 MHz，4.2@1 GHzというように，周波数が高くなると低くなります．低誘電率タイプのR - 5715Jは，3.9@1 MHz，3.6@1 GHzとなっており，周波数に対する変化もFR4より小さくなっています．

基板の誘電率は，プリント・パターンの特性インピーダンスに直接影響します．**図1-9**に示すマイクロストリップ線路の特性インピーダンスZ_0は，比誘電率$\varepsilon_r = 4.6$のとき52.9 Ω，$\varepsilon_r = 4.3$のときは54.9 Ωになります．ラムバス(Rumbus)のように高速のインターフェースでは，正確なインピーダンス整合が重要ですから，プリント・パターン設計時には，比誘電率の周波数特性をしっかり頭に入れておく必要があります．

プリント基板材料の比誘電率や誘電正接の測定法は，JIS(C-6481)やIPC(TM-650)などの規格で定められており，基板材料のカタログには一般にこの値が掲載されています．**表1-1**もこの規格に準じており，比誘電率と誘電正接は1 MHzで測定されています．

〈図1-8〉[2] 各種の基板材料の誘電率の周波数特性

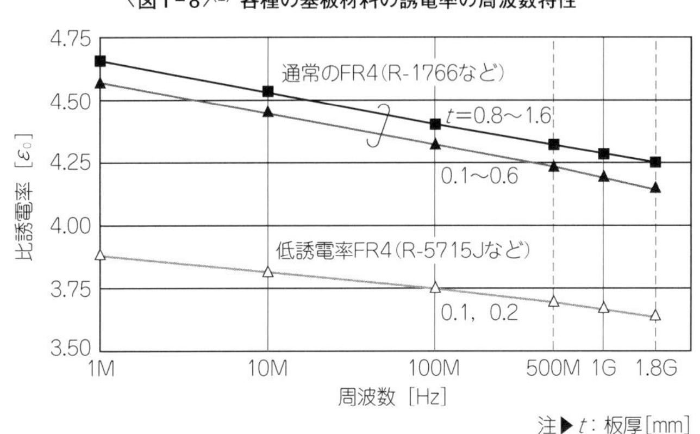

〈図1-9〉マイクロストリップ線路の例

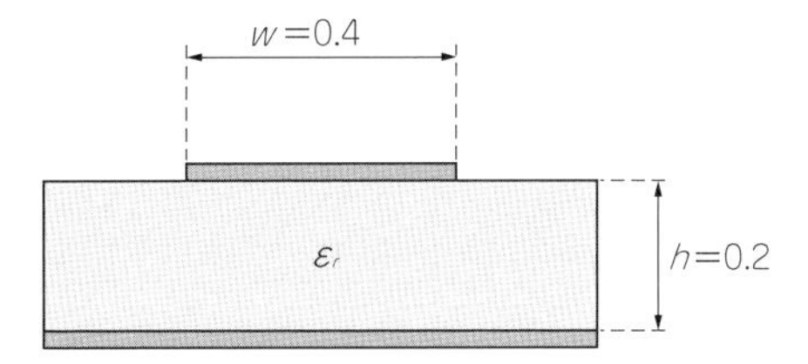

● ガラス・エポキシ基板が扱える最大周波数

よく「FR4のガラス・エポキシ基板でどれくらいの周波数まで対応できるの？」という質問を受けます．

実際にFR4のプリント基板を使って実験してみましょう．**図1-10**に示す実験回路で，アイ・パターンによって伝送特性を評価します．

試作したプリント基板は，内部に信号線が通り，上下がグラウンド層のストリップ線路構造です．配線長は，基板上で配線できる最大の長さとして300 mmです．特性インピーダンスは50 Ω ± 10％，配線の入出力はSMAコネクタで直接測定器と接続します．

図1-11～**図1-13**に，**表1-1**(p.22)の各材料で評価した結果を示します．

オシロスコープのストレージ機能を使って波形を上書きすると，人間の目のようなオシログラムが表示されます．輝線のない中央部の面積が広いほど，信号品質が良いことを意味しています．

図1-11(a)の波形は，Ⓐ部の面積が十分広く，1 Gbpsの信号は鋭く立ち上がり，そして立ち下がっています．しかし，2.5 Gbpsでは上下がつぶれ始めます．また波形の輝線が太くなっており，ジッタが増加しているのがわかります．このような波形では，安定したデータ通信は望めません．

図1-11と**図1-13**を見比べると，誘電率の高い材質ほど，低い周波数でアイ・パターンがつぶれており，その差は歴然としています．

これらの結果から，FR4では2.5 GHzと5 GHzの間あたりに限界があるといえそうです．

〈図1-10〉(3) ガラス・エポキシ・プリント基板(FR4)の周波数特性を調べる実験

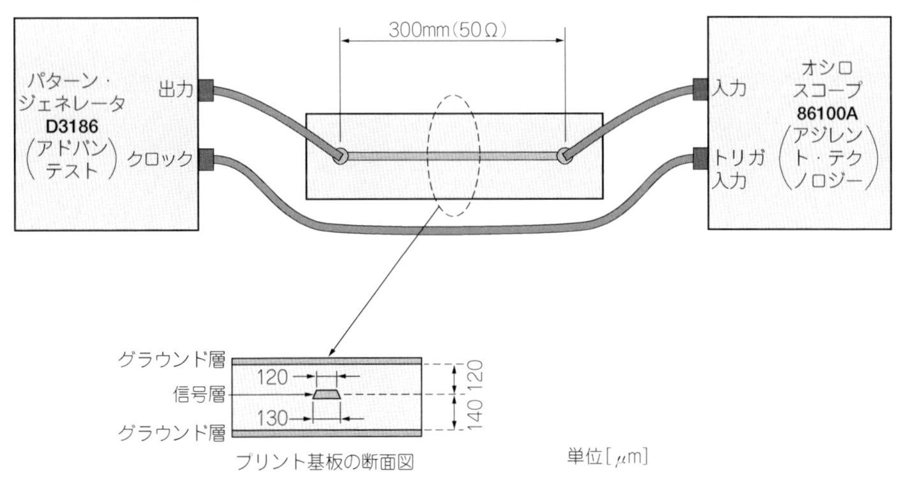

〈図1-11〉(3) ガラス・エポキシ基板(FR4)の周波数によるアイ・パターンの変化(0.5V/div.)

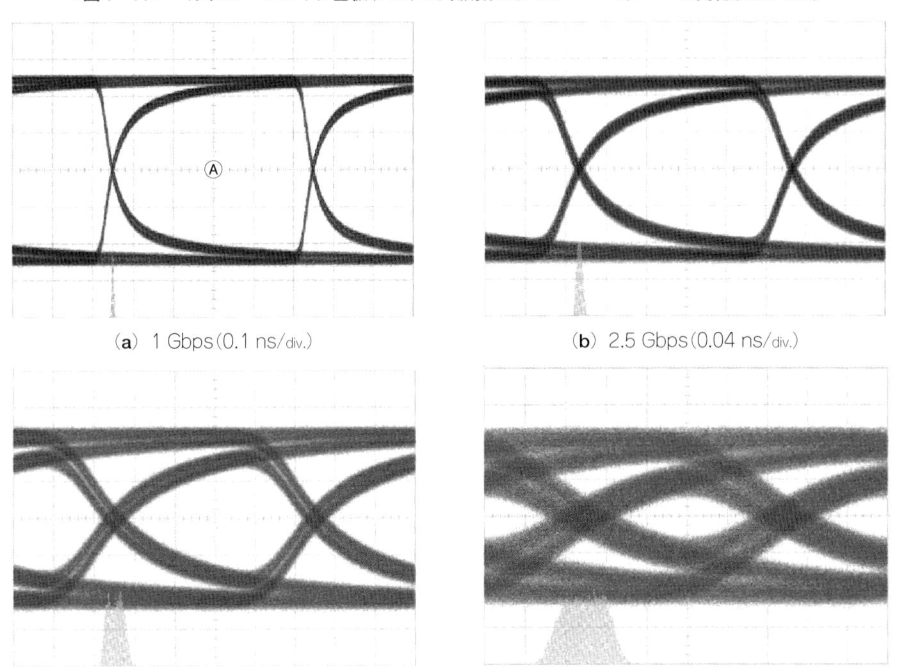

(a) 1 Gbps(0.1 ns/div.)

(b) 2.5 Gbps(0.04 ns/div.)

(c) 5 Gbps(0.02 ns/div.)

(d) 10 Gbps(0.01 ns/div.)

〈図1-12〉[3] 低誘電率ガラス・エポキシ・プリント(R-5715)**の周波数によるアイ・パターンの変化**(0.5V/div.)

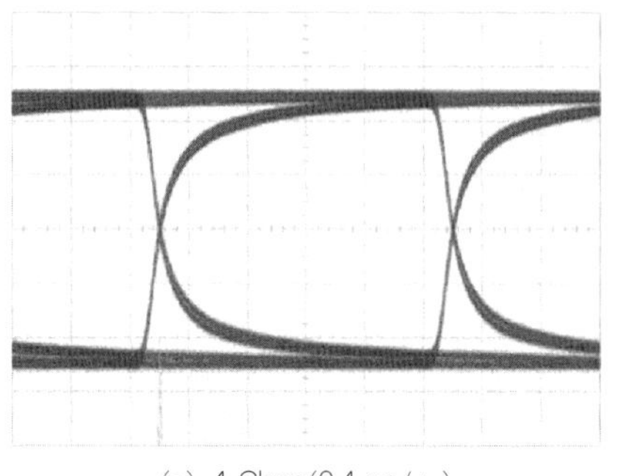

(**a**) 1 Gbps(0.1 ns/div.)

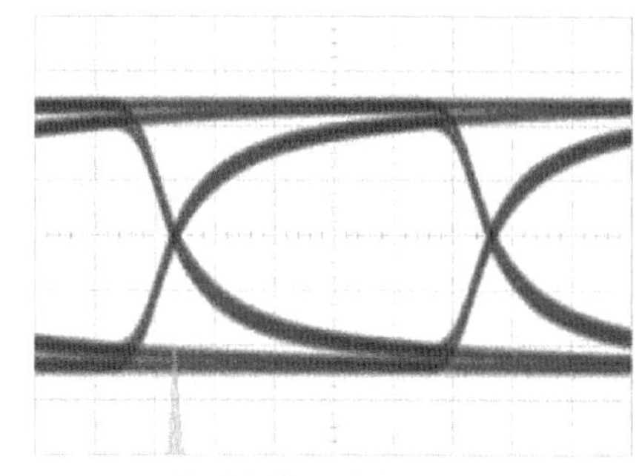

(**b**) 2.5 Gbps(0.04 ns/div.)

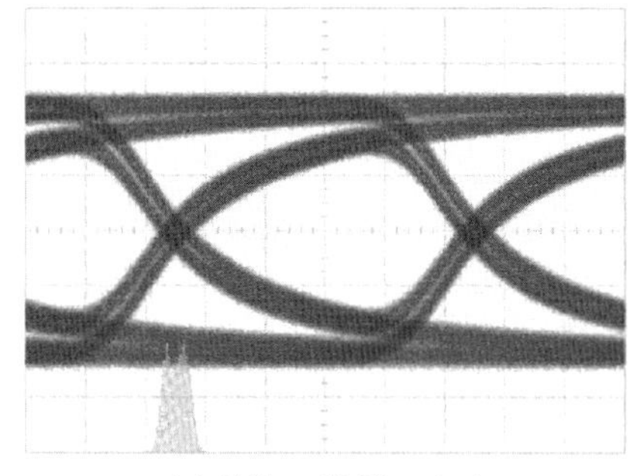

(**c**) 5 Gbps(0.02 ns/div.)

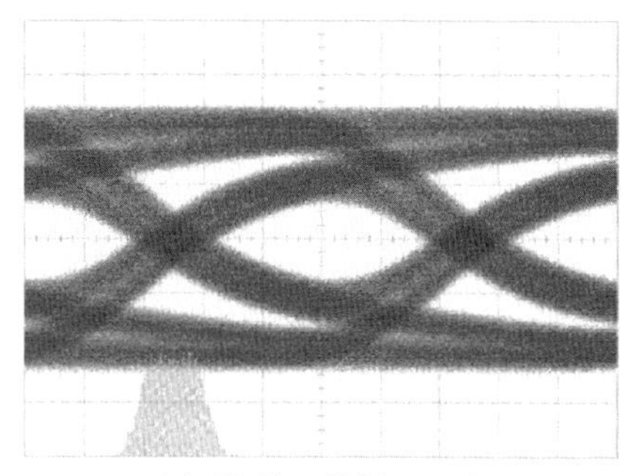

(**d**) 10 Gbps(0.01 ns/div.)

〈図1-13〉[3] 低誘電率ガラス・エポキシ・プリント(R-5755)**の周波数によるアイ・パターンの変化**(0.5V/div.)

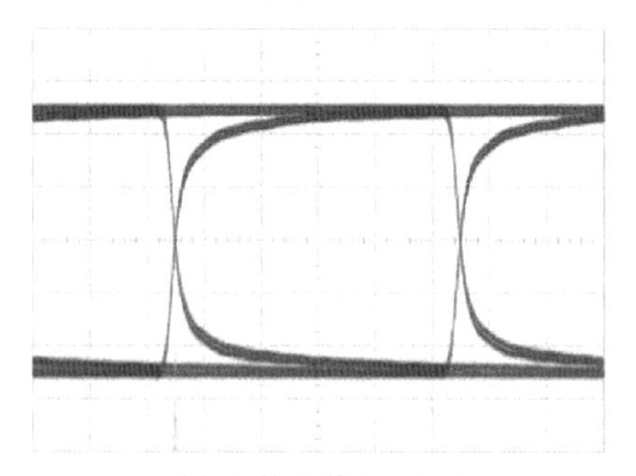

(**a**) 1 Gbps(0.1 ns/div.)

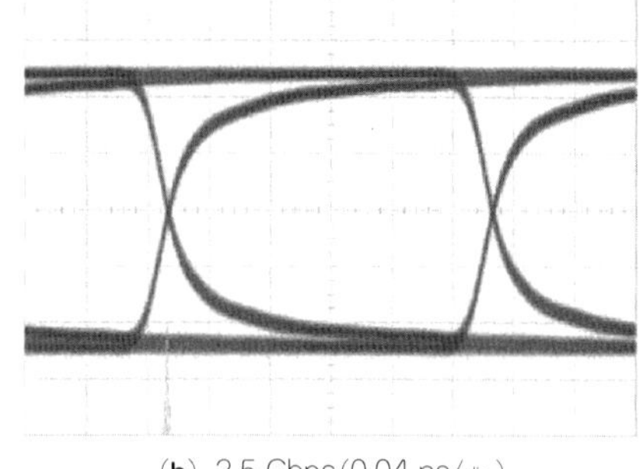

(**b**) 2.5 Gbps(0.04 ns/div.)

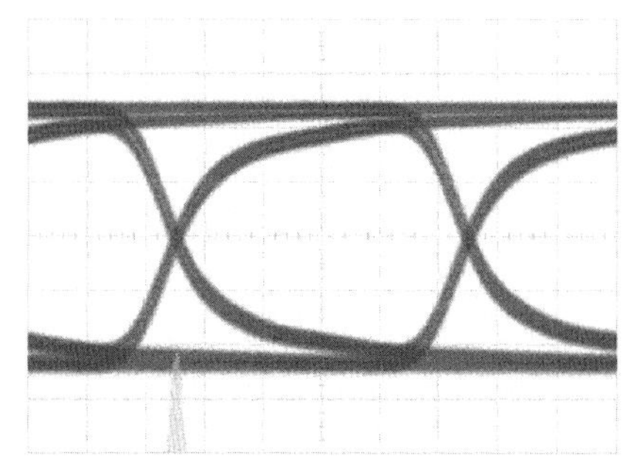

(c) 5 Gbps(0.02 ns/div.)

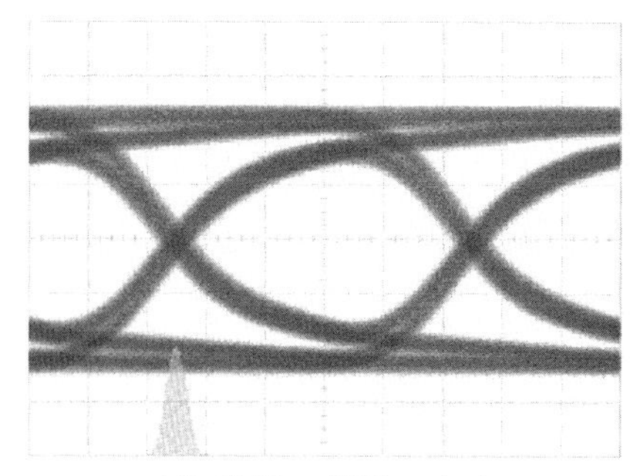

(d) 10 Gbps(0.01 ns/div.)

基板の取り数はどうやって決める？

● 基板外形は自由自在ではない

プリント基板は，仕様ごとに面積（1 m²）当たりのコストが概略決まっていますから，それをできるだけ有効に活用し，できるだけたくさんの基板を取れば，1枚当たりのコストが下がります．もちろん量産か試作か，標準仕様か特別仕様か，穴数やロット数などによって安くも高くもなります．

基材メーカが基板メーカに納入する基板サイズは，基本的には1×1 m(定尺という)または1.2×1 mの2種類です．これを，製造プロセスで加工しやすい小基板に分割します．このサイズのことをワーク・サイズといいます．

基板メーカは，**表1-A**に示すようないくつかのワーク・サイズを準備しています．1×1 mの定尺基板から250×300 mmのワーク・サイズを取ると，300 mmの辺が100 mm余ります．この場合，1×1.2 mの基板から分割します．

ワーク・サイズは，実際に製品に使えるサイズではありません．**図1-A**に示すように，330×250 mmのワーク・サイズの基板では，端面から10 mmの部分は使用できません．つまり，310×230 mmの大きさまでが使用できます．

〈表1-A〉ワーク・サイズの種類

ワーク・サイズ [mm]	
250×300	←
300×330	
330×400	
330×500	←
330×600	
400×500	←
500×500	←
500×600	←

図1-Bに示すのは，一つのワーク・サイズをさらに4分割して基板を作った例です．各小基板間の5 mmのエリアは使えなくなります．

● ワーク・サイズの選定例

図1-Cに示すように，230×295 mmの基板を使いたい場合，どのワーク・サイズ

〈図1-A〉330×250 mmのワーク・サイズから1枚の基板を取る場合

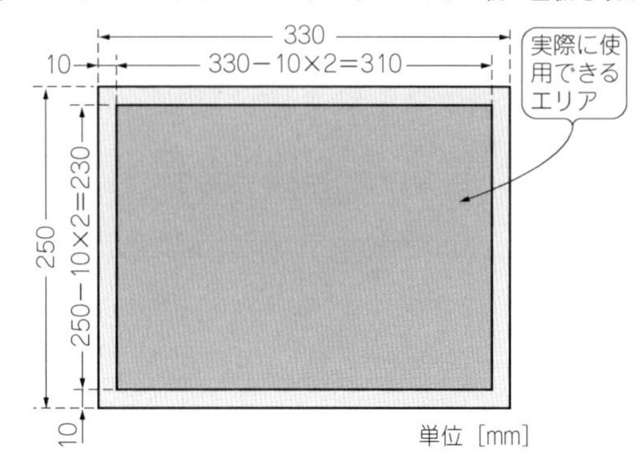

〈図1-B〉330×250 mmのワーク・サイズから4枚の基板を取る場合

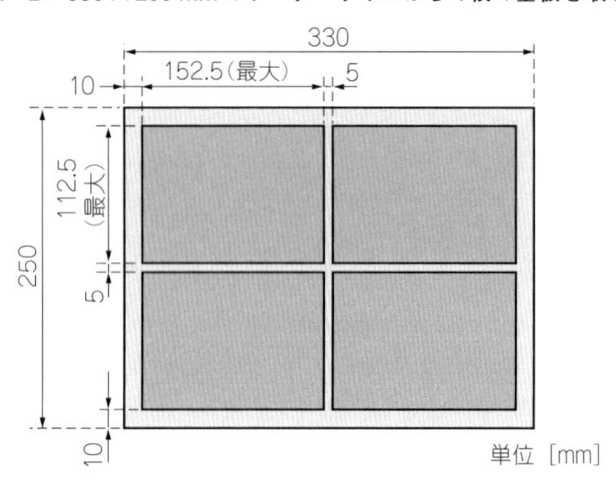

〈図1-C〉230×295 mmの基板を作りたいときの最適なワーク・サイズは？

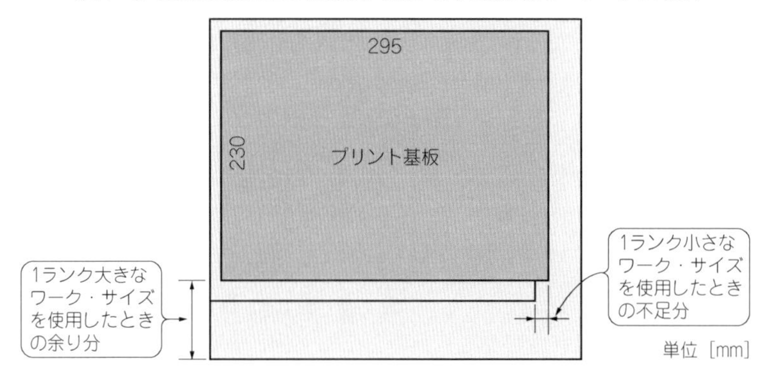

を使えば，最も効率良く基板を取ることができるか考えてみましょう．

▶ **もったいない選びかた**

一方の辺は230 mmなので，片側10 mmののりしろを取って，250 mmまたはその倍数のワーク・サイズを使います．**表1-A**では矢印で示すものです．

問題は295 mmの辺です．一辺が300 mmのワーク・サイズでは，のりしろを考慮すると15 mm不足します．2倍の600 mmのワーク・サイズも使えません．少しもったいない気もしますが，ここでは330 mmのワーク・サイズ，つまり，250 × 330 mmのワーク・サイズを選ぶことになります．しかし，表にはこのサイズが見当たりません．一番近いサイズは300 × 330 mmです．

このワーク・サイズは1.2 m × 1 mから12枚取れます．1 m × 1 mのコストを定尺30,000円とすると，1.2 m × 1 mの基板はその1.2倍の36,000円です．1ワーク・サイズの価格は3,000円/枚です．

▶ **効率の良い選定**

片側は250 mmで良かったのですから，その倍数の500 mmと330 mmの組み合わせはないかなと探してみるとあります．330 × 500 mmの基板から2枚取るわけです．基板間は，5 mm必要ですから，230 mm × 2 + 5 mm + 10 mm × 2 = 485 mmですみます．

このワーク・サイズは定尺基板から6枚(1/0.33 × 0.5 ≒ 6.06)取れるので，基板は12枚取れます．基板1枚当たりの価格は，30,000 ÷ 12 = 2,500円です．先ほどより500円も安くなります．

▶ **ワーク・サイズを考慮して基板サイズを決める**

本当は，295 mmの辺を15 mmほど短くできるなら，とても利用効率が高くなります．300 × 250 mmのワーク・サイズが使えるので，1.2 × 1 mのベースから1.2/0.3 × 0.25 = 16枚の基板を取ることができ，36,000 ÷ 16 = 2,250円になります．何も考えずにただ作れば3,000円，ちょっと考えれば2,500円，もう少し努力すれば2,250円になります．なんと，プリント基板だけで，750円もコスト・ダウンができてしまいます．

第2章
高速センスによる多層プリント基板活用
～信号層/電源層/グラウンド層のレイアウトと配線術～

プリント基板を設計する際，回路を何層の基板に収めるか検討することは基板のコストや設計納期を考えるうえでとても重要です．コストを重視して層数を少なくした結果，基板設計に予想以上の時間がかかったり，ノイズ・トラブルに見舞われて，結局トータル・コストが上がってしまったという話をよく耳にします．

本章では，多層基板を設計するに当たり，知っておかなければならない基本的な事柄をいくつか紹介しましょう．

2.1　なぜ？多層基板か

アナログ回路の場合は，電源とグラウンドのプリント・パターン設計の良し悪しでその性能が決まるので，設計者はベタ・グラウンド一つ描くときでも気を抜けません．これに対しディジタル回路では，10 MHz程度のクロックで高速のデバイスもなかったころは，部品どうしを接続しさえすればなんとか動作し，ノイズもそれほど大きな問題にはなりませんでした．当時のディジタル回路設計者にとって，プリント基板は部品を載せる単なる板でした．

ところが，100 MHzのクロックやバスを扱うようになって以来，状況は一変しました．鋭い立ち上がりのパルスは数GHzにおよぶ高調波を含んでいるため，10 cmくらいの短い配線でも負荷に信号を伝送するためには，特性インピーダンスや層構成を考慮しなければならなくなりました．

この問題を解決する一つの方法が多層基板の利用です．多層基板なら，電源とグラウンドを信号と別々の層で扱えるので，それほどパターニングに気を使わなくても，面積が広く電圧変動の小さい電源やグラウンドを得ることができます．

〈図2-1〉多層基板の生産額の推移

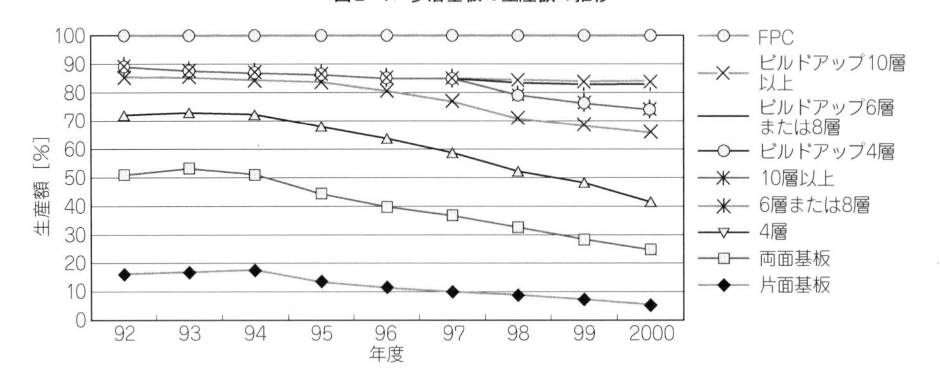

図2-1に片面基板と多層基板の生産額の推移を示します．片面基板と両面基板の生産額は94年を境に低下しており，4層基板もそれほど伸びていません．逆に，6層基板，8層基板やビルド・アップ基板などは大幅に増加しています．ディジタル回路の高速化だけでなく，機器の小型化の要求によって，BGA(Ball Grid Array)やCSP(Chip Scale Package)などの新しい形態のLSIが普及してきたことも理由の一つです．

2.2　どうやって層数を決めるのか？

● まずは部品の数を必要最小限にする

次のような理由で，高速信号を扱う基板の表面はあっという間に部品だらけになるケースが多いと思います．

- データやアドレスのバス線にダンピング抵抗，終端抵抗，プルアップ/プルダウン抵抗を付ける
- LSIごとにバイパス・コンデンサ(パスコン)をつける
- インピーダンス制御を必要とする配線が多く，配線幅，配線間隔を十分に確保しなければならない

何層基板を採用するかを決める前に，まずは上記の抵抗やコンデンサがすべて必要かどうか検討する必要があります．

ダンピング抵抗や終端抵抗が必要かどうかは，シミュレータ上ですぐに判断できます．最近は，伝送線路用のシミュレータも高性能で低価格になっています．贅沢をいわなけれ

〈図2-2〉[4]
ピン間3本ルールのプリント・パターン設計例

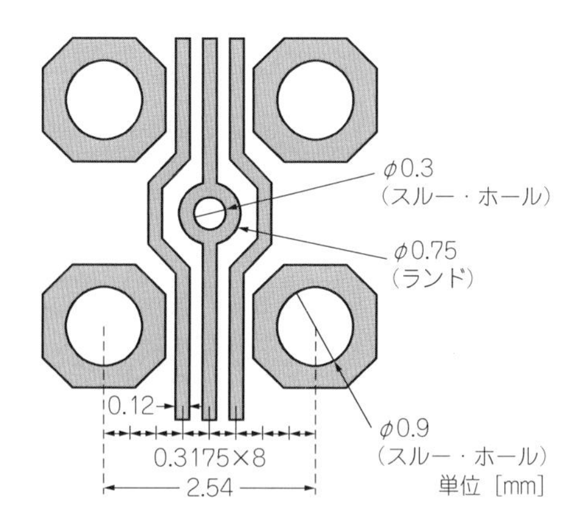

ば数十万円で購入できます．

CPU，ASIC，PLDの中にノイズ低減用のバイパス・コンデンサを内蔵することも可能になっています．CPUコアやメモリをASICやPLDに内蔵することもできますから，コストと相談しながら統合化を検討しましょう．

このように部品を少なくして始めて，何層基板で設計するかを検討します．基板サイズと部品の端子数などから単位面積当たりのピン数を算出すると，およその信号層の数がわかります．あとは信号の伝送品質を上げたりノイズを低減するために，どれだけのグラウンド層または電源層を追加するかで決まります．

● プリント・パターンの設計ルールと層数

図2-2は，2.54 mmピッチのICのピン間に3本のプリント・パターンを通せる設計ルールを示しています．このルールでは，プリント・パターンの最小幅は一般に0.12～0.15 mmです．

図2-3(a)は，このルールを1.27 mmピッチのBGAに適用した例です．破線で示す配線は，BGAのパッドに接触しますから，1本しか通せません．したがって，BGAのパッドの2列目までは同一層上で配線できますが，それ以上奥にあるピンの配線は，ほかの層を使って引き出す必要があります．

図2-3(b)は，2.54 mmピッチに最大5本通せるルールを適用したものです．パッド間に2本の配線が通せるので，3列目まで同じ層で引き出せます．2.54 mmピッチに2～3本を通すルールの基板であれば，コストはほとんど変わりませんが，5本以上になると，配

〈図2-3〉設計ルールと1.27 mmピッチBGAパッケージの配線の引き出し

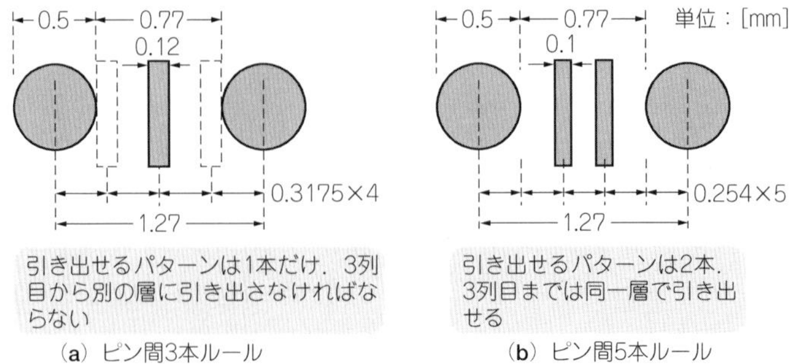

(a) ピン間3本ルール　(b) ピン間5本ルール

線が細くなるので，製造段階の歩留まりが悪くなり，ずいぶんコストが上がります．

安く上げるには，基板の一部分にBGAパッケージを集中させ，その部分だけ高密度な配線ルールを適用する方法が考えられます．その部分だけ集中してプロセスを管理すればよいというわけです．国内では微細加工技術が進んでいるため，多層化を図るより配線間隔を狭くするほうが，コスト面で有利なことが多いようです．

2.3　各層の信号の割り当て

■ 4層基板

● 高速信号に向かない

電源層は，交流的にインピーダンスが低いとよく言いますが，高速基板ではこの常識は通用しません．低電源電圧化が進み，1.8/2.7/3.0/3.3/5 Vなどと電源電圧の種類が増えたため，一つの層にたくさんの電源用パターンが共存するようになりました．各電源はスリットによって区切られているため，各電源のプレーン面積は小さくなりがちで，基準のグラウンドに対してインピーダンスが上がっています．また，信号が高速化し，電源に流れる電流の変化率$\Delta i/\Delta t$も大きく，たとえインピーダンスの低い電源ラインでも大きな電圧変動が発生します．

図2-4に示すような基板の場合，電源層に大きなノイズが発生していると，グラウンド層の上にあるS_1の信号は問題ありませんが，スルー・ホールを通った後のS_2の信号は，電源層のノイズの影響を受けることがあります．4層基板が高速回路に向かない理由がここにあります．

〈図2-4〉[5] 信号ラインは電源層にのったノイズの影響を受ける

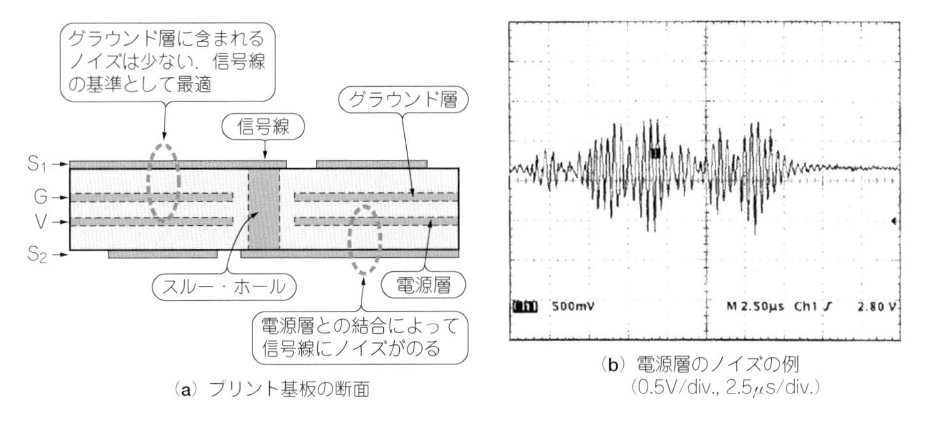

(a) プリント基板の断面

(b) 電源層のノイズの例（0.5V/div., 2.5μs/div.）

〈図2-5〉 4層基板の層構成

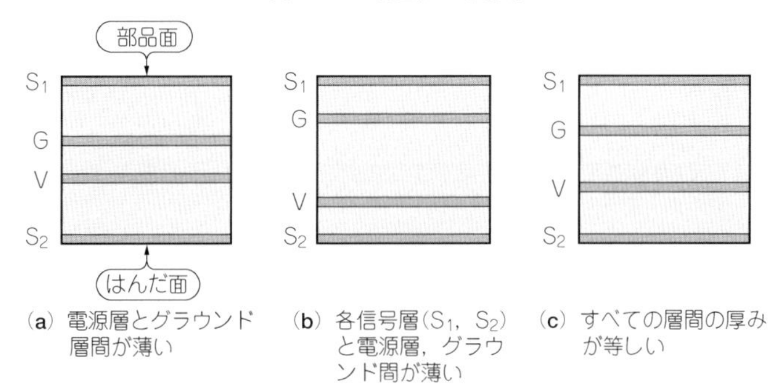

(a) 電源層とグラウンド層間が薄い　(b) 各信号層(S_1，S_2)と電源層，グラウンド間が薄い　(c) すべての層間の厚みが等しい

〈表2-1〉[4]
4層基板の導体厚と層間厚の標準値

板厚	[mm]	0.8	1.2	1.6
第1層導体厚	[μm]	35	35	35
第1層～第2層間厚	[mm]	0.2	0.2	0.2
第2層導体厚	[μm]	35	35	35
第2層～第3層間厚	[mm]	0.2	0.6	1.0
第3層導体厚	[μm]	35	35	35
第3層～第4層間厚	[mm]	0.2	0.2	0.2
第4層導体厚	[μm]	35	35	35

● 高速化の工夫

4層基板の層構成には，**図2-5**に示す三つのタイプが考えられます．S_1は一つ目の信号層，S_2は二つ目の信号層，Gはグラウンド層，Vは電源層を示しています．いずれも部

品面からS_1-G-V-S_2の順で，違うのは層間の厚みだけです．

図2-5(a)に示すように，電源とグラウンドの層間厚を薄くすると，コンデンサの効果が得られます．10 μm以下にすると，面の共振がなくなるという実験結果も発表されており，実際松下電工のホーム・ページに，層間厚50 μmのコンデンサ基板が紹介されています．

図2-5(b)と(c)では，前述の電源の問題が解消しなければ，S_4に高速配線を描くことができません(6)．

表2-1に示すのは，4層基板の導体厚と層間厚の標準値です．板厚が増えるほど，内層の厚みが増します．これは，電源層とグラウンド層の結合より，信号パターンのインピーダンスを重視しているためですが，S_2が電源の影響を受けるようになります．

■ 6層基板

図2-6は6層基板の層構成の例です．

(a)は，S_1とS_2の間にグラウンド層，S_3とS_4の間に電源層があります．前述のように，電源層は安定なプレーンとはいえないので，S_3とS_4は高速信号を配線するのには適しません．また，S_2とS_3の配線は，電源層とグラウンド層の間にある電磁界の影響を受けるため，ノイズがのります．つまり安定な信号層はS_1だけです．

(b)は，電源層とグラウンド層を内側に置いて距離を縮め，両者の結合を強化した例です．電源層とグラウンド層の間が十分に薄ければ，4層で説明したコンデンサ効果が生まれるため，(a)に比べるとS_2とS_3はより安定になります．各層を比較すると，S_2が最も安定です．電源層に面するS_3とS_4，そしてグラウンド層から離れており，しかもS_2の影響を受けるS_1は安定ではありません．

(c)は，すべての信号層がグラウンド層をはさむ構造になっています．インピーダンスが安定しており，高速信号を伝送できます．嫌われ者の電源層は，太いパターンで各信号層上に配線します．もちろん信号が電源ノイズの影響を受けないようにガーディングを設けるとともに，負荷側はパスコンを強化して電源変動を抑えます．

(d)も，高速信号伝送向きですが，信号層がほかの方法より1層少なくなるので，配線効率は良くありません．

表2-2に示すのは，一般的な6層基板の導体厚と層間の標準値です．板が厚くなるほど，中心の層間厚が増えます．なお，基板メーカに依頼すれば，これらの層間厚は希望の値に変更できます．特殊なものでない限り，大きなコスト・アップはないでしょう．

8層基板

図2-7は8層基板のレイヤ・パターンの例です．

(**a**)は，6層の場合と同じです．電源とグラウンド層に挟まれたS_3とS_4は，電源とグラウンド間の電磁界の影響を受けます．S_1，S_5，S_6も高速配線には向かず，電気的に安定な層はS_2だけです．

(**b**)では，S_1，S_2，S_3，S_4層がともに安定層です．電源層も，すぐ隣に専用のグラウンド層があるので安定しています．まさに理想的な姿です．8層のうち4層が電源やグラウンド層に使われており，ちょっともったいない気もしますが，電源を信号層に置けば，一層ぶんを信号に割り当てることができます．

8層基板の導体厚と層間の標準値を**表2-3**に示します．

〈表2-2〉(4)
6層基板の導体厚と層間厚の標準値

板厚 [mm]	0.8	1.2	1.6
第1層導体厚 [μm]	35	35	35
第1層～第2層間厚 [mm]	0.15	0.2	0.2
第2層導体厚 [μm]	35	35	35
第2層～第3層間厚 [mm]	0.1	0.2	0.2
第3層導体厚 [μm]	35	35	35
第3層～第4層間厚 [mm]	0.15	0.2	0.6
第4層導体厚 [μm]	35	35	35
第4層～第5層間厚 [mm]	0.1	0.2	0.2
第5層導体厚 [μm]	35	35	35
第5層～第6層間厚 [mm]	0.15	0.2	0.2
第6層導体厚 [μm]	35	35	35

〈図2-6〉6層基板の層構成

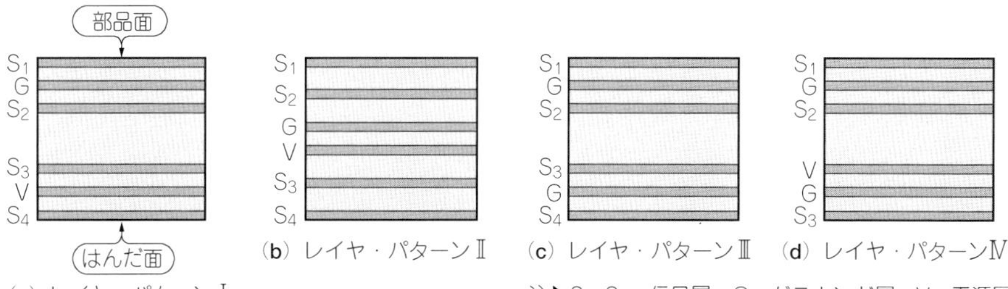

(**a**) レイヤ・パターンⅠ　(**b**) レイヤ・パターンⅡ　(**c**) レイヤ・パターンⅢ　(**d**) レイヤ・パターンⅣ

注▶S_1, S_2：信号層，G：グラウンド層，V：電源層

2.4　高速ディジタル基板のパターン設計の基本

● パターン・レイアウトと特性インピーダンスの変化

図2-8は，6層基板の断面の一部を切り取ったところです．S_2に高速信号が走っています．信号は左から右方向に伝播しています．

(a)は表面層(S_1)の一部にS_2の配線を覆うようにベタ・グラウンドがあるストリップ線路です．それ以外の配線は下方にグラウンド，上方に誘電体があるマイクロストリップ線路(エンベデッド・マイクロストリップ線路という)です．

〈図2-7〉
8層基板の層構成

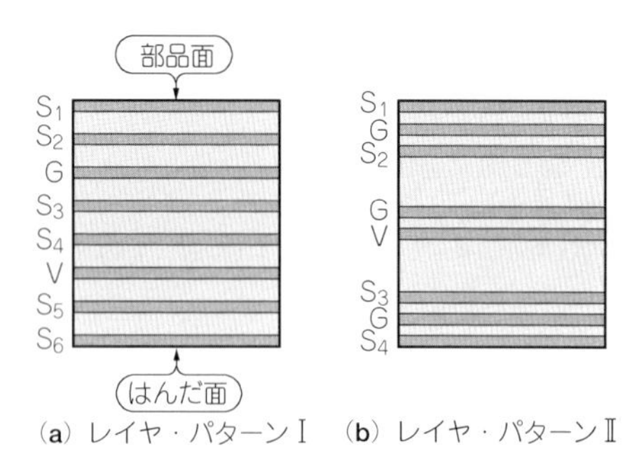

(a) レイヤ・パターンⅠ　(b) レイヤ・パターンⅡ

〈表2-3〉[4]
8層基板の導体厚と層間厚の標準値

板厚	[mm]	0.8	1.2	1.6
第1層導体厚	[μm]	35	35	35
第1層～第2層間厚	[mm]	0.07	0.15	0.15
第2層導体厚	[μm]	18	35	35
第2層～第3層間厚	[mm]	0.1	0.1	0.2
第3層導体厚	[μm]	18	35	35
第3層～第4層間厚	[mm]	0.07	0.15	0.2
第4層導体厚	[μm]	18	35	35
第4層～第5層間厚	[mm]	0.1	0.1	0.2
第5層導体厚	[μm]	18	35	35
第5層～第6層間厚	[mm]	0.07	0.15	0.2
第6層導体厚	[μm]	18	35	35
第6層～第7層間厚	[mm]	0.1	0.1	0.2
第7層導体厚	[μm]	18	35	35
第7層～第8層間厚	[mm]	0.07	0.15	0.15
第8層導体厚	[μm]	35	35	35

(**b**)はS_2の配線上のS_1に十分な広さのベタ・グラウンドがあります．S_2の配線全体がストリップ線路です．

図2-9に示すストリップ線路の特性インピーダンスZ_0[Ω]は次式で求まります．

$$Z_0 = \frac{60}{\sqrt{\varepsilon_r}}\,\ell n\left\{\frac{4b}{0.67\pi\omega(0.8+t/\omega)}\right\} \quad \cdots\cdots (2\text{-}1)$$

ただし，線幅w[mm]，誘電体の厚みb[mm]，基準となるグラウンド面から配線までの距離h[mm]，配線の厚みt[mm]とし，グラウンド面は十分に広いものとします．

例えば，w = 0.15 mm，t = 0.035 mm，b = 0.2 mm，ε_r = 4.4とすると，特性インピーダンスZ_0は，

$$Z_0 = \frac{60}{\sqrt{4.4}}\,\ell n\left\{\frac{4b}{0.67\pi\omega(0.8+t/\omega)}\right\} \fallingdotseq 25.5\ \Omega \quad \cdots\cdots (2\text{-}2)$$

になります．

〈図2-8〉[7] 表面層のベタ・グラウンドの状態によって内層の信号ラインのインピーダンスはぜんぜん違う

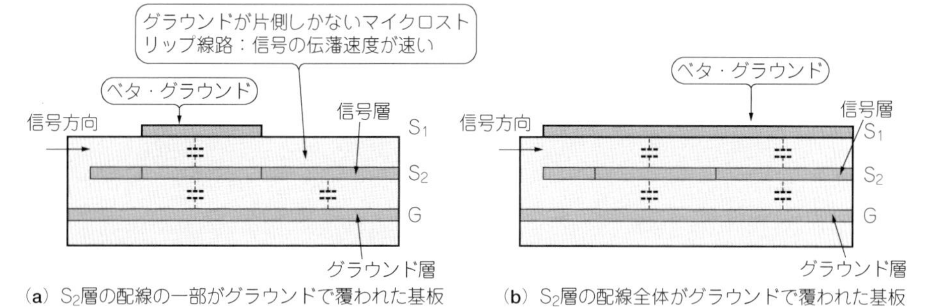

(**a**) S_2層の配線の一部がグラウンドで覆われた基板　(**b**) S_2層の配線全体がグラウンドで覆われた基板

〈図2-9〉 マイクロストリップ線路とストリップ線路

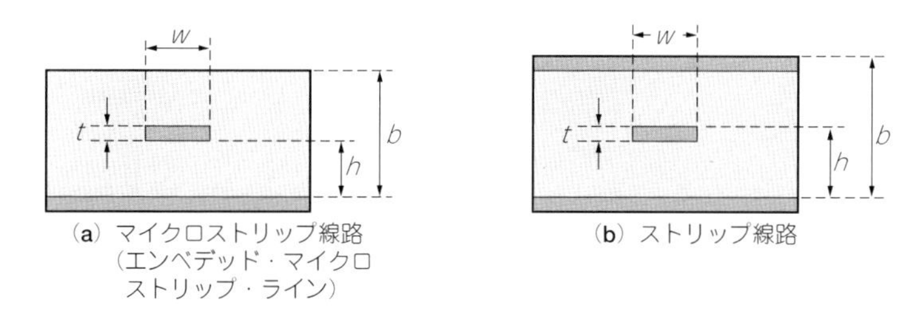

(**a**) マイクロストリップ線路（エンベデッド・マイクロストリップ・ライン）　(**b**) ストリップ線路

エンベデッド・マイクロストリップ線路の特性インピーダンスZ_{0B}［Ω］は，

$$Z_{0B}=\frac{87}{\sqrt{\varepsilon_{ra}+1.41}}\ell n\left(\frac{5.98h}{0.8\omega+t}\right) \quad \cdots\cdots (2\text{-}3)$$

$$\varepsilon_{ra}=\varepsilon_r\left(1-e^{\frac{-1.55}{h}b}\right) \quad \cdots\cdots (2\text{-}4)$$

で求めます．先ほどのストリップ線路と配線幅，厚み，誘電率が等しいと仮定すると，

$$\varepsilon_{ra}=4.4\left(1-e^{-3.1}\right)\fallingdotseq 4.2$$

$$Z_{0B}=\frac{87}{\sqrt{4.2+1.41}}\ell n\left(\frac{5.98\times 0.1}{0.8\times 0.15+0.035}\right)$$
$$\fallingdotseq 49.5\,\Omega$$

になります．ストリップ線路は，配線の上下をグラウンドで囲まれているため，グラウンドとの間に生じる容量は，マイクロストリップ線路より大きくなり，特性インピーダンスは低くなります．

以上から，同じS_2上の配線でも，S_1にベタ・グラウンドがあるときとないときとでは特性インピーダンスがまったく異なります．特に，ベタ・グラウンドがある部分とない部分の境界付近（インピーダンスの変化点）では，盛大に反射が発生します．プリント基板を設計するときは，エンベデッド・マイクロストリップ線路にするか，ストリップ線路で設計するかを決めておかなければなりません．一番まずい設計法は，すべての配線を引き終わったあとで，空いたスペースにベタ・グラウンドを追加していくことです[7]．

〈図2-10〉[8] パッケージの下もベタ・グラウンドにしてICから発生するノイズの影響を減らす

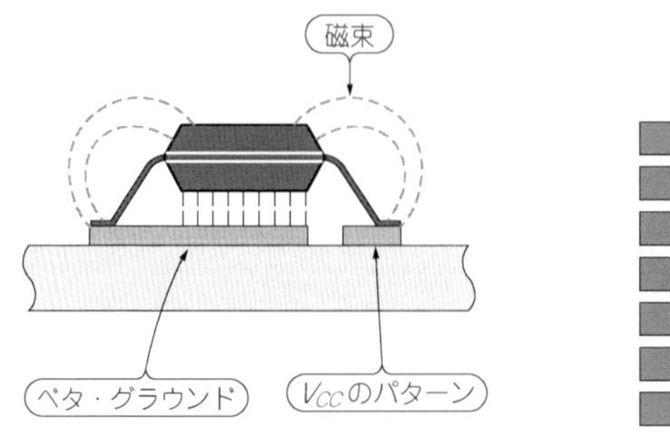

(a) IC周辺の磁束のようす

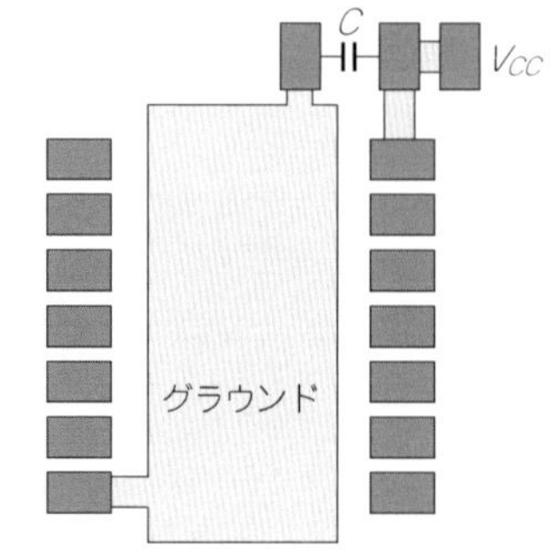

(b) ICパッケージの下はベタ・グラウンドにする

● 信号層にもベタ・グラウンドは必要

通常，多層基板は，表面層を信号層に割り当てるので，グラウンド層や電源層との結合が少ないぶん，高速に信号を伝送できます．しかし，配線の片面が空気なので，ノイズを遮る（さえぎる）ものがありません．これら高速信号のそばには，ベタ・グラウンドを設けて結合を増やし，配線から放出される電磁波エネルギを低減したり，内層から外部に抜けようとするノイズを減らす努力が必要です．

最近は，配線だけでなくLSIからも大きなノイズが発生します．**図2-10**に示すように，パッケージの下面もベタ・グラウンドとし，パッケージ内部のダイとの結合を増加させてノイズを低減する必要があります．ICの直下にベタ・グラウンドを置くことによって，IC内部から発生する電磁界ノイズが閉じ込められます．

● ベタやガーディングは低インピーダンスでグラウンドに接続

表面層の空いたスペースに置いたベタ・グラウンドは電気的に浮かせてはいけません．必ず複数のスルー・ホールでグラウンド層と低インピーダンスで接続します．

図2-11(a)に示すのは，GHz帯の高周波機器が採用しているプリント・パターンを利用したパッチ・アンテナです．基板の上部に，プリント・パターンで，パッチと呼ぶ面状の放射体を形成したものです．パッチの縁と地板導体(基板下部)間の隙間には電界が生じ，電波を発射します．この例からわかるのは，電気的にどこことも接続されていないプリン

〈図2-11〉[9] 電気的に浮いたパターンはアンテナのようなもの

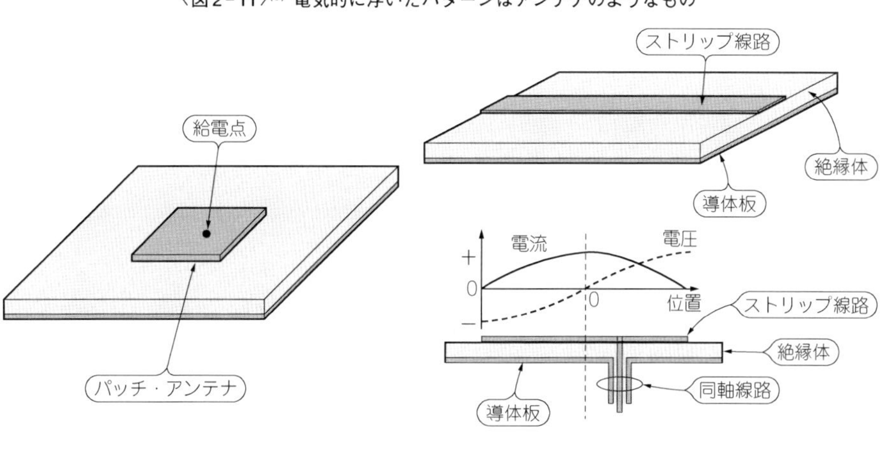

(a) パッチ・アンテナ　(b) マイクロストリップ・アンテナ

ト・パターンは，アンテナとして機能するということです．

図2-11(b)は，プリント・パターンを利用したマイクロストリップ・アンテナです．一見して普通の配線と同じですが，給電点以外に何も接続されていません．この電気的に浮いたベタ・パターンは，配線長のちょうど1/2の波長の信号が共振し，電磁波を放射します．高速のディジタル基板でもこれと同様な現象が起きているわけです．

クロック信号ラインの脇に沿わせる長いガーディング・パターンなども，数えるほどのスルー・ホールでしかグラウンドに落とさないと，アンテナになって，ノイズを放射します．できるだけたくさんのスルー・ホールを使い，グラウンド層と低インピーダンスで接続する必要があります．

配線やベタは，開放にしたままにせず，必ず抵抗やコンデンサで終端しなければなりません．

電源とベタのパターンを接続している基板を見受けますが，電源にはさまざまな高調波がのっていますから，このベタ電源がアンテナとなってノイズを撒き散らしてしまいます．ベタは，必ずグラウンドで作らなければなりません．もちろん，ガーディング・パターンも，ベタ電源や電源配線で描いてはいけません．

〈図2-12〉
90°コーナー部は幅が広いためインピーダンスが低い

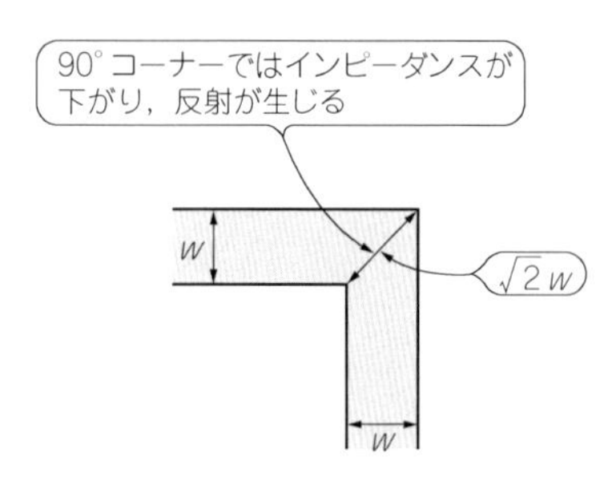

〈図2-13〉[10] 90°配線とR配線のインピーダンスの違いを調べる実験用基板

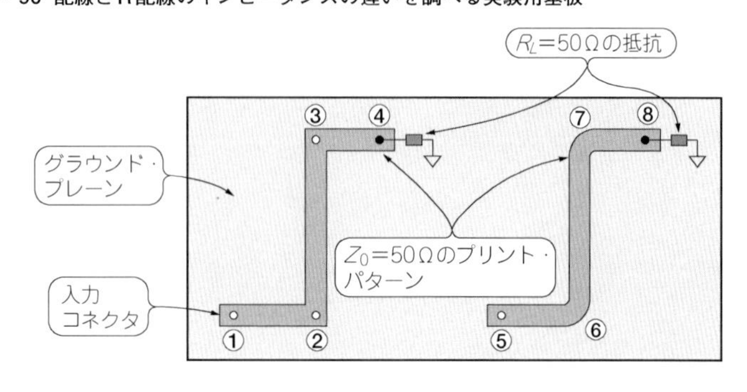

● 配線は90°に曲げない

道路の側溝を直角に曲げると，雨水の抵抗が強くなり，水があふれ出します．同様に，クロックやバスなどの信号も，その向きを急に変えると反射が発生します．**図2-12**に示すように，90°に曲がったコーナー部はほかの配線幅の倍になるので，特性インピーダンスが下がり，反射が起こります．

図2-13に示す実験基板で，90°配線とR配線の特性面の違いを見てみましょう．

図2-14(a)は，90°配線のインピーダンスの変化をTDR(time domein reflectmetry)で確認した結果です．②と③で示す部分が，90°に曲がった部分に相当します．確かにインピーダンスが低下しています．④は，負荷の抵抗リードの影響です．**図2-14(b)**はRを付けた配線です．曲げの部分に相当する⑥と⑦では，ほとんどインピーダンスが変化しません．

図2-15に示すのは，実際のCPUとRAMの配線です．長い配線が45°の角度で描かれています．ディジタルの世界では，この45°配線が一般的です．45°配線は，インピーダンスの変化を軽減する効果があるだけでなく，90°配線よりも配線が短くなるというメリットもあります．

図2-16はスルー・ホールの断面を見たものです．同一層では45°配線にこだわって設計していても，スルー・ホールの断面までは考えていなかったでしょう．この部分はまさに90°配線です．おまけにプレーン層との容量結合も手伝って，インピーダンスは乱れ放題です．高速配線はできるだけ同一層で描かなければなりません．

〈図2-14〉[10] 図2-13の実験基板のTDR測定結果(0.5ns/div.)

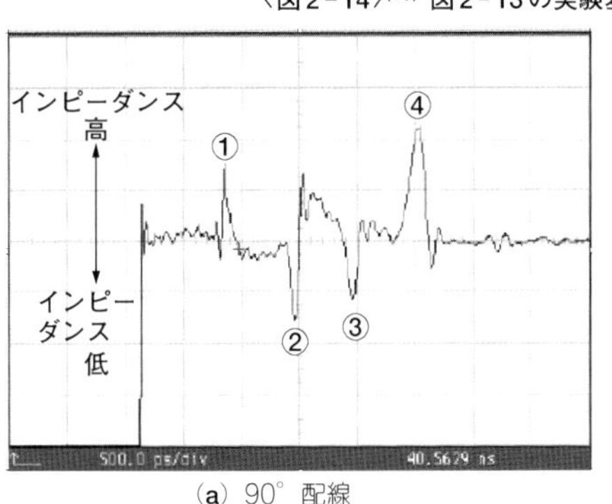

(a) 90°配線

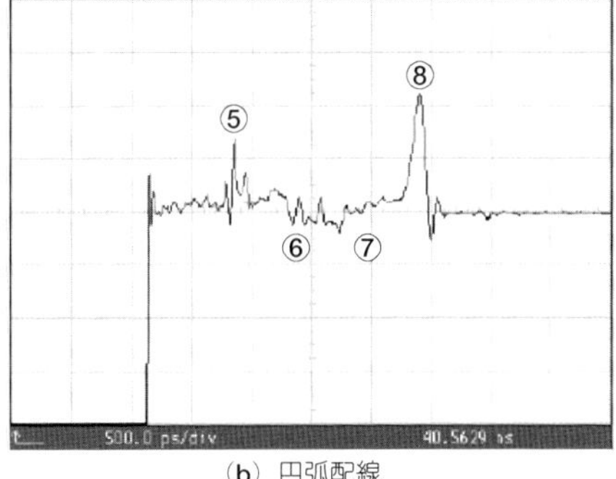

(b) 円弧配線

〈図2-15〉実際のプリント基板では45°配線が常識

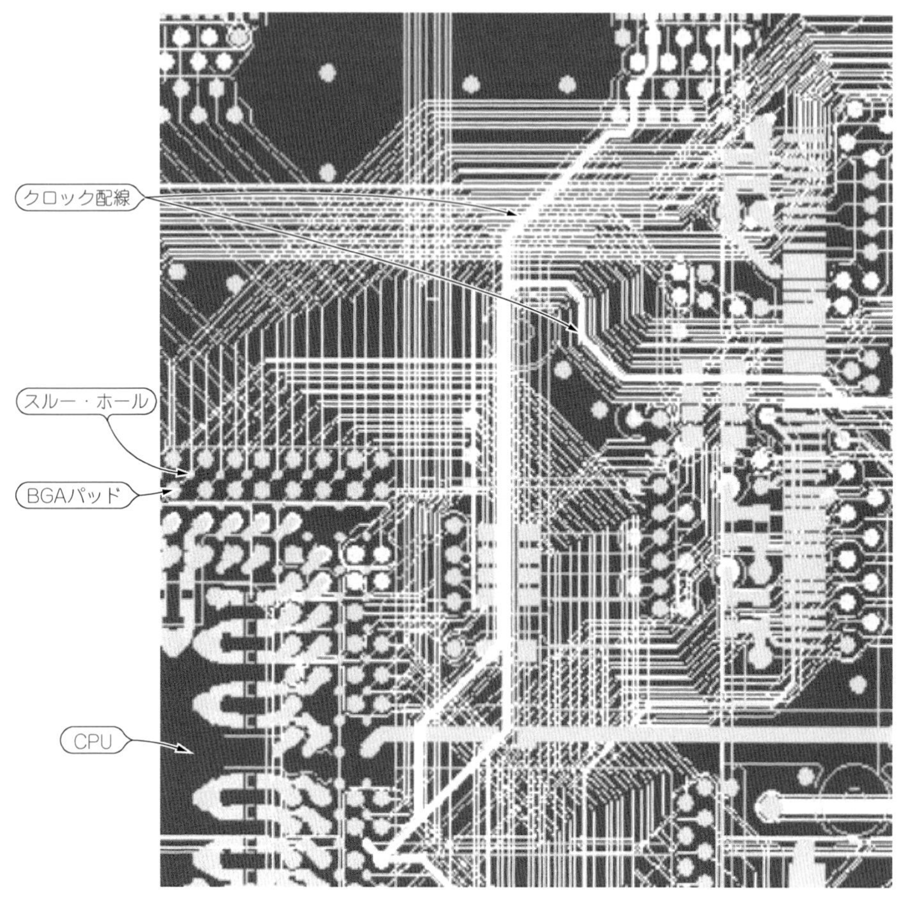

注▶ 白色で強調されている配線はクロック信号

〈図2-16〉スルー・ホールは90°配線

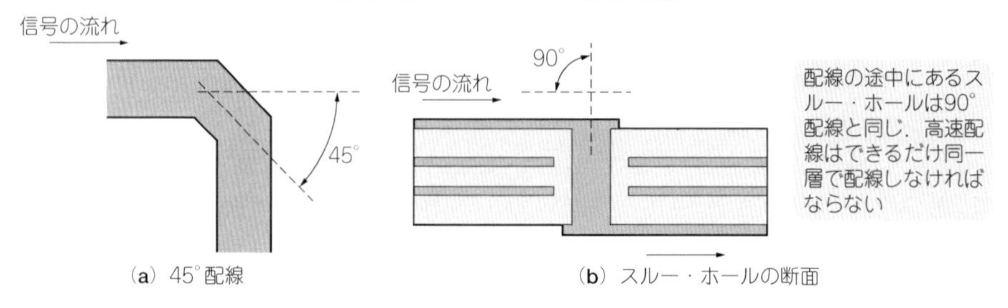

(a) 45°配線　(b) スルー・ホールの断面

2.5 スルー・ホールの形状とクリアランス

● 標準的な形状

4層基板や6層基板にBGAやCSPを実装する場合，スルー・ホールのクリアランス形状の設定問題に直面します．クリアランスとは，銅箔をくりぬいた円形の部分です．銅箔どうし，または銅箔とスルー・ホールは，プリント・パターンの製造ばらつきよって，位置が多少変動しますから，お互い接触してショートしてしまわないように，一定の間隔をあけておく必要があります．

写真2-1に示すのは，CPUからROMにいたるプリント・パターンの例です．手前にスルー・ホールがきれいに並んでいます．これらのスルー・ホールは，表面にある信号層と別の信号層を接続しています．表面の信号層と接続先の信号層の間に電源層やグラウンド層がある場合は，スルー・ホールはその電源層とグラウンド層を貫通します．これらのグラウンド層と電源層上のスルー・ホールの周りには，信号と電源/グラウンドがショートしないように，必ずクリアランスが設けられています．**図2-17(b)**に示すように，クリアランスは銅箔をくり抜いた穴のような形をしています．

〈写真2-1〉
実際のプリント基板のスルー・ホール

〈図2-17〉[4] 内層導通ランドとクリアランスの形状

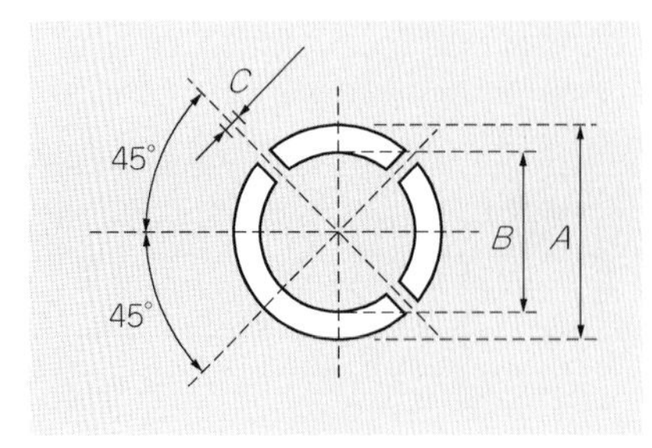

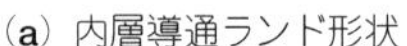
(a) 内層導通ランド形状

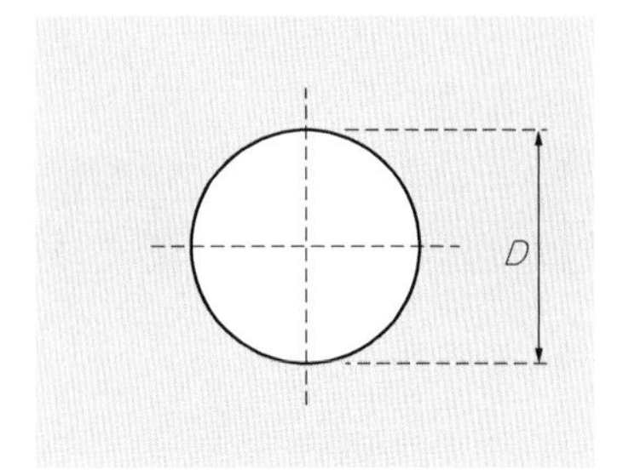

(b) 内層クリアランス形状

〈表2-4〉[4] 表裏導通用スルー・ホールの設計基準例(単位：mm)

部品リード径	スルー・ホール径	ドリル径	外層ランド径	レジスト逃げ径	内層					
					信号層		電源層とグラウンド層			
					ランド径	サブランド径	導通ランド			クリアランス
(d)	ϕ	ϕ	ϕ	ϕ	ϕ	ϕ	A	B	C	D
表裏導通専用	0.3	0.4	0.75	0.5	0.75	0.6	—	—	—	1.4
$d \leqq 0.61$	0.9	1.0	1.35	1.55	1.35	1.2	2.2	1.6	0.3	2.0
$0.61 \leqq d \leqq 0.81$	1.1	1.2	1.65	1.85	1.8	—	2.2	1.7	0.3	2.2
$0.81 \leqq d \leqq 1.11$	1.3	1.4	2.0	2.2	2.0	—	2.5	2.0	0.3	2.4

表2-4に示すのは，ピン間3本ルールのスルー・ホール径，ドリル径，内層のランド径などの設計基準の例です．スルー・ホール径0.3 mm，ドリル径0.4 mmのときの一番右の数字D(1.4)が，内層つまり電源やグラウンド層におけるクリアランスです．内層導通ランドとは，スルー・ホールやコネクタが電源やグラウンド層に接続されるときのランドです．

表2-4のルールでは，導通ランドのパターン幅Cは部品のリード径に関係なく0.3です．LSIによっては，単位時間当たりに数十A_{peak}もの電源電流が流れるので，このような小さなランドで電力を供給するのは心配です．電力を必要としたり，インピーダンスをできるだけ下げたい接続部は，あらかじめ複数のランドを並列に設けるなどの対応が必要です．

● 適切なクリアランス設定

写真2-1に示すスルー・ホールを図解すると，**図2-18**のようになります．スルー・ホールどうしの間隔は1.27 mmです．

〈図2-18〉スルー・ホールのクリアランスとアートワーク

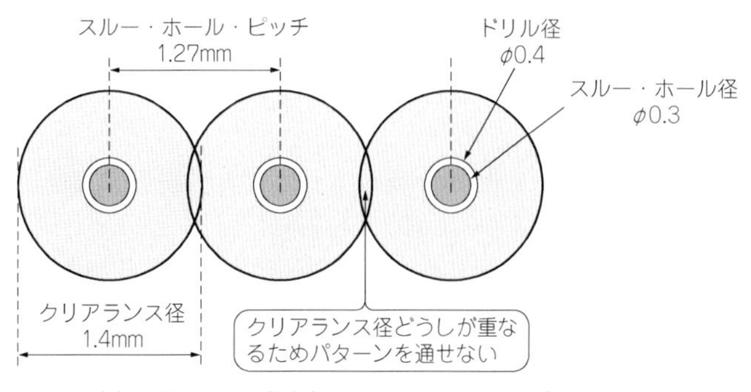

(a) クリアランス径1.4mm, スルー・ホール・ピッチ1.27mm

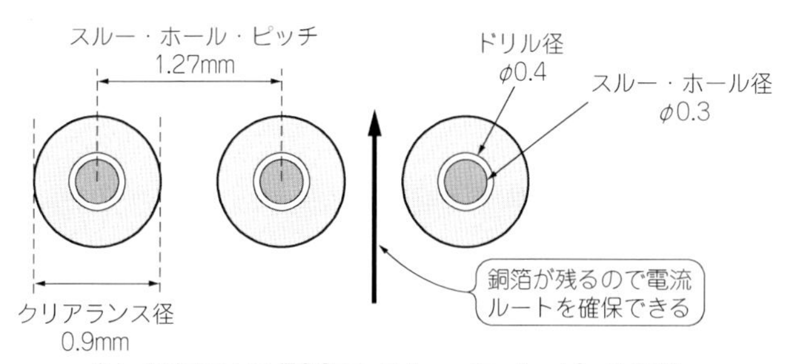

(b) クリアランス径0.9mm, スルー・ホール・ピッチ1.27mm

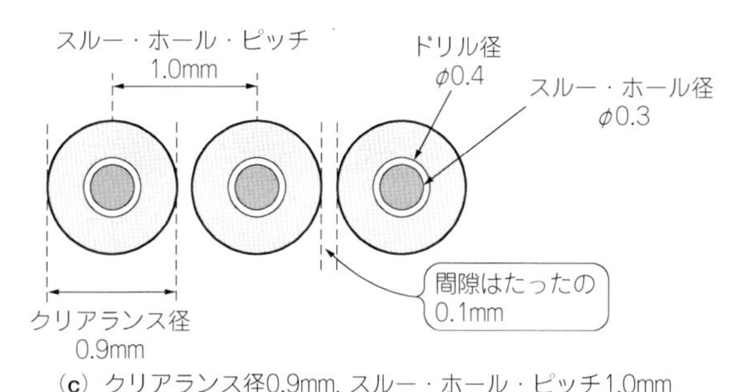

(c) クリアランス径0.9mm, スルー・ホール・ピッチ1.0mm

ここにクリアランス径1.4 mmルールを適用し，スルー・ホールの中心から1.4 mmの円内の銅箔を禁止すると，隣合うクリアランスの間に銅箔が残らなくなります．高速のバス配線の一部がこのような状態になっていると，信号のリターン電流はクリアランスの淵を迂回して流れます．その結果，電流経路が作るループ面積が大きくなり，放射ノイズが大きくなります．

図2-18(b)は，クリアランス径の小さいルールを適用した例です．クリアランスどうしの重なりがなくなり，リターン経路が確保されます．1.27 mmピッチのスルー・ホールに対して0.9 mmのクリアランスとしており，スルー・ホールどうしの間に0.37 mmの銅箔が残ります．多少基板の製造コストが上がりますが，銅箔は，最低でも信号の配線幅程度は残したほうが，あとあと問題を出さずにすみます．

図2-18(c)に示すのは，1 mmピッチのスルー・ホールに対して0.9 mmのクリアランスを適用した例です．銅箔は0.1 mmしか残りません．これ以上間隔が狭くなる場合は，コストは高くなりますが，スルー・ホールではなく，層間を接続するブラインド・ビア基板[**図1-3(b)**]などを採用したほうが得策でしょう．

2.6　多層プリント基板の構造と新しい製法

■ 多層基板の製造工程

図2-19に示すのは，高速ディジタル基板ではあたりまえのように使われている多層基板の製造工程です．積層，穴あけ，めっき，パターン形成および検査の順に行われます．

● 積層

多層基板は片面基板，両面基板，プリプレグの組み合わせで作ります．プリプレグとは，ガラス布にエポキシ樹脂を含浸させた粘着性のあるシートで，層間厚の調整，絶縁の保持などの目的で使われています．これらの基材を組み合わせて積層し，加熱・加圧して1枚の基板にします．この工程で層間の厚みが決まるので，微妙な特性インピーダンスが要求されるような基板では，細かい管理が必要になります．

● 穴あけ

積層が終わると次は穴あけです．

ドリルで1個ずつ穴を空けるので，数が多ければそれだけ時間がかかります．効率を上げるために，メーカでは通常3～4枚の基板を重ねて一度に穴を空けています．穴径が小さい場合は，ドリルの先端が安定しないので，基板数を減らすなどして対応します．これが，小径穴の基板が高い理由の一つです．

穴あけ工程では，ドリルの管理がとても重要です．切れないドリル刃を使っていると，

〈図2-19〉[11] 多層基板の工程

穴の内壁が粗くなり，めっき欠損や表面荒れが起こることがあります．

次に示すような，製造上の問題が頻発するようなときは，スルー・ホール形成過程に問題がないか，基板メーカに確認する必要があります．

- スルー・ホール内のはんだのぬれ性が悪い
- はんだ中にガスが入り，スルー・ホール内部が空洞になる現象(ブロー・ホール)が起きる
- はんだボールが多い

● めっき

穴あけ後，銅表面のバリや油脂などの汚れを取り除くため，研磨と水洗を何度か繰り返します．

穴を通して外層の両面を導通させ，電解めっき用の電流通路を作るため，薄く無電解銅めっきを行います．その後，電解銅めっきでめっき厚を増やして強度を上げます．

穴径が小さい場合は，めっき液が穴の内部に流れ込まず，めっき厚が一定にならないことがあるので，強制的にめっき液を循環させることもあります．

● パターン形成

パターン形成には，**図2-20**に示すように二つの方法があります．

- サブトラクティブ法：配線部を除いて銅箔を除去する
- アディティブ法：配線部に無電解銅めっきを形成させる

さらに，サブトラクティブ法は次の2種類に分類できます．

- スクリーン法によって配線部分に耐酸性のエッチング・レジストを印刷する
- 基板全体にドライ・フィルムを貼り，写真法によって配線部分だけ耐酸性皮膜を残す

〈図2-20〉[11] パターン形成の工程

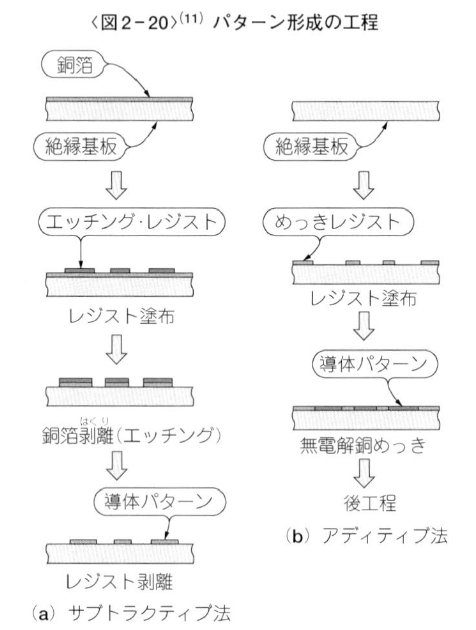

どちらの方法も，皮膜をレジスト塗布し，銅箔を除去(エッチング)し，皮膜除去(レジスト剥離)するという段階を経て配線を形成します．

アディティブ法は，配線部分以外にレジストを塗布し，無電解めっきによって配線部にめっきをつけます．

サブトラクティブ法は銅を剥離(はくり)していくため，配線の厚み方向の形状が台形や逆台形になりますが，アディティブ法は，レジストの壁面が直角であれば，そのまま配線を作ることができるので，微細配線に適しています．さらにレジストが絶縁物なので，除去する必要がなくコスト面でも有利です．

エッチング処理した基板は，レジスト印刷，シルク印刷(部品番号など)，外形仕上げをしたのち，全数検査をして出荷します．

■ ビルド・アップ多層基板

● スルー・ホールの問題点とビルド・アップ多層基板の構造

写真2-2は，フルグリッドBGA(304ピン)のパッド部分です．

パッド間隔は1.27 mmで，ピン間3本ルールで設計されています．2列目までは同一面上で配線されていますが，3列目より内側のパッドは，たくさんのスルー・ホールでほかの層に接続されています．

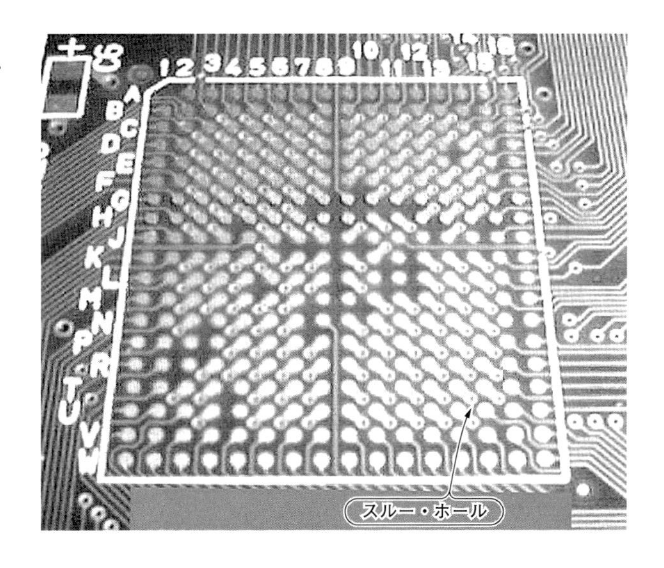

〈写真2-2〉
BGAパッケージICのフット・パターンとスルー・ホール

ここで問題になるのは，スルー・ホールによるデッド・スペースです．最近のBGAやCSPはさらにピン数が多くなっており，パッド間のピッチも短かいので，配線を描くときスルー・ホールはとても邪魔な存在です．

この問題に対応する基板が，ビルド・アップ多層基板です．**図2-21**に，ビルド・アップ多層基板の製造工程の概略を示します．一般的な4層または6層基板の表面に絶縁層を形成し，フォト・エッチング，またはレーザ照射によって必要な部分だけ絶縁層を除去して銅箔面を出します．その上からさらに絶縁層全体に銅めっきをかけます．

この状態で，表面のめっき部分と1層下の銅箔面を接続します．後は，表面の銅めっきの配線部分以外をエッチングすれば完成です．この工法は，さらにもう1層積み重ねることができます．

図2-22に示すのは，ビルド・アップ多層の断面図です．内層コア材と書かれているのがベース基板です．通常の4層基板です．ビアを樹脂で埋めて，表面にめっきをかけて接

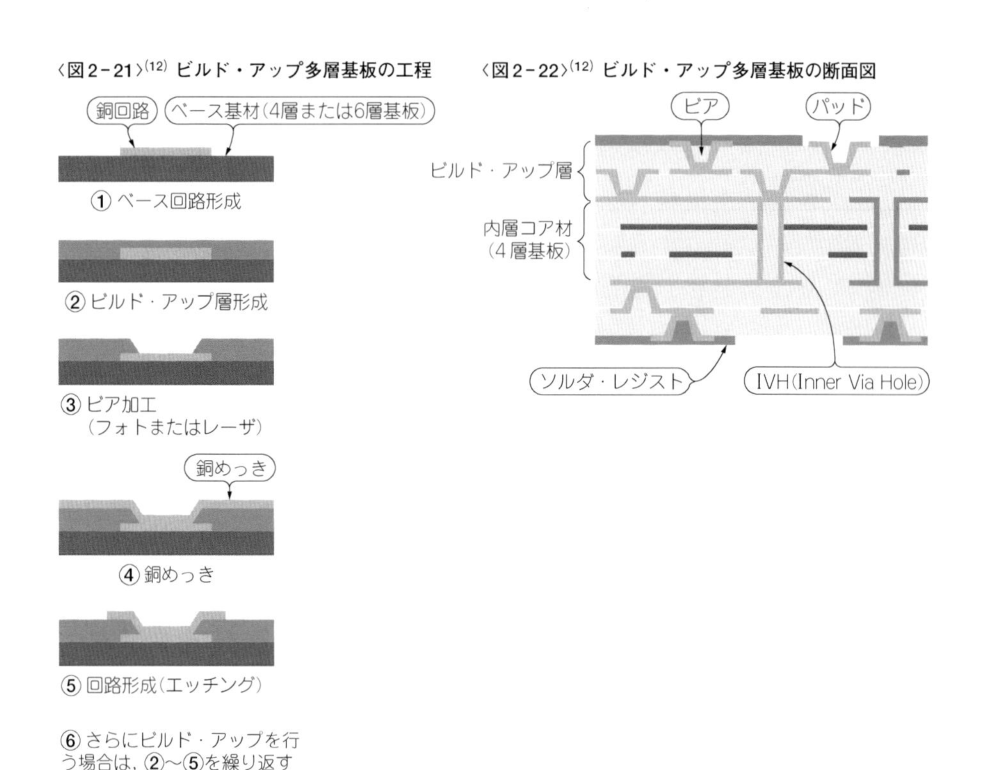

〈図2-21〉[12] ビルド・アップ多層基板の工程

〈図2-22〉[12] ビルド・アップ多層基板の断面図

続部にするIVH(Inner Via Hole)という部分があります．この上に，ビルド・アップ層が2層ぶん重なり，表面にソルダ・レジストが付けられます．パッドは，ビルド・アップの2層目の絶縁層に穴を空けて，表面層の回路部分と接続しています．絶縁層は，20～30 μm程度ととても薄く穴が浅いので，このままパッドとして使うことができます．

● 種類

表2-5に示すのは，前述の工法で製造できるビルド・アップ多層基板の種類です．

最大層数とは，片面に積み重ねられる層数のことです．片面2とは，ベース基板上に2回ビルド・アップ層を重ねることを意味しています．最大層の2-4-2は，ベース基板が4層，その表面に片面当たり2層重ねられている8層基板です．

この表の中では，DVマルチ-ST1が最小回路幅，最小パッド幅，パッド間隔，ビア径の値が最も大きく，コスト面でも有利です．6層基板で表面層のSVH(Surface Via Hole)上にパッドを形成するP＆SVH(Pad ＆ Surface Via Hole)に比べて，実装密度は約20％向上します．**図2-23**にP＆SVHの構造を示します．

図2-24に示すのは，0.8 mmピッチのCSPのパッドにこの工法を使った例です．ビア径はφ0.15，ビア・ランド径はφ0.3，パッド径はφ0.35ですから，パッド間に0.1 mmの配線を通せます．点線で示した配線は内層にありますが，ビアはパッドの真下なので配線の邪魔になりません．

同様に，**図2-25**に示すのは，0.65 mmピッチのCSPのパッドに適用した例です．

〈表2-5〉[12] ビルド・アップ多層基板の種類と仕様

仕様 ＼ 種類	DVマルチ-MO	DVマルチ-HY		DVマルチ-ST	
	MO1	HY2	HY1	ST2	ST1
ビルド・アップ最大層数	片面2	片面2	片面1	片面1	片面1
最大層構成	2-4-2	2-4-2	1-6-1	1-6-1	1-4-1
IVH	あり	あり		なし	
貫通スルー・ホール	なし	あり		あり	
最少回路幅/回路間隔[μm]	75/100	75/100		100/100	
最少パッド幅/パッド間隔[μm]	60/60	60/60		125/125	
ビア径(ランド，穴)[μm]	280/150	280/150	300/150	300/150	400/150
基板サイズ[mm]	20～50角	60×90または70×80～155×180			
表面処理	銅仕上げ NPS-87 NEPS-90 フラッシュ金	銅仕上げ（NPS-87 / NEPS-90） フラッシュ金めっき処理 ネオ・ソルダー			

〈図2-23〉(13)
P & SVHプリント基板の断面図

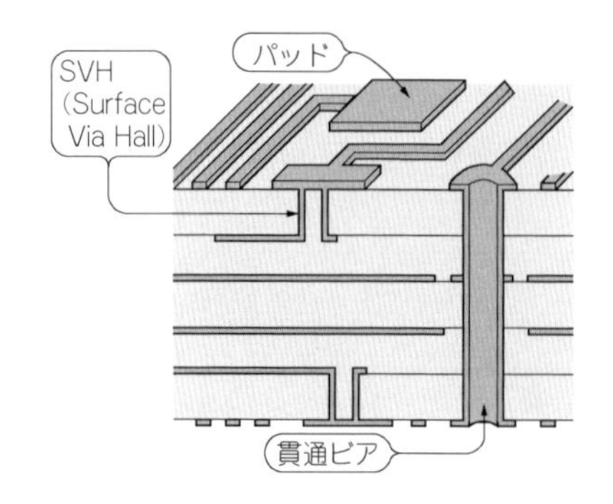

〈図2-24〉(13)
パッド間ピッチ0.8 mmのCSPパッケージの配線引き出し

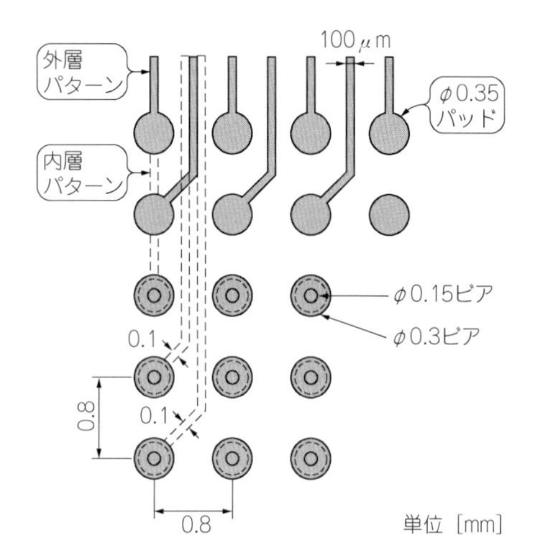

〈図2-25〉(13)
パッド間ピッチ0.65 mmのCSPパッケージの配線引き出し

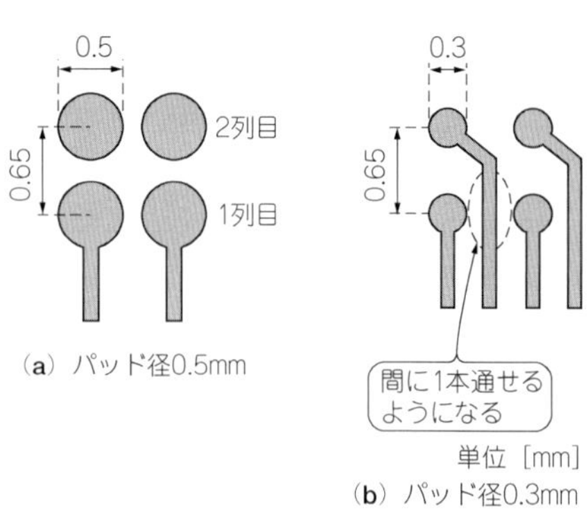

(a) パッド径0.5mm

(b) パッド径0.3mm

● ビルド・アップ基板を採用するときの注意点

ビルド・アップ基板は絶縁層が薄いので，設計によっては，上下の配線間でクロストークが発生する可能性があります．平行線は短い範囲に限らなければなりません．ビルド・アップを2層重ねた場合，表面層の配線は特性インピーダンスの基準となるグラウンド層から離れるので，高速信号の配線はできるだけ避けるようにします．

使用しているプリント基板材料を把握しておこう！

● 基板メーカに任せきりにしない

皆さんは，普段使用している多層基板の外層や内層のコア材が，どういった基材メーカの製品か知っていますか？

プリント基板は，基材だけでなくプリプレグの材料が違うだけでも，思うような特性が出なくなることがあります．高速回路基板の場合は，基材の選定を基板のメーカに任せきりにせず，基材メーカの型名や特性まで指定するくらいの気もちが必要です．

ノイズの放射を抑えるためには，IC類の駆動電流をぎりぎりまで下げることがあります．このような場合，基板材料の選定ミスや基板メーカの都合による変更などが原因で，プリント・パターンの特性インピーダンスが±10％以上もばらつくとようでは，安定な量産など望めません．

基板メーカは，コスト低減の要求が強いと，まずは基材を海外の安いメーカから調達するでしょう．また，ロットごとに基材メーカを変えることもあるかもしれません．最近は，人件費の安い国に，一貫して製造を任せるケースも多いようです．

● 基板メーカの製造態勢をチェックしておこう

組み立て後のテストで，動作が不安定な場合，プリント基板自体の問題はとかく見逃されがちです．

基板メーカのドリル刃，めっき，エッチング液などの管理状態など，すべての製造プロセスがプリント基板の品質に影響します．たとえ海外で製造する場合でも，実際の製造工程は見ておかなければなりません．

基板の空いたスペースにテスト・エリアを設けて，ロットごとに特性インピーダンスやエッチングの状態を確認すると良いでしょう．問題があった場合，基板の組み立て前に原因を明確にすることができます．

第3章
クロック信号ラインの伝播遅延要因
～基板上で最も高速な信号のふるまいと問題点～

3.1 プリント基板上の主な遅延要因

● ICに起因する遅延

▶ IC内部で信号が遅延する

CPUを駆動するクロック周波数は33 MHz，66 MHz，100 MHzとどんどん高くなっています．33 MHzの繰り返し周期は30 nsですが，100 MHzでは10 nsですから，タイミング設計においてマージンを確保する難しさはずいぶん違います．

図3-1は，クロック周波数の異なる二つの信号ラインのタイミング・チャート例です．データが安定してからt_{SU}後にクロックが立ち上がってデータを取り込み，IC内部回路の遅れt_{PD}後にデータが出力されています．

クロック信号が立ち上がる前後では，必ず一定の時間，データの電位が保持されていなければなりません．データを取り込むクロックの立ち上がりと同時または直前，直後にデータの電位が変化すると，正しい値を取り込めないからです．ここで，立ち上がり前のデータ電位が保持されている期間のことをセットアップ時間t_{SU}，立ち上がり後のことをホールド時間t_Hといいます．

▶ 高速回路での問題点

図3-1のように，クロック周波数が低ければt_{SU}とt_Hおよびt_{PD}を加えた時間($t_{SU}+t_H+t_{PD}$)が，クロック周期に占める割合は20～30％に過ぎませんが，クロック周波数が上昇するとともにその割合が高くなり，無視できなくなります．$t_{SU}+t_H+t_{PD}$がさらに大きくなり，1周期を越えそうなレベルになると，もはや安定出力は望めなくなります．

したがって，高速で安定に動作させるには，セットアップ時間やホールド時間の確保はもちろん，ICの内部回路の遅延もできるだけ小さなものを選ばなければなりません．

● 配線に起因する遅延

▶ 配線中を伝わる信号の速度は有限

図3-2は，レジスタを2個直列に使ったデータを1クロックごとに左から右にシフトす

〈図3-1〉IC内部の遅延 t_{PD} によるタイミング・マージンの減少

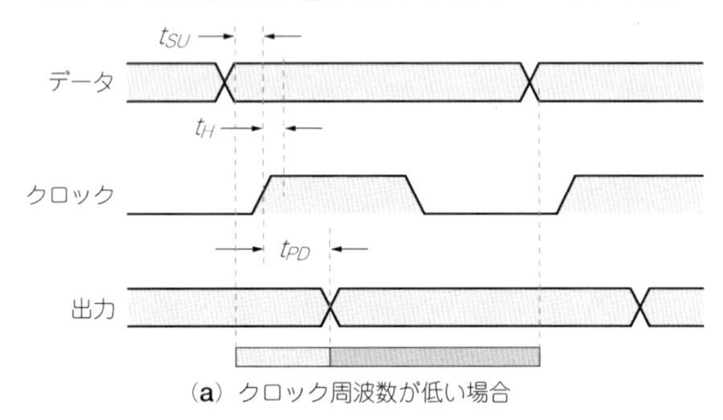

(a) クロック周波数が低い場合

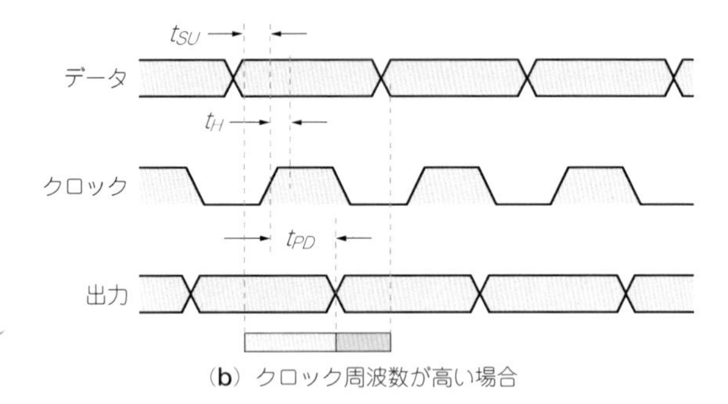

(b) クロック周波数が高い場合

〈図3-2〉[14] シフト・レジスタ

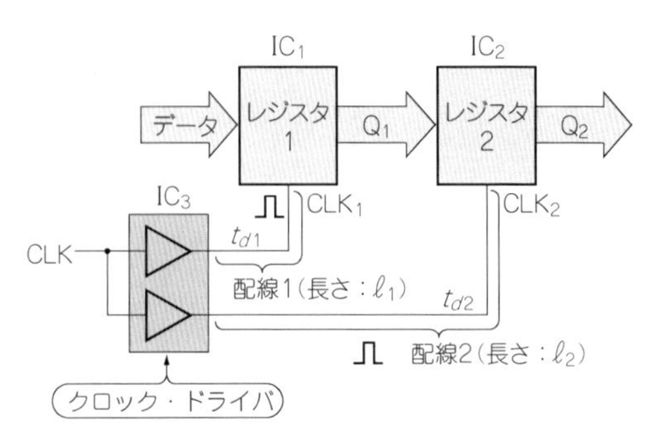

る回路です．クロック信号は，クロック・ドライバIC$_3$で2本(CLK$_1$とCLK$_2$)に分割して，それぞれのレジスタ(IC$_1$とIC$_2$)に供給しています．

ここでIC$_3$からIC$_1$およびIC$_2$までクロック信号が伝播するには有限の時間が必要です．したがって，CLK$_2$のパターンの長さℓ_2がCLK$_1$のパターンℓ_1より長いと，IC$_3$からIC$_2$にクロックが伝播する時間t_{d2}は，IC$_3$からIC$_1$に伝播する時間t_{d1}より大きくなります．このクロック分配回路で生じた信号間の遅延$t_{d2}-t_{d1}$のことをスキューといいます．

〈図3-3〉[14] 図3-2の回路各部のタイミング・チャート

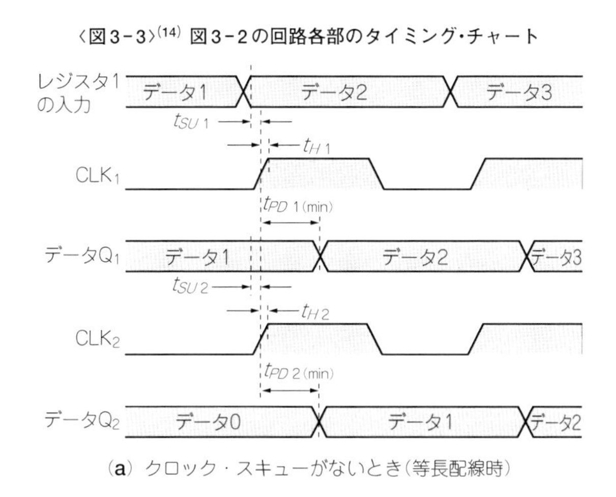

(a) クロック・スキューがないとき(等長配線時)

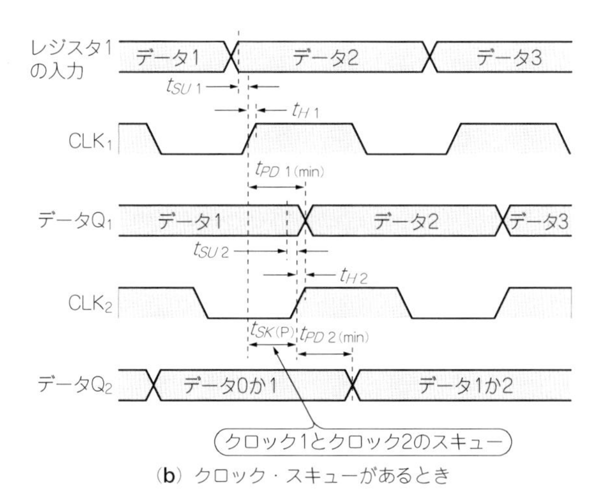

(b) クロック・スキューがあるとき

▶ 高速回路での問題点

スキューによってどんな症状が発生するのでしょうか．

図3-3(a)は，ℓ_1とℓ_2が等しくCLK$_1$とCLK$_2$の間にスキューがないときのタイミング・チャートです．データ2の電位が安定してt_{SU1}後にクロックが立ち上がるまでの間，レジスタ1の入力信号は保持されています．二つのクロックは同時に立ち上がっており，データ2がレジスタ1の出力O$_1$から，データ1がレジスタ2の出力O$_2$から各々t_{PD1}，t_{PD2}だけ遅れて出力されます．

一方，**図3-3(b)**ではCLK$_1$に対してCLK$_2$のほうがパターンによるスキューぶんだけ遅れるため，O$_2$の出力となるデータ2のt_{SU2}またはデータ1のホールド時間t_{H2}のどちらかが満たされず，出力O$_2$は不安定な状態になります．

実際のプリント基板の設計では，このようにドライバとレシーバ(ここではレジスタ)が1対1で接続されることはまずありませんが，クロック回路の設計でスキューをいかに小さくするかが，回路を安定に動作させるポイントであることがわかります．

3.2　実際の高速ICの伝播特性

それでは**図3-4**に示す回路で，クロック・ドライバICの各スキューを測定してみます．

● 実験による検証

▶ クロック・ドライバIC

使用したICはIDT社のクロック専用のドライバIC 74FCT3807CTです．**図3-5**と**表3-1**に内部等価回路と主な電気的仕様を，**表3-2**にスイッチング特性をそれぞれ示します．周囲温度0～+70℃まで特性を保証する汎用品と，－40～+85℃まで保証する工業用があります．さらにスキュー特性が厳しく管理されているCTタイプと一般品のBTタイプがあります．

なお，回路図には示していませんが，ICの複数の電源端子には，その直近にパスコンとして0.1 μFのセラミック・コンデンサを接続します．ICの出力は，100 MHzで動作させることを考慮して，二つの出力を並列接続しています．参考までに，**図3-6**にデータシートに記載された出力特性評価回路を示します．

▶ 入力回路

パルス・ジェネレータ8110 Aから50 Ωの同軸ケーブルを通して，試験基板上のクロッ

〈図3-4〉クロック・ドライバのスイッチング特性を評価する回路

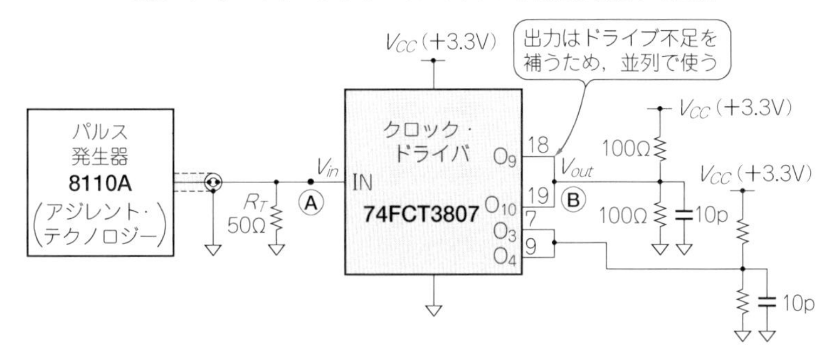

〈図3-5〉
クロック・ドライバ　74FCT3807の内部ロジック

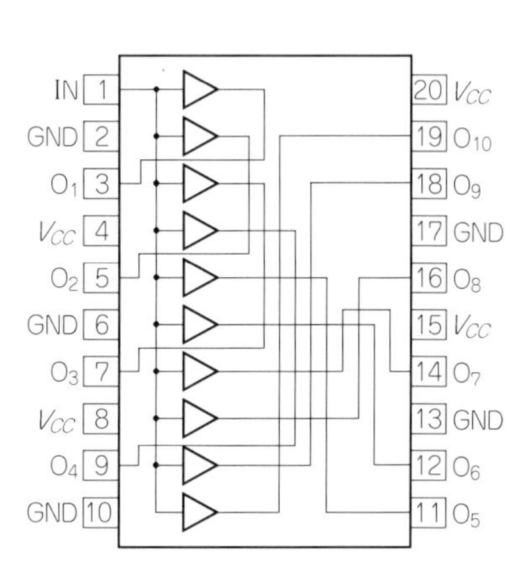

〈図3-6〉
データシートに記載された出力特性の評価回路

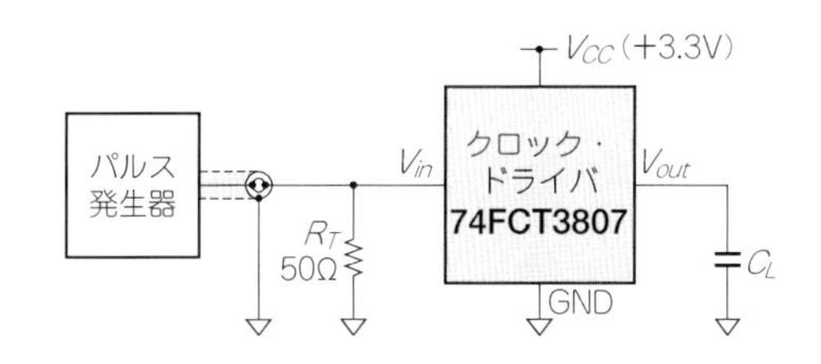

ク・ドライバに信号を入力します．入力とグラウンド間には整合終端用の抵抗R_T(50 Ω)を接続します．また電源供給用コネクタの近くにも，10 μFのタンタル・コンデンサを接続して電源を強化します．

▶ 基板

ICメーカでは，特性インピーダンスなどがきちんと管理された多層基板を使って特性

〈表3-1〉
クロック・ドライバ 74FCT3807の主な仕様

項　目	仕　様
電源電圧	3.3 V
出力間スキュー	250 ps以下
デューティ・サイクルひずみ	350 ps以下
入出力間伝播遅延(t_{PD})	2.5 ns以下
立ち上がり時間／立ち下がり時間(t_r, t_f)	1.5 ns以下
動作周波数	100 MHz
入出力インターフェース	TTLコンパチブル
“H”出力時の出力電流(I_{OH})	−32 mA(注)
“L”出力時の出力電流(I_{OL})	48 mA(注)

注　出力端子から外部に電流が流れ出す向きをマイナス(−)符号で，外部から出力端子に電流が流れ込む向きをプラス(＋)符号で表す

〈表3-2〉
クロック・ドライバ 74FCT3807のスイッチング特性

記号	項　目	条　件	最小	最大	単位
t_{PLH} t_{PHL}	伝播遅延時間	C_L = 10 pF, 50 Ω を $\frac{V_{CC}}{2}$ に接続する	1.3	2.5	ns
t_r	立ち上がり時間		—	1.5	ns
t_f	立ち下がり時間		—	1.5	ns
$t_{SK(O)}$	出力間スキュー		—	0.25	ns
$t_{SK(P)}$	パルス・スキュー		—	0.35	ns
$t_{SK(T)}$	パッケージ・スキュー		—	0.65	ns

(a) C_L = 10 pF

記号	項　目	条　件	最小	最大	単位
t_{PLH} t_{PHL}	伝播遅延時間	C_L = 50 pF, f ≦ 40 MHz	1.5	3.5	ns
t_r	立ち上がり時間		—	1.5	ns
t_f	立ち下がり時間		—	1.5	ns
$t_{SK(O)}$	出力間スキュー		—	0.35	ns
$t_{SK(P)}$	パルス・スキュー		—	0.45	ns
$t_{SK(T)}$	パッケージ・スキュー		—	0.75	ns

(b) C_L = 50 pF

を測定しているでしょうが，実際のプリント基板設計に適用できないので，片側がグラウンドで一面覆われた両面基板を使いました．

● クロック・ドライバのスイッチング特性の定義

▶ パルス・スキュー $t_{SK(P)}$ (pulse skew)

〈図3-7〉
伝播遅延時間とパルス・スキューの定義

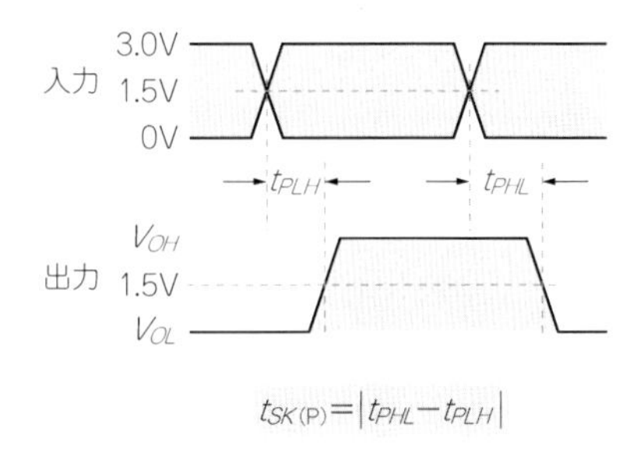

〈図3-8〉
パルス・スキュー特性(2 V/div., 2 ns/div.)

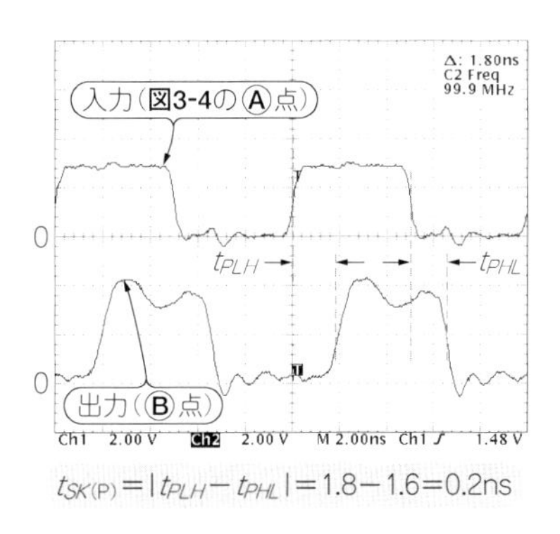

パルス・スキューとは，**図3-7**に示すように立ち上がり伝播遅延時間 t_{PLH} と立ち下がり伝播遅延 t_{PHL} の差を絶対値で表したものです．例えば，t_{PLH} が2 ns，t_{PHL} が1.5 nsであれば，$t_{SK(P)}$ は次のようになります．

$$t_{SK(P)} = |\ t_{PHL} - t_{PLH}\ | = |\ 1.5 - 2\ | = 0.5 \text{ ns} \quad \cdots\cdots (3\text{-}1)$$

$t_{SK(P)}$ は，デューティひずみの尺度として使われ，値が小さいほど入力に対して出力が忠実であることを示しています．特にメモリにクロックの両エッジを利用してデータ転送を2倍にしたDDR-SDRAM(Double Data Rate SDRAM)を使う場合などは，デューティひずみ，つまり $t_{SK(P)}$ に特に気を付けなければなりません．

図3-8は，100 MHzで動作させたクロック・ドライバの入出力波形です．入出力波形とも，IC端子に直接プローブを接触させて観測しました．図から，t_{PLH} = 1.8 ns，t_{PHL} = 1.6 ns，と読み取ることができるので，$t_{SK(P)}$ はこれらの差分で，0.2 nsです．

▶ 出力間スキュー $t_{SK(O)}$ (output skew)

IC内の各バッファ間の伝播遅延時間差です．

〈図3-9〉出力間スキューの定義

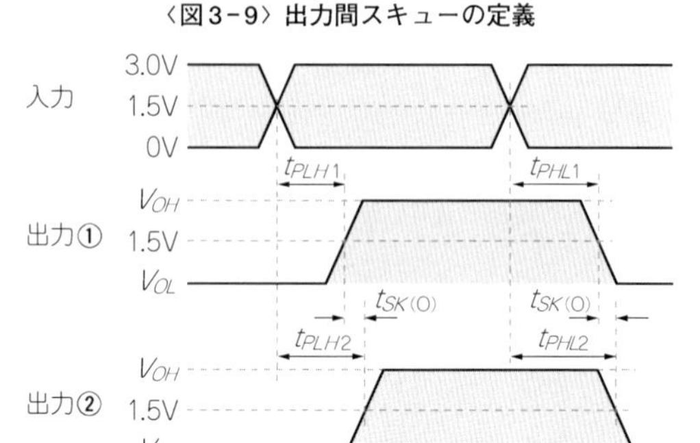

〈図3-10〉出力間スキュー特性(2 V/div.，2 ns/div.)

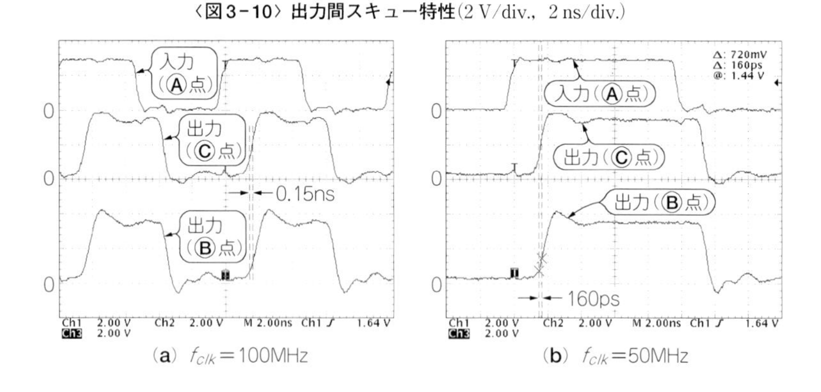

(a) f_{clk}＝100MHz　　(b) f_{clk}＝50MHz

図3-9の例では，入力波形が立ち上がってから伝播遅延t_{PLH}後に，まず出力①が立ち上がり，続いて出力②が立ち上がっています．**表3-2**では出力間スキュー$t_{SK(O)}$が0.25 ns_{max}と規定されているので，出力1と2の時間差は0.25 ns以下です．

図3-10は，$O_3 + O_4$と$O_9 + O_{10}$の2出力の$t_{SK(O)}$を測定した結果です．IC内部のレイアウトの都合によってO_3とO_4は入力端子から最も近い位置に，O_9とO_{10}は最も遠いところに出力バッファがあります．その結果，その差が出力間のスキューとなって現れており，100 MHz動作時の$t_{SK(O)}$は0.15 ns，50 MHz動作時は160 psになっています．50 MHzで測定した値がpsオーダと速い理由は，出力をペアにしたためにドライブ能力が大幅に上がったからです．50 MHz程度ならペアにしなくても十分過ぎるドライブ能力があることがわかります．

▶ 入出力間の伝播遅延時間t_{PLH}，t_{PHL}

IC内部で発生する信号の入出力間遅延時間(propagation delay)です．

〈**図3-11**〉**100 MHz動作時の入出力間伝播遅延特性**(2 V/div., 2 ns/div.)

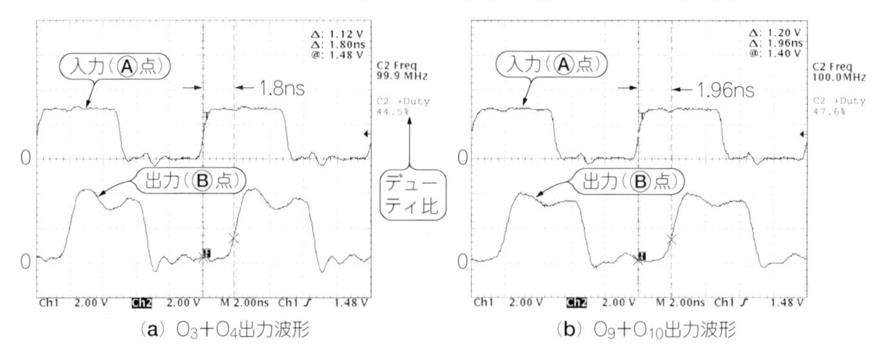

(**a**) O_3+O_4出力波形　(**b**) O_9+O_{10}出力波形

〈**図3-12**〉**50 MHz動作時の入出力間伝播遅延特性**(2 V/div., 2 ns/div.)

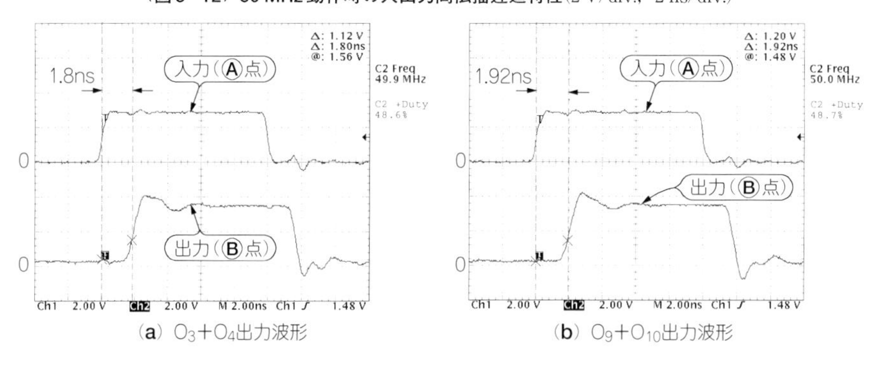

(**a**) O_3+O_4出力波形　(**b**) O_9+O_{10}出力波形

t_{PLH}は，入力電圧が電源電圧の1/2に立ち上がった時点から，出力電圧が電源の1/2に立ち上がるまでの時間(**図3-7**)です．t_{PHL}は，入力電圧が電源電圧の1/2に立ち下がった時点から，出力電圧が電源の1/2に立ち上がるまでの時間です．

表3-2(**a**)から，C_Lが10 pFのときのt_{PLH}とt_{PHL}の最大値は2.5 nsですから，仮に100 MHzのクロック回路に使うことを考えると，繰り返し周期10 nsのうち25%をICの伝播遅延が占めることになります．さらに，**表3-2**(**b**)からC_Lが50 pFのときの最大値は3.5 nsなので，伝播遅延は繰り返し周期の35%を占めてしまい，動作マージンが小さくなります．実際の設計においては，IC単体の伝播遅延以外にもさまざまなスキューが発生しますから，100 MHz動作の回路を実現するためには，実験によって使えるかどうかを検証する必要があります．

図3-11と**図3-12**は入出力間伝播遅延時間の測定結果です．測定した出力は先ほどと

〈図3-13〉
パッケージ・スキューの定義

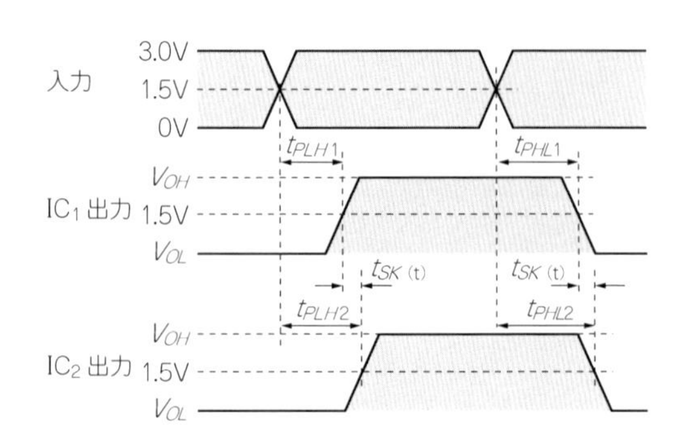

同様に$O_3 + O_4$と$O_9 + O_{10}$です．ほかのすべての出力も，ペア接続して容量負荷10 pFをテブナン終端（第9章）しました．図からわかるように，**表3-2**のスペックを十分満たしており，周波数によってほとんど変わりません．

また**図3-11**からデューティ（C_2 + Duty）は，出力バッファによって異なり，$O_3 + O_4$の場合は44.5％，$O_9 + O_{10}$の場合は47.6％です．

▶ パッケージ・スキュー$t_{SK(\mathrm{t})}$

ICは製造プロセスが複雑なので，ちょっとした条件の差が特性に大きく影響します．このばらつきの指標がパッケージ・スキュー（package skew）です．**図3-13**に示すように，2個またはそれ以上のICの入力電圧に対する出力電圧のスキューを意味しており，入力，出力，電源，周囲温度，パッケージ形状などの条件を同じにして測定します．**表3-2**のパッケージ・スキューを見ると，ほかのスキューに比べて2倍以上の大きな値になっています．

▶ 立ち上がり時間t_rと立ち下がり時間t_f

t_rは出力電圧が振幅の10％から90％に達するまでの時間，t_fは出力電圧が振幅の90％から10％まで下がるのに要する時間です．メーカによってはt_{TLH}，t_{THL}という記号を使っていることもあります．**表3-2**から，C_Lが50 pFのときの最大値は1.5 nsですから，FCT3807のドライブ能力はかなり大きいようです．

理解を容易にするため，負荷を容量だけとします．配線の特性インピーダンスや配線固有の容量などを無視して，出力電圧V_{out}[V]をt[s]で立ち上げるのに，どれだけの電流が必要かを考えてみます．

簡単な物理を思い出してほしいのですが，コンデンサに電流Iが流れ込むと電荷Qが増加します．電流は単位時間当たりの電荷の移動量のことですから，

$$I=\frac{dQ}{dt} \quad \cdots\cdots (3\text{-}2)$$

と表せます．ここでdtは単位時間です．この式に，

$$Q = CV_{out} \quad \cdots\cdots (3\text{-}3)$$

という有名な式を代入すると，

$$I = C\frac{dV_{out}}{dt} \quad \cdots\cdots (3\text{-}4)$$

となります．例えば，負荷容量$C_L = 50$ pF，$t = 1.5$ nsの間に5Vまで立ち上げるのに必要な電流は，

$$I = 50 \times 10^{-12} \times \frac{5}{1.5 \times 10^{-9}} \fallingdotseq 0.17\mathrm{A} \quad \cdots\cdots (3\text{-}5)$$

と求まります．

高速回路は，t_rやt_fを短くすればするほど，動作が安定しますが，スイッチング動作による電流や電圧の変化　dI/dtやdV/dtに比例してノイズが増大するので，むやみに速くはできません．例えば，上記の例（$t_r = 1.5$ ns，動作電流$I = 170$ mA）では，

$$\frac{dI}{dt}=\frac{0.17}{1.5 \times 10^{-9}} \fallingdotseq 113 \times 10^6\ (\mathrm{A/s}) \quad \cdots\cdots (3\text{-}6)$$

もの電流が流れることになり，ノイズ発生の大きな原因となります．回路が誤動作を起こさない程度に電流を制限するか，最適なICを選択しなければなりません．

3.3　プリント・パターンの伝播特性

● 実験による検証

今までの実験は，容量負荷をICの出力端子のすぐそばに置いていたので，配線による影響を考慮していませんが，実際の基板では配線が接続されます．そこで今度は，**図3-14**に示すように出力端子に配線が接続された回路で，信号の伝播速度や波形のようすを検証してみます．

O_6端子は開放で，O_5端子には150 mmの配線が接続されています．またO_5端子出口にダンピング抵抗22 Ω，配線の先には負荷容量10 pFを接続します．O_5端子とO_6端子を除くほかの出力は，負荷容量10 pFと抵抗で終端します．

〈図3-14〉配線によるスキューを調べる実験回路

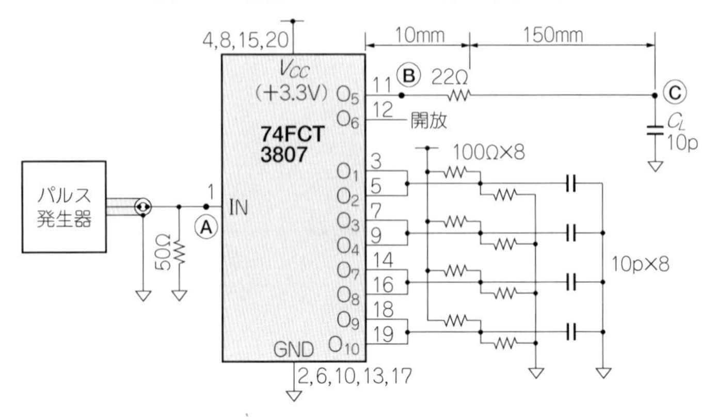

〈図3-15〉マイクロストリップ・ラインの特性インピーダンスの導出

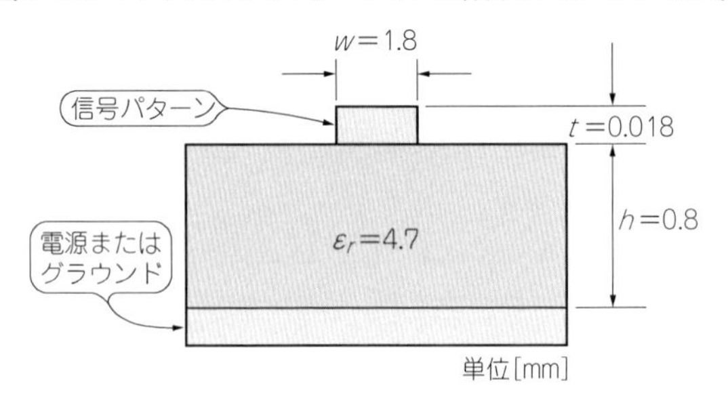

● 配線による遅延を求める

プリント基板は両面で，材料はガラス・エポキシ(比誘電率 $\varepsilon_r = 4.7$)とします．部品面は信号線用のパターンがあり，裏面はグラウンドです．つまり，**図3-15**に示すようなマイクロストリップ・ラインが構成されます．

マイクロストリップ・ラインの特性インピーダンス Z_0 [Ω]は次式で求めることができます．

$$Z_0 = \frac{87}{\sqrt{\varepsilon_r + 1.414}} \ln\left(\frac{5.98h}{0.8w + t}\right) \quad \cdots\cdots (3\text{-}7)$$

ただし，$w/h \leqq 1$，w：配線幅[mm]，h：配線面とグラウンド面との距離[mm]，ε_r：比誘電率

ここで配線幅を $w = 1.8$ mm，配線とグラウンドの間隔を $h = 0.8$ mmとすると，この配

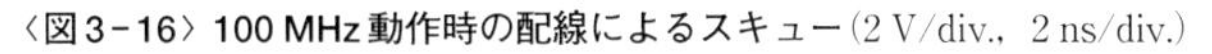
〈図3-16〉 100 MHz動作時の配線によるスキュー(2 V/div., 2 ns/div.)

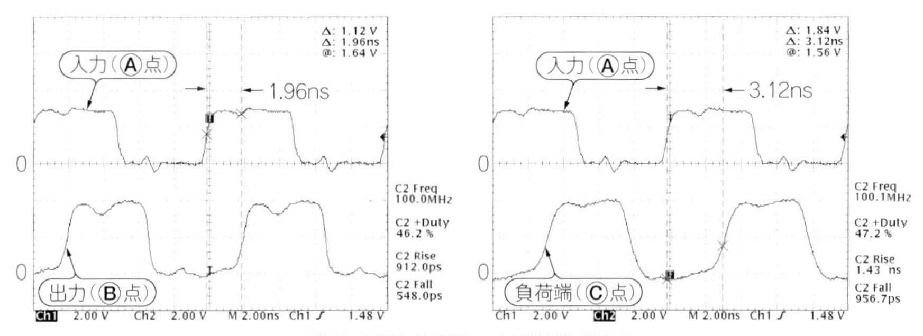

(a) クロック・ドライバの入出力波形　(b) 負荷端の波形

〈図3-17〉 50 MHz動作時の配線によるスキュー(2 V/div., 2 ns/div.)

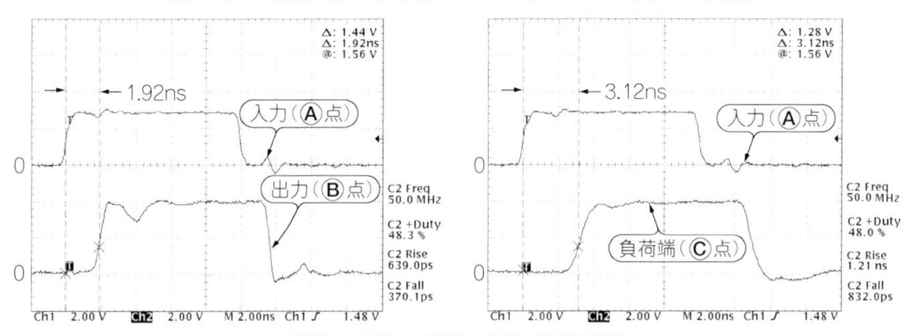

(a) クロック・ドライバの入出力波形　(b) 負荷端の波形

線の特性インピーダンスZ_0は，

$$Z_0 = \frac{87}{\sqrt{\varepsilon_r + 1.414}} \ln\left(\frac{5.98h}{0.8w + t}\right)$$

$$= \frac{87}{\sqrt{4.7 + 1.414}} \ln\left(\frac{5.98 \times 0.8}{0.8 \times 1.8 + 0.035}\right)$$

$$= 41.5\ \Omega \quad \cdots\cdots (3\text{-}8)$$

になります．また，配線の1フィート(30.48 cm)当たりの伝播遅延t_{PD}[ns/ft]は，次式のように基板の比誘電率によって決まり，

$$t_{PD} = 1.017\sqrt{0.475\,\varepsilon_r + 0.67} \fallingdotseq 1.733\ \text{ns/ft} \quad \cdots\cdots (3\text{-}9)$$

と求まります．1 m当たりに変換すると，5.68 nsの伝播遅延となります．この基板は配線長が150 mm，ドライバからダンピング抵抗までの配線が10 mmあるので，IC側で信号が立ち上がってから負荷に到達するまでに，

$$t_{PD} = 5.68 \times \frac{160}{1000} = 0.91 \text{ ns} \quad \cdots\cdots (3\text{-}10)$$

だけ遅れが発生する計算になります．

● 配線とICの遅延時間は？

図3−16は，クロック周波数が100 MHzのときのクロック・ドライバの入出力波形(**図3−14**の Ⓐ点と Ⓑ点)と150 mmの配線の先に接続された負荷端(**図3−14**の Ⓒ点)の波形です．

図3−16(a)から，クロック・ドライバ自体の入出力間の伝播遅延時間が1.92 nsとわかります．一方，**図3−16(b)**から，クロック・ドライバの入出力間伝播遅延時間と配線による遅延時間を加えた値が3.12 nsとわかります．そして，両者のデータの差分が配線の遅延時間を意味しており，

$$3.12 - 1.96 = 1.16 \text{ ns}$$

と求まります．同様に，クロック周波数を50 MHzとしてみると(**図3−17**)，

$$3.12 - 1.92 = 1.20 \text{ ns}$$

となります．配線による遅延時間が周波数に依存しないことがわかります．

どちらも式(3-10)で得た値より少し大きいのが気になります．じつは，先ほど式(3-10)で求めた配線の伝播遅延 t_{PD} は，無負荷の状態で成り立つ計算式なので，今回の実験のように負荷を接続すると遅延は増加します．詳細は第5章(p.87)で説明します．

第4章 高速ディジタル基板の信号波形の実際
～DIMMのクロック信号波形の観測と考察～

第3章では，バッファ・タイプのクロック・ドライバを実際に動作させて，ICや配線に起因する伝播遅延のようすを確認し，その算出方法を示しました．また，クロック配線上に容量性の負荷が接続されると，信号の伝播遅延時間や配線インピーダンスが変化することも説明しました．

本章では，**写真4-1**に示す66 MHz動作のクロック・ドライバとDIMM（Dual Inline Memory Module）周辺のクロック波形を観測し，その問題点について検討したいと思います．

4.1 DIMM周辺に潜む高速伝送時の問題点

● クロック信号はシステムの中で一番高速

クロックは，システムが動作するための基準になる信号ですから，プリント基板の中で最も周期が短く高速です．そしてクロック配線上に接続されているCPU，メモリ，ペリフェラル・インターフェース，ASIC（特定用途向けのIC）など多くの負荷を同じタイミングで駆動しています．

複数のプリント基板で構成される比較的大きなシステムになると，基板ごとにクロック周波数が異なり，20 M～30 MHzの低い周波数から100 M～200 MHzの高い周波数のクロック信号が存在します．

● 配線のキャパシタンスとインダクタンス

図4-1は，負荷容量の増加によってクロック信号の立ち上がり時間がどのように変化するかを示したものです．図からわかるように，負荷容量が大きいほど立ち上がり時間

が長くなります.

これは，ICの内部インピーダンスと出力に接続された容量性負荷によって時定数が変

〈図4-1〉
負荷容量とクロック波形の立ち上がり

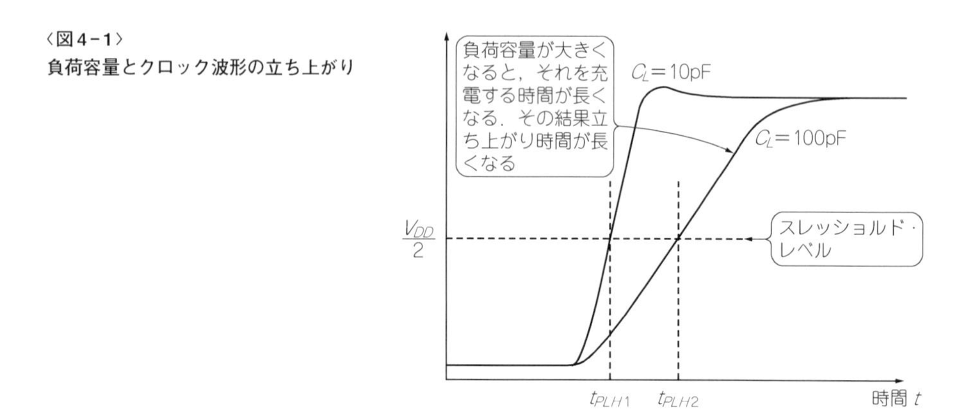

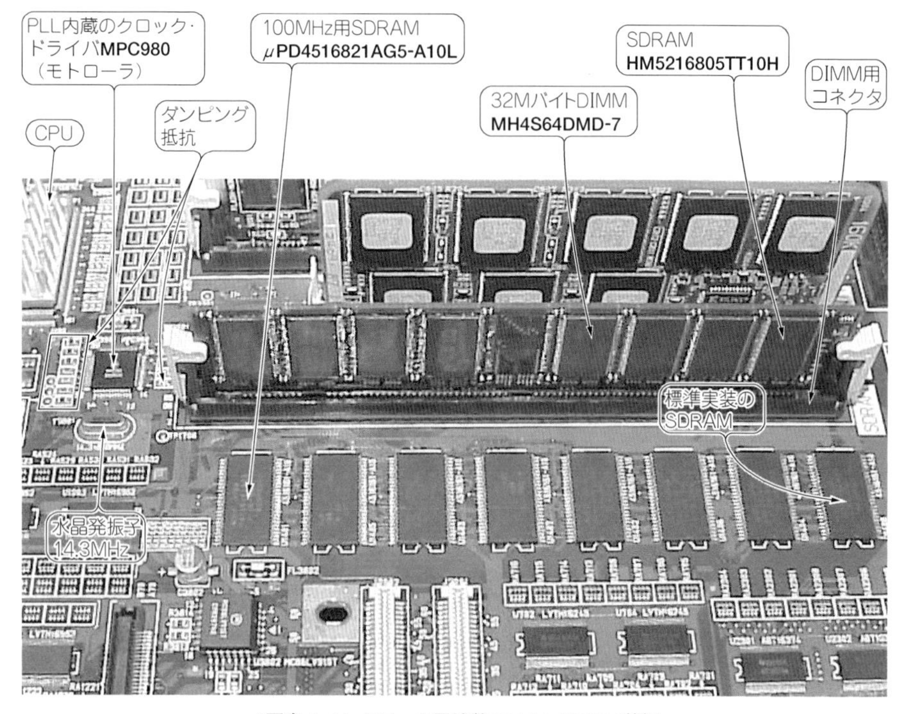

〈写真4-1〉クロック周波数66 MHzのCPU基板

化するからです．この現象は，立ち下がりについても同様に生じます．負荷に蓄積された電荷が，バッファICの内部インピーダンスを通ってグラウンドに放出されるので，負荷容量が大きければそれだけ放電に時間を要します．

クロック・ドライバをはじめとしたバッファIC内の出力部には，**図4-2**に示すようにチップ-リード・フレーム間のボンディング・ワイヤやリード・フレーム自身の配線があり，その内部インピーダンスは等価的に抵抗で表すことができます．そして，ICの出力に配線を接続した途端に，IC単体では問題とならなかったインダクタンスやキャパシタンスの影響で悩むことになります．

図4-3は，**写真4-1**の基板のクロック・ドライバの出力(ダンピング抵抗の出力側)と，SDRAMのクロック入力端子の波形です．ドライバ側の立ち上がりが1 ns以下(10 ～ 90 %)なのに対して，負荷側では波形が立ち上がり始めてから1.5 Vになるまでに1 ns以上要しており，さらに配線の影響で伝播遅延が生じています．また，Lレベルが約0.6 Vまで上がっています．

〈図4-2〉
クロック・ドライバの内部構造

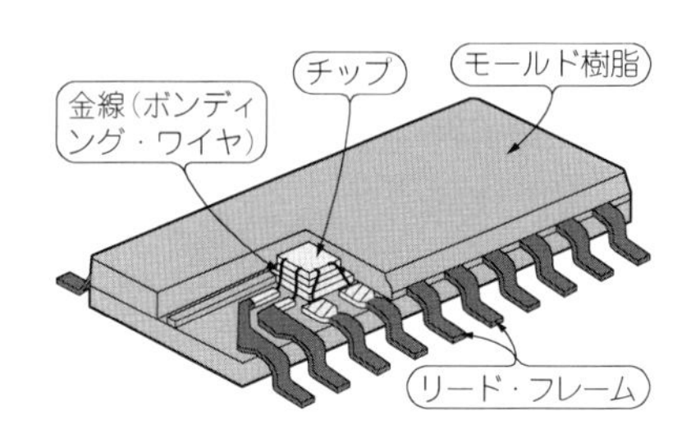

〈図4-3〉写真4-1のDIMM内のクロック波形(1 V/div.，2 ns/div.)

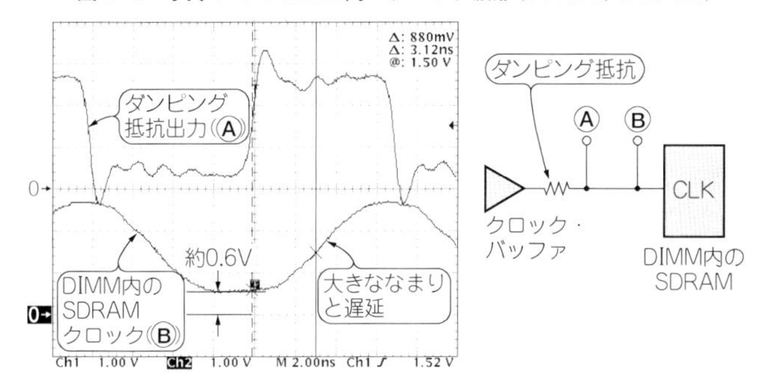

● DIMM周辺の部品レイアウト

もう一度，**写真4-1**を見てください．

左側に水晶発振子とクロック・ドライバ，その周辺にクロック配線用のダンピング抵抗があります．左上に少しだけ見えている変わった形のフィンはCPUの放熱用です．写真の中央下側に8個並んでいるICは標準で実装されているメモリで，そのすぐ上に増設用のメモリ・モジュール DIMM(Dual Inline Memory Module)があります．DIMMは増設用なのでコネクタが使われています．

少し前まではアクセス・スピード60nsのEDO DRAMが実装された72ピンのSIMM(Single Inline Memory Module)がもてはやされていましたが，現在は168ピンのDIMMが主流です．また一部では，ダイレクト・ラムバス・メモリ(Direct Rambus Memory)を搭載したRIMM(Rambus Inline Memory Module)の採用を検討しているメーカも出ているようです．写真のDIMMの後ろ側にも多くのメモリ・モジュールが見えます．

DIMM周辺のクロック配線はどうなっているのでしょうか．

「クロック信号は基板の左側で作られているなあ．メモリやDIMMに対してクロックはどのように供給されているのだろう？まさか左から順番に供給されているわけないよね．なぜって，前回の説明では1本の配線にたくさんのICが接続されると，伝播遅延が大幅に増加したり，配線のインピーダンスが低下したりするんでしょ．ということは，クロック・ドライバに近いメモリと一番遠いメモリではクロックの到達時間も違うから，同一のタイミングでメモリを動作させることなんてできないんじゃないの」．はい，たしかにおっしゃるとおりです．なにも言うことはありません･･･チャンチャン．

これではあまりにも寂しいので，この基板の設計者に代わって少し弁解させてください．じつはこの基板の設計者にとっても部品配置は悩みの種でした．本当はDIMMの面がクロック・ドライバに垂直に向くように配置したかったのです．これなら，クロックに限らずアドレスやデータ・バスについても等しい長さで配線でき，スペース効率の面でも有利です．

なぜできなかったのかというと，商品のデザイン上の制約があったからです．このシステムは，まず最初に商品のデザインが決まり，次に大物の機構部品のレイアウトが決定されました．そして，残りのスペースにプリント基板を押し込んだり配線を通さなければならなかったのです．

4.2 実際の高速基板のクロック信号波形

● DIMM周辺の回路

図4-4は，**写真4-1**に示した基板のクロック周辺のブロック図です．CPUとデータ・ラッチ，プリント基板に標準実装されているメモリと，DIMM(**写真4-2**)，クロック・ドライバで構成されており，回路自体には特筆すべきものはありません．

〈図4-4〉写真4-1のDIMM周辺のブロック図

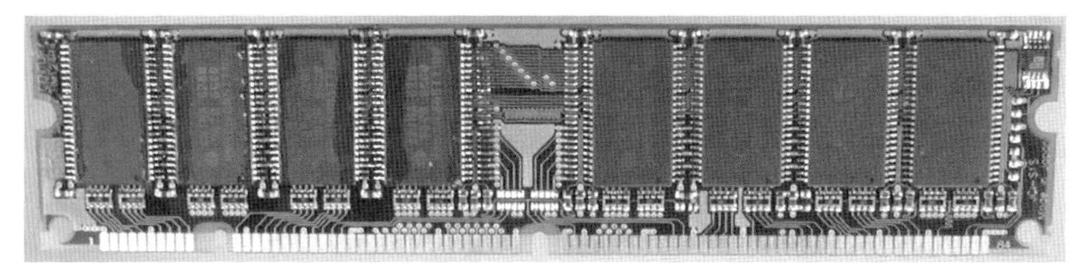

(a)おもて面

(b)裏面

〈写真4-2〉DIMMの拡大写真

8個のSDRAMは基板上で横一列に並んでいますが，回路図ではそのようには描きませんでした．クロック・ドライバはPLL内蔵のMPC980，DIMMは32 MバイトのMH4S64DMD-7(2 Mビット×8×16)です．クロック出力は複数のICに供給されていますが，今回注目したいのはSDRAM CLK1の信号です．このクロック配線はいわゆる一筆書きです．

図4-5は，クロック・ドライバからDIMM内のSDRAMに至るクロック信号の流れを

〈**図4-5**〉**クロック・ドライバ周辺の回路と各部の波形**(1 V/div.，2 ns/div.)

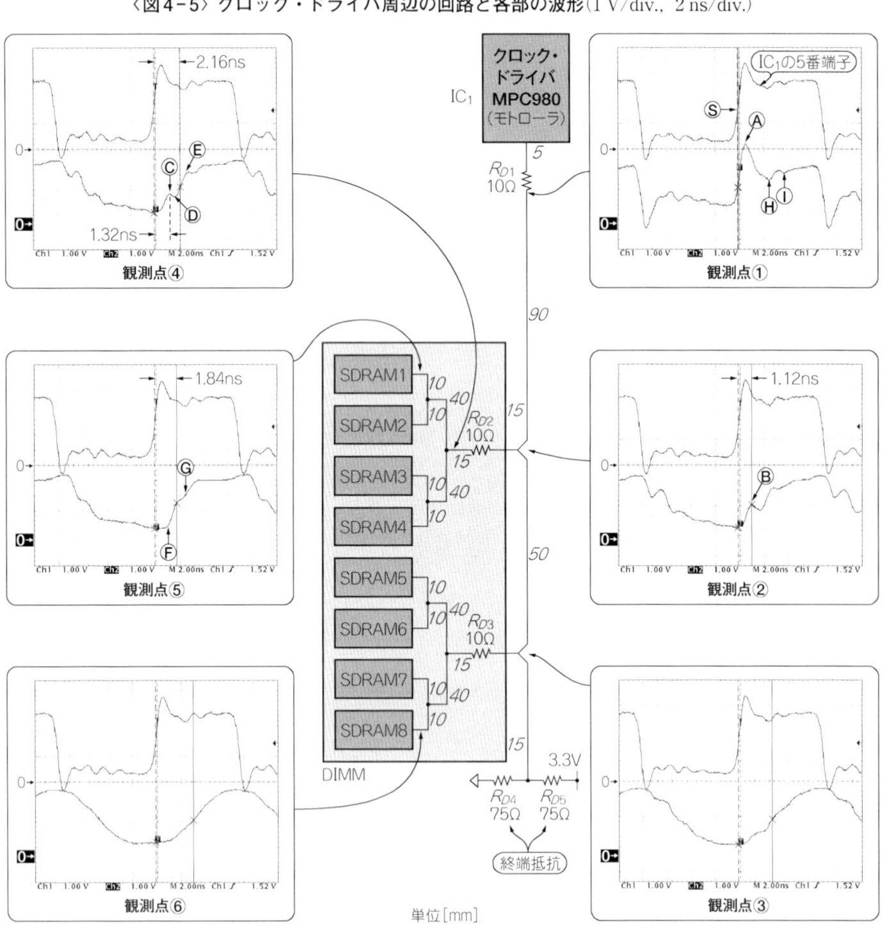

注▶ 上側の波形はすべてIC1の5番端子の出力信号

部品のレイアウトができるだけ反映されるように描いたものです．図中の斜体の数値は配線長です．例えばクロック・ドライバの出力からダンピング抵抗の入力側までの長さは5 mm，ダンピング抵抗からDIMMまでの配線長は90 mmです．DIMMに入ったクロックは10 Ωのダンピング抵抗を通じて等長で分岐し，各々のSDRAMのクロック端子に供給されています．

図4-6に示すようにDIMMは四つのクロック入力をもっており，②の入力にはCK0(42ピン)とCK1(125ピン)，そこから50 mm先の③の入力にCK2(79ピン)とCK4(163ピン)が接続されます．

● SDRAMの電気的特性

簡単にDIMM上のSDRAMの特性を調べておきましょう．**表4-1**に100 MHz用SDRAM μPD4516821AG5-A10LのDC特性とAC特性を示します．

表の電源端子/入力端子とグラウンド間の絶対最大定格電圧から，－1.0～＋4.6 Vの範囲で使う必要があることがわかります．**図4-5**に示すようにDIMMに入力されているクロック信号は，マザー・ボード上の二つの抵抗(75 Ω)で終端されており，SDRAMごとには終端されていませんから，反射によって絶対最大定格をオーバしないかどうかが気になります．

入力電圧の絶対最大定格は，Hレベルが2.0 ～4.6 V，Lレベルが－0.3 ～＋0.8 Vです．絶対最大定格値は，一瞬でもその値を越えてしまうとデバイスの品質が保証できなくなる値ですから，回路の動作上で問題がないからといって安心できません．オーバーシュートによる跳ね返りやドライブ電流の不足などによって，Hレベルの入力条件である2.0 Vを割り込んでしまう場合があります．また，アンダーシュートが大きいときの跳ね

〈図4-6〉
DIMMのピン配列

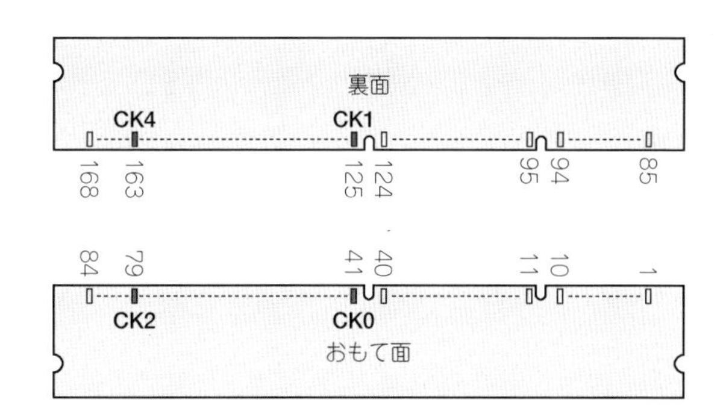

〈表4-1〉SDRAM μPD4516821AG5-A10L［日本電気㈱］の主な電気的仕様

(a) 絶対最大定格

記　号	項　目	定　格	単　位
V_{CC}, V_{CCQ}	出力電圧	−1.0～+4.6	V
V_T	入力電圧	−1.0～+4.6	V
I_O	出力短絡電流	50	mA
P_O	消費電力	1	W
T_A	動作温度	0～+70	℃
T_{stg}	保存温度	−55～+125	℃

(b) DC許容動作条件

記号	項　目	最 小	標 準	最 大	単 位
V_{CC}	電源電圧	3.0	3.3	3.6	V
V_{IH}	Hレベル入力電圧	2.0	—	4.6	V
V_{IL}	Lレベル入力電圧	−0.3	—	+0.8	V
T_A	動作温度	0	—	+70	℃

(c) 容量(T_A＝25℃，f＝1 MHz)

記号	項　目	条　件	最 小	最 大	単 位
C_{I1}	入力容量	A0～A11	2	4	pF
C_{I2}	入力容量	CLK, CKE, $\overline{CS}$, $\overline{RAS}$, $\overline{CAS}$, $\overline{WE}$, DQM, UDQM, LDQM	2	4	pF
$C_{I/O}$	入出力容量	DQ_0-DQ_{15}	2	6	pF

(d) AC許容動作条件及び特性

記号	項　目	最小	最大	単位
t_{CH}	CLK Hレベル時間	3.5	—	ns
t_{CL}	CLK Lレベル時間	3.5	—	ns
t_{DS}	データ入力セットアップ時間	2.5	—	ns
t_{DH}	データ入力ホールド時間	1.0	—	ns
t_{AS}	アドレス入力セットアップ時間	2.5	—	ns
t_{AH}	アドレス入力ホールド時間	1.0	—	ns
t_{CKS}	CKEセットアップ時間	2.5	—	ns
t_{CKH}	CKEホールド時間	1.0	—	ns
t_{CKSP}	CKEセットアップ時間（パワー・ダウン終了時）	2.5	—	ns
t_{CMS}	コマンド・セットアップ時間（$\overline{CS}$，$\overline{RAS}$，$\overline{CAS}$，$\overline{WE}$，DQM）	2.5	—	ns
t_{CMH}	コマンド・ホールド時間（$\overline{CS}$，$\overline{RAS}$，$\overline{CAS}$，$\overline{WE}$，DQM）	1.0	—	ns

〈表4-2〉DIMM MH4S64DMD［三菱電機㈱］の主な電気的特性（$T_A = 0 \sim +70$℃，$V_{DD} = 3.3 \pm 0.3$ V，$V_{SS} = 0$ V）

記号	項目		仕様 -7 最小	-7 最大	-8A 最小	-8A 最大	-8 最小	-8 最大	-10 最小	-10 最大	単位
t_{CKL}	CLKサイクル・タイム	$C_L = 2$	10	—	12	—	—	—	15	—	ns
		$C_L = 3$	10	—	8	—	10	—	10	—	ns
t_{CH}	CLK Hパルス幅		3	—	3	—	3	—	4	—	ns
t_{CL}	CLK Lパルス幅		3	—	3	—	3	—	4	—	ns
t_T	CLK遷移時間		1	10	1	10	1	10	1	10	ns
t_{IS}	入力セットアップ時間（全入力）		2	—	2	—	2	—	3	—	ns
t_{IH}	入力ホールド時間（全入力）		1	—	1	—	1	—	1	—	ns
t_{RC}	列アドレス・サイクル時間		70	—	78	—	70	—	90	—	ns
t_{RCD}	列アドレス-行アドレス遅延時間		20	100000	24	100000	20	100000	30	100000	ns
t_{RAS}	列アドレス-アクティブ・コマンド間隔		50	—	48	—	50	—	60	—	ns
t_{RP}	列アドレス-プリチャージ・コマンド間隔		20	—	24	—	20	—	30	—	ns
t_{WR}	ライト・リカバリ時間		20	—	10	—	20	—	12	—	ns
t_{RRD}	アクティブ-アクティブ・コマンド間隔		20	—	16	—	20	—	20	—	ns
t_{RSC}	モード・レジスタ・セット・サイクル時間		20	—	16	—	20	—	20	—	ns
t_{PDE}	パワー・ダウン終了時間		10	—	8	—	10	—	10	—	ns
t_{ref}	リフレッシュ時間		—	64	—	64	—	64	—	64	ns

(a) AC特性

記号	項目	テスト条件	最大	単位
$C_{I(A)}$	アドレス・ピン	$V_I = V_{SS}$ $f = 1$ MHz $V_i = 25$ mV$_{RMS}$	95	pF
$C_{I(C)}$	コントロール・ピン		95	pF
$C_{I(K)}$	CKピン		45	pF
$C_{I/O}$	I/Oピン		19	pF

(b) 入力端子容量

返りや終端の整合方法などによって，Lレベルの入力電圧定格を越えてしまうことがあります．クロック入力など重要なポイントは，必ず信号波形を実測しておきましょう．

表4-2に示すDIMM MH4S64DMD-7の電気的特性からわかるように，DIMMのクロック端子の最大入力容量は45 pFです．**表4-1(c)**に示すSDRAM ICの仕様から，クロック端子の入力容量は2 p～4 pFです．DIMMに入力されるクロック配線1本当たり，4個のSDRAMが接続されていることを考えると，45 pFは少し値が大きいようです．

■ プリント基板各部の実測波形

● クロック信号の出力電流

図4-5の観測点①は，ダンピング抵抗10 Ωの両端の電圧波形です．“H”のときの電圧から，おおよそのソース電流，つまりICから負荷に流れる電流を知ることができます．

この結果から，ドライブ側の電圧約2.7Vに対して他端が約2.1Vですから，ソース電流I_{sourse}は，

$$I_{source} = \frac{2.7 - 2.1}{10} = 0.06\ \mathrm{A} \quad \cdots\cdots (4-1)$$

と求まります．同様にドライバ出力が“L”のときICに流れ込むシンク電流I_{sink}は，波形の“L”の電位から求めることができます．つまり，

$$I_{sink} = \frac{1.1 - 0.4}{10} = 0.07\ \mathrm{A} \quad \cdots\cdots (4-2)$$

となります．シンク電流のほうが大きいのは，IC出力とグラウンド間のインピーダンスが電源と出力間のインピーダンスより小さいためです．

● クロック信号の伝播波形を分析してみよう

図4-5に示すダンピング抵抗R_{D1}の波形（観測点①）の特徴的な部分にマークを付けました．

点Ⓐまでの立ち上がり時間は約800psです．この時間内で負荷から反射波が戻ってくることはなさそうです．

図4-7は，クロック・ドライバIC_1とテブナン終端（R_{D4}とR_{D5}）までの回路です．IC_1の出力が“H”のときの出力インピーダンスを約20Ωとすると，点ⓧの電位は約2.7Vになるはずです．ところが，**図4-5**の観測点①の実際の波形では3Vまで上昇しています．これは，配線が純抵抗ではなくインダクタンス成分をもっていることを意味します．

点Ⓗに示す波形の落ち込みはなぜ発生するのでしょうか？これは，観測点②，④，⑤

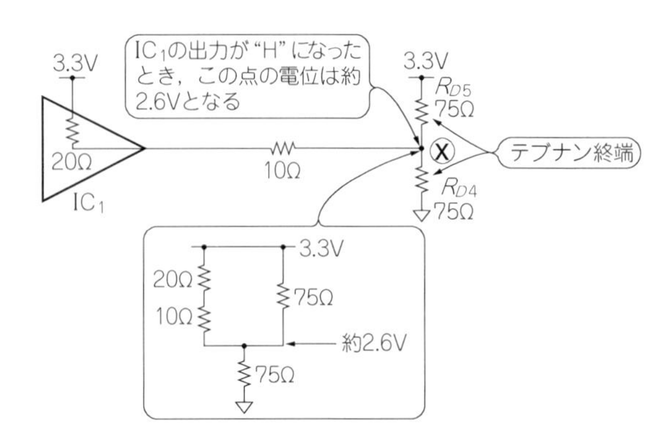

〈図4-7〉
クロック・ドライバからテブナン終端までの回路

の波形を追いかけることで理解できます．

観測点②の波形に注目します．点Ⓐと点Ⓑの時間差が，IC_1の出力信号がDIMMの最初の入力端子（観測点②）にたどりつくのに要した時間を示しており，約1.12 nsです．これは，第5章（pp.85～99）で説明する負荷容量と伝播遅延時間の関係で算出できます．配線の特性インピーダンスを76 Ω，無負荷時の伝播遅延時間t_{PD}を0.056 ns/cm，負荷容量を40 pFとすると，配線固有の容量C_0は，

$$C_0 = \frac{t_{PD}}{Z_0} = \frac{0.056 \times 10^{-9}}{76} \fallingdotseq 0.737\ \mathrm{pF/cm} \quad \cdots\cdots (4\text{-}3)$$

単位長さ当たりの分布負荷容量C_Dは，

$$C_D = \frac{40 \times 10^{-12}}{9} \fallingdotseq 4.4\ \mathrm{pF/cm} \quad \cdots\cdots (4\text{-}4)$$

と求まります．したがって伝播遅延時間t_{PDa}と実効的な特性インピーダンスZ_{0a}は，

$$t_{PDa} = t_{PD}\sqrt{1 + \frac{C_D}{C_0}} = 0.056\sqrt{1 + \frac{4.40}{0.73}} \fallingdotseq 0.14\ \mathrm{ns/cm} \quad \cdots\cdots (4\text{-}5)$$

$$Z_{0a} = \frac{Z_0}{\sqrt{1 + \frac{C_D}{C_0}}} = \frac{76}{\sqrt{1 + \frac{4.4}{0.737}}} \fallingdotseq 28.8\ \Omega \quad \cdots\cdots (4\text{-}6)$$

となります．ダンピング抵抗R_{D1}からDIMMの入力までの配線長は9 cmですから，

$$t_{PDa} = 0.14 \times 9 = 1.26\ \mathrm{ns}$$

の遅れとなります．実測値（1.12 ns）と計算値（1.26 ns）はほぼ一致します．

観測点④は，DIMM内部のダンピング抵抗R_{D2}後の波形です．観測点②の点Ⓑから点Ⓒは約0.2 nsの遅れがあります．配線長が15 mmですからほぼ合っています．また，点Ⓓの電位は，R_{D2}とDIMM内部の配線インピーダンスによって分割された電圧になっています．点Ⓔはメモリから反射波が戻ってきたことを示しています．

観測点⑤の点Ⓕはメモリの入力端子の電位が立ち上がり始める点です．送端の立ち上がり点Ⓢから，メモリ入力の電位が立ち上がる点Ⓖまで約2 nsの時間差がありますが，この値は，配線の全長170 mm（基板の配線90 mm，DIMM端子15 mm，ダンピング抵抗からメモリまで65 mmを加えた値）からほぼ算出できます．

観測点⑤の点Ⓖから約0.6 ns遅れて，DIMM内部のダンピング抵抗R_{D2}まで戻ります．これは観測点④の点Ⓔからわかります．

観測点①の点Ⓖは，観測点④の点Ⓓがそのまま配線を戻った結果現れたディップ点だったのです．また観測点①の点Ⓘは，送端から見て遠いほうのDIMMの入力端子からの反射の影響と考えられます．

このように，クロック配線は分布定数回路なので立ち上がりの速い入力信号に対して，負荷からの反射がさまざまな影響を与えています．

● 波形を観測するときの注意

信号波形を確認するときは，プローブのグラウンドをとる位置に注意してください．被測定対称から離れたところにグラウンドをとると，基準電位が変わってしまい，実際の波形と違うものを観測してしまいます．

パターンは，どんなに太くても必ずインダクタンスをもっており，周波数が高くなればなるほど波形への影響が大きくなります．ですから，クロック・ドライバ出力などの高速なディジタル波形を観測する場合は，ICのすぐ近くのインピーダンスの低いグラウンドにプローブを接続します．

負荷側の電圧波形をみるときは，負荷の近くにあるインピーダンスの低いグラウンドに接続しましょう．インダクタンスについては，電源とグラウンドの説明の中で追って説明します．

また，**写真4-3(a)**に示すグラウンド線が太く（直径約1 mm程度），インダクタンスの小さいプローブを使うことをお勧めします．**写真4-3(b)**は，最もポピュラに使われているプローブですが，グラウンドのリード線が長いのでお勧めできません．どれも一長一短がありますが，信頼性のあるデータをとるなら**写真4-3(a)**のタイプを選びましょう．

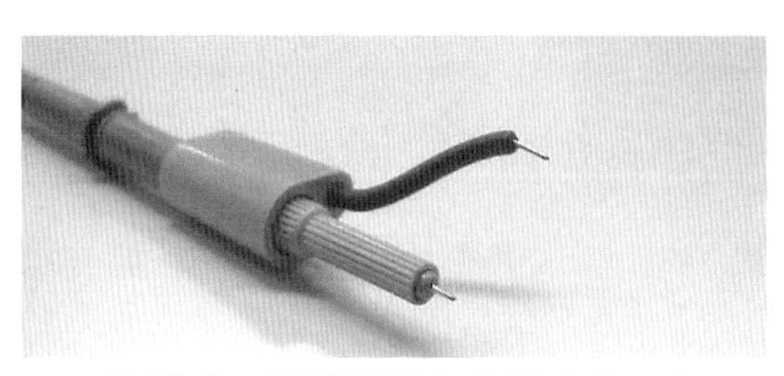

(a)高速パルス波形を観測するのに適したプローブ

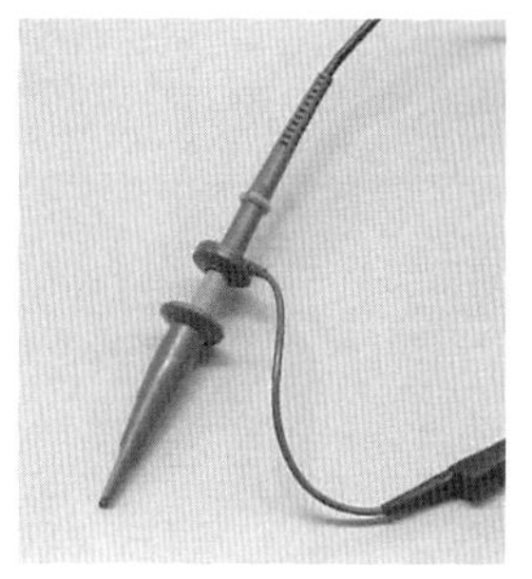

(b)汎用プローブ

〈写真4-3〉 波形観測用プローブの外観

一筆書きのプリント・パターンは本当に良い？

プリント基板の配線の方法は，**図4-A**に示すT分岐と**図4-B**に示す一筆書きに大きく分けることができます．T分岐配線は，二つに分割される配線がアルファベットのTに似ていることから，こう呼ばれています．

図4-AはゲートIC_1がゲートIC_2～IC_4をドライブしている例で，クロック信号の配線などによく見られます．ここで，どちらの配線方法が有利なのか一緒に考えてみましょう．単位時間Nごとに，信号は，Ⓐ→Ⓑ，Ⓑ→Ⓒというふうに移動します．

図4-A(**a**)に示す矢印(→)の先端部は，IC_1出力の信号が立ち上がってから$3N$後の信号位置を示しています．$2N$後に点Ⓒで二つ分かれ，一つはIC_2の入力に到達し，もう一つは点Ⓓで分岐しようとしています．

図4-A(**b**)は$4N$後です．IC_2の入力から反射した信号が点Ⓒに到達するとともに，もう一方の信号は点Ⓓで再び分岐します．この一つの信号はIC_3の点Ⓗに到達し，他方は点Ⓔまで進みます．

〈**図4-A**〉**T分岐配線**

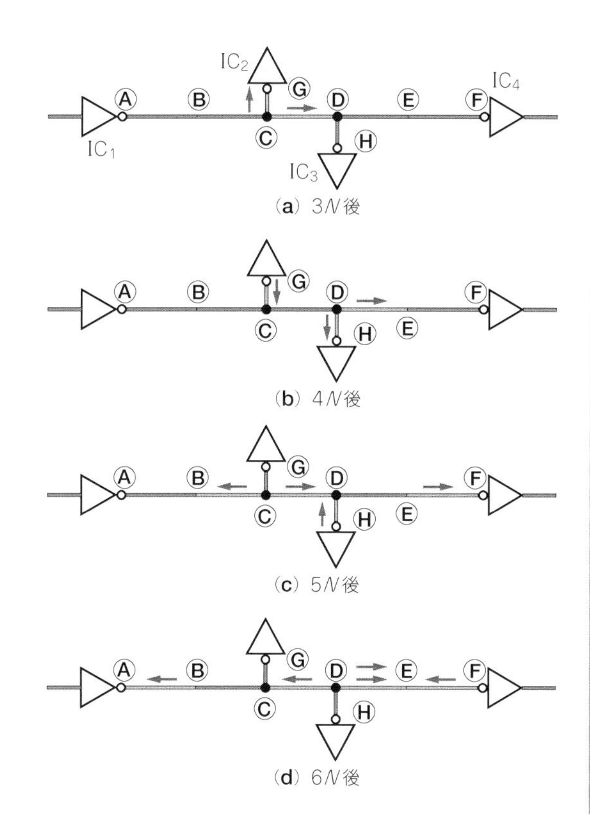

〈図4-B〉一筆書き

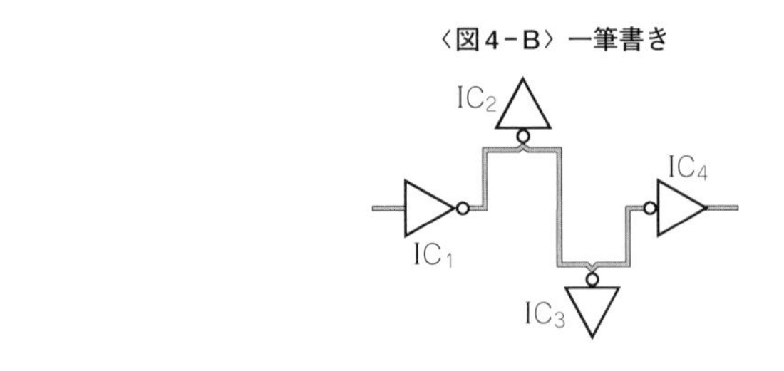

〈図4-C〉反射の説明

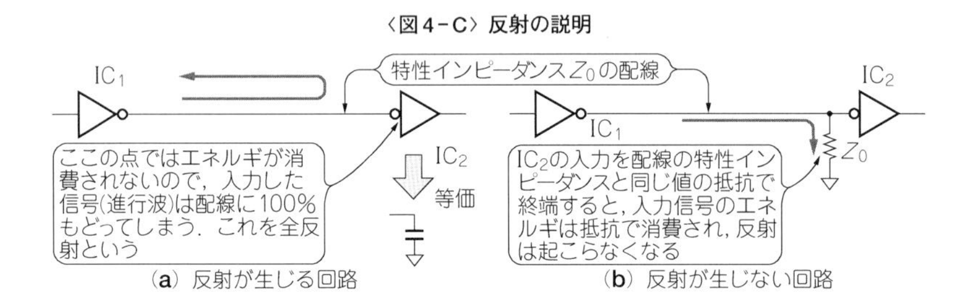

図4-A(c)は$5N$後です．IC_2から反射した信号が点Ⓒで二つに分かれ，一方はIC_1へ，他方はIC_3とIC_4に向かって進みます．このとき，最初の立ち上がり信号はようやくIC_4に到達します．また，点ⒹではIC_2の反射とIC_3の反射が加わります．

図4-A(d)は$6N$後です．IC_2の反射がIC_1の出力へ，IC_2とIC_3の反射の一部とIC_4の反射が点Ⓔで交わり，これらが加算されて電圧波形はさらに複雑になります．

このように，配線途中に分岐配線(スタブ)があると，各配線からの反射が信号波形に大きな影響を与えます．

そこで対策として考え出されたのが，一筆書きという配線手法です．この方法は，上記のようなスタブがないので，反射による影響はほとんどありません．クロックなど電圧波形に気を付けなければならない配線は，一筆書きが良いといわれています．

「反射」という言葉が出てきましたが，簡単に説明しましょう．**図4-C**に示すように，送信端から出力された信号のエネルギが，受信端ですべて消費されれば反射は発生しません．反射の度合いは，受信端でのエネルギ消費が少ないほど大きくなります．**図4-C(a)**では，負荷はIC_2の容量(リアクタンス素子)なので，配線を通ってきた信号エネルギのほとんどは消費されません．その結果，ほぼ100％のエネルギがIC_2の入力部で跳ね返ってIC_1に戻っていきます．

図4-C(b)はIC_2の入力端子の近くに抵抗を設けたもので，信号のエネルギは抵抗によって消費されます．このとき，配線の特性インピーダンスとこの抵抗値が同じであれば，反射は発生しません．

第5章
伝播遅延とスキューへの対応
～伝播速度の算出法と高速回路の動作マージンの検証～

100 MHzや200 MHzという高いクロック周波数で動作する回路を設計するとき，ドライバICの入出力間スキューや配線間遅延はできるだけ少なくしたいものです．

例えば200 MHzのクロック信号の1周期は5 nsですから，入出力間の伝播遅延が2 nsのクロック・バッファを使うと，これだけでクロックとして使える領域が40％少なくなります．クロック分割回路が実装された基板には，複数の周波数のクロックが存在するので，配線長の差によるスキューも発生し，設計余裕はさらに少なくなります．高速ディジタル回路ではこの余裕度を常に意識して設計しなければなりません．伝播遅延やスキューによるロスぶんは10～20％以内が望ましいと考えているメーカもあります．

本章では，配線による信号の伝播時間を計算で求める方法を解説したのち，バス・バッファとクロック・ドライバを使ったときの設計余裕度を比較します．最後は，出力間スキューをプログラマブルに設定できるクロック・ドライバの使い方を紹介し，その動作を実験します．

5.1 真空中を伝わる信号の速度

● 真空中の電荷の伝播速度

図5-1に示す回路においてスイッチを入れると，電池の正側から正電荷が，負側から負電荷が配線に流れ出します．その結果，配線の周囲に磁界が発生し，2本の配線間に電界が発生します．

電荷は有限の移動速度で負荷に近づきます．伝播速度は，配線抵抗がない場合は光速と同じ3×10^8 m/sです．スイッチが入った瞬間から負荷に電流が到達するまでの時間t[s]は，配線長をℓ [m]とすると，

〈図5-1〉
電荷の流れと磁界発生のようす

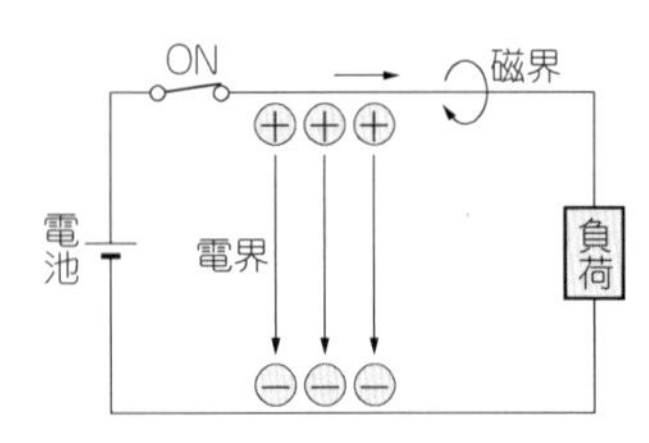

$$t = \frac{\ell}{3 \times 10^8} \quad \cdots\cdots (5\text{-}1)$$

になります．配線長が1 mであれば，スイッチを入れた直後から負荷に到達するまでの時間は，

$$t = \frac{1}{3 \times 10^8} \fallingdotseq 3.33 \times 10^{-9} \quad \cdots\cdots (5\text{-}2)$$

から，約3.3 ns要することがわかります．

● 真空中の配線を伝わる信号の速度

電磁波つまり信号が真空中を伝播する速度c_0を算出してみましょう．伝播速度をv[m/s]，透磁率をμ[H/m]，誘電率をε[F/m]，配線長をℓ[m]とすると，

$$v = \frac{1}{\sqrt{\mu \varepsilon}} \quad \cdots\cdots (5\text{-}3)$$

の関係が成り立ちます．真空中の透磁率μ_0と真空中の誘電率ε_0は，

$\mu_0 \fallingdotseq 4\pi \times 10^{-7}$ H/m

$\varepsilon_0 \fallingdotseq 8.854 \times 10^{-12}$ F/m

ですから，

$$v_0 = \frac{1}{\sqrt{\mu_0 \varepsilon_0}} \fallingdotseq \frac{1}{\sqrt{4\pi \times 10^{-7} \times 8.854 \times 10^{-12}}} \fallingdotseq 3 \times 10^8 \text{ m/s} \quad \cdots\cdots (5\text{-}4)$$

と求まり，光速と同じになります．式(5-3)において$\beta = 1/\mu$とすると，

$$v = \sqrt{\frac{\beta}{\varepsilon}} \quad \cdots\cdots (5\text{-}5)$$

となります．つまり，誘電率μが大きくなると，信号(電磁波)の伝播速度は遅くなります．

〈図5-2〉
バス・バッファとメモリの接続例

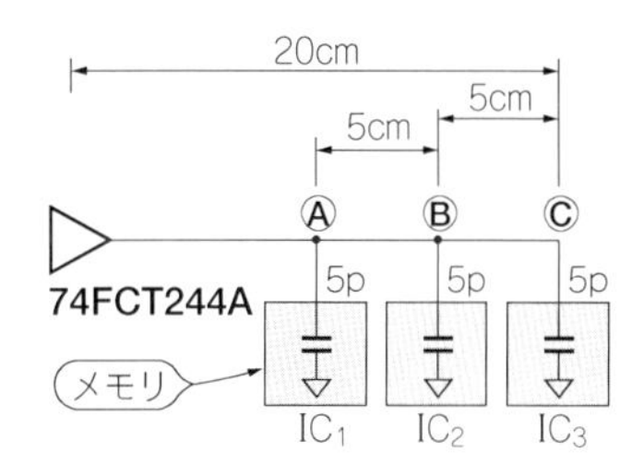

● 誘電体と伝播速度の関係

信号が伝播する伝送線路の間に，誘電体ではなく金属を挟んだらどうなるでしょうか.

もちろん，伝送線路間がショートしてしまいますから，信号は伝播しません．この場合，金属は誘電率が無限大の誘電体と考えることができます．この誘電率を少しずつ小さくしていくと，だんだん負荷側に信号が伝播するようになります．この伝送線路間の抵抗の逆数に相当するのが誘電率であるとも言えます.

これは，線路間が真空の状態で，あたかも電荷の粒がぎっしりと線路上を埋め尽くしていれば，すぐに負荷側に変化が伝わるのに対して，途中で歯抜けになってしまう，つまり誘電体を通してリターン側にリークする電荷量が増えると，その歯抜けぶんの距離を電荷が歩かなければならないということを意味しています.

5.2 プリント・パターンを伝わる信号の速度

● 配線上に容量負荷が存在するときの伝播速度

図5-2は，バス・バッファ74FCT244ATを一つ使い，出力にメモリのクロック入力をイメージして5 pFの負荷容量を接続した回路です．この例で配線の伝播遅延を計算してみます.

第3章(p.69)で示した式(3-9)は無負荷時の伝播遅延時間で，負荷をつけると伝播遅延は増加し，パターンの特性インピーダンスが下がります．伝播遅延時間を無負荷時 t_{PD}，負荷時 t_{PDa}，配線固有の容量を C_0，単位長さ当たりの分布負荷容量を C_D，無負荷時のパターンの特性インピーダンスを Z_0，パターンの長さを ℓ [m]，負荷容量を C_{total} [F]とすると，

$$t_{PDa} = t_{PD}\sqrt{1+\frac{C_D}{C_0}}\ \text{ns/cm} \quad \cdots\cdots (5\text{-}6)$$

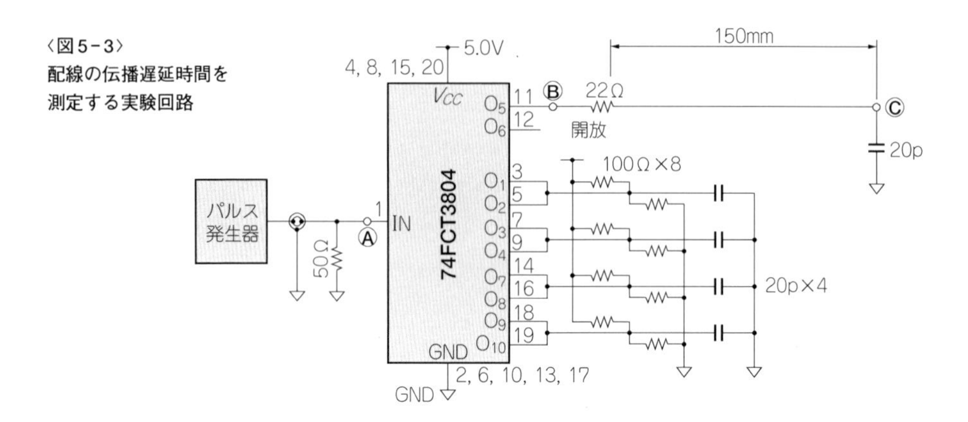

〈**図5-3**〉
配線の伝播遅延時間を測定する実験回路

$$C_0 = \frac{t_{PD}}{Z_0}\ \mathrm{F/m} \quad \cdots\cdots (5\text{-}7)$$

$$C_D = \frac{C_{total}}{\ell}\ \mathrm{F/m} \quad \cdots\cdots (5\text{-}8)$$

となります．**図5-2**からC_Dは，負荷容量の合計が15 pF，配線長が20 cmなので，

$$C_D = \frac{15}{20} = 0.75\ \mathrm{pF/cm} \quad \cdots\cdots (5\text{-}9)$$

また，$Z_0 = 50\ \Omega$，$t_{PD} = 5.68\ \mathrm{ns/m} = 0.057\ \mathrm{ns/cm}$とすると，配線固有の容量$C_0$は，

$$C_0 = \frac{t_{PD}}{Z_0} = \frac{0.056 \times 10^{-9}}{50} \fallingdotseq 1.12\ \mathrm{pF/cm} \quad \cdots\cdots (5\text{-}10)$$

となります．負荷を接続したときの伝播遅延時間$t_{PD\mathrm{a}}$は式(5-8)から，

$$t_{PDa} = t_{PD}\sqrt{1 + \frac{C_D}{C_0}} = 0.057\sqrt{1 + \frac{0.75}{1.12}} \fallingdotseq 0.074\ \mathrm{ns/cm} \quad \cdots\cdots (5\text{-}11)$$

と求まります．74FCT244Aの出力からIC_1の入力までの配線(10 cm)では0.74 nsの遅れ，IC_3の入力まで(20 cm)は1.48 ns遅れる計算になります．

図5-3は，クロック・ドライバ 74FCT3807を使った実験回路です．出力から150 mm先の負荷容量で信号の電圧波形を測定します．ほかの出力端子はテブナン終端となっており，負荷容量は20 pFです．

図5-4にクロック・ドライバの入力と負荷の電圧波形を示します．**図5-4(a)**からわかるように，ICの入出力間伝播遅延時間は1.92 nsです．

〈図5-4〉図5-3の回路のクロック・ドライバ入力と負荷端の波形

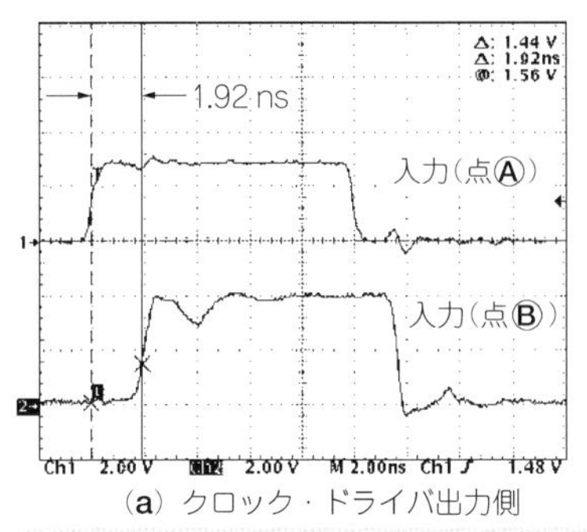

(a) クロック・ドライバ出力側

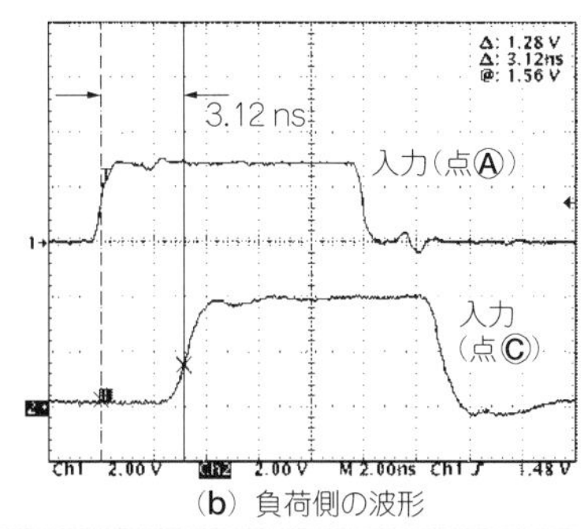

(b) 負荷側の波形

図(a)からクロック・ドライバ自身の入出力間伝播遅延時間は1.92nsである．入力信号の立ち上がりから負荷側の信号が立ち上がるまでの遅延時間は，図(b)から3.12nsである．したがって配線150mmでの遅延は両者の差分の1.2nsとなる

IC入力(点Ⓐ)と負荷端(点Ⓒ)間の伝播時間は3.12 nsですから，配線による遅延ぶんは，

$$3.12 - 1.92 = 1.20 \text{ ns}$$

と求まります．

計算では1.48 nsでしたから，式(5-11)における配線固有容量C_0が小さいか，あるいは単位長さ当たりの容量C_Dが大きいことが原因のようです．

図5-4(b)は負荷側の波形で電圧が4 V近くあるのは，負荷が開放(コンデンサだけ)されているので反射波が進行波に上乗せされているからです．

5.3 配線による伝播遅延と回路の動作マージン

プリント・パターンの伝播遅延時間がどのようになるか検討し，バス・バッファとクロック・ドライバを使ったクロック・バッファ回路の設計余裕度を検討してみましょう．

● バス・バッファの伝播特性と設計余裕度

バス・バッファ 74FCT244Aのアプリケーション・ノートには，**図5-5**に示すような負荷容量(C_L)に対する伝播遅延時間(t_{PD})特性が示されており，各負荷容量条件による遅延時間を読み取ることができます．

例えば**図5-2**の場合，負荷容量の合計は15 pFなので，t_{PD}はおよそ3 nsと読めます．バッファ出力から20 cm離れた点Ⓒまで信号が伝播する時間は，先ほど算出したC_L =

15 pFのときの20 cm配線を伝播する時間1.48 nsにt_{PD} = 3.0 nsを加えて4.48 nsとなります．

実際に74FCT244Aを使ってクロック信号のバッファ回路を構成すると，**図5-6**に示すような回路になります．ファン・アウトを考慮してバッファが2段接続になるよう，8個の内蔵バッファを図のように配線します．

配線に接続されている後段のドライバの遅延は，先の条件と同じなので3.0 nsです．前段のドライバは5個のドライバを駆動します．負荷容量は，各ドライバの入力容量C_{in}を

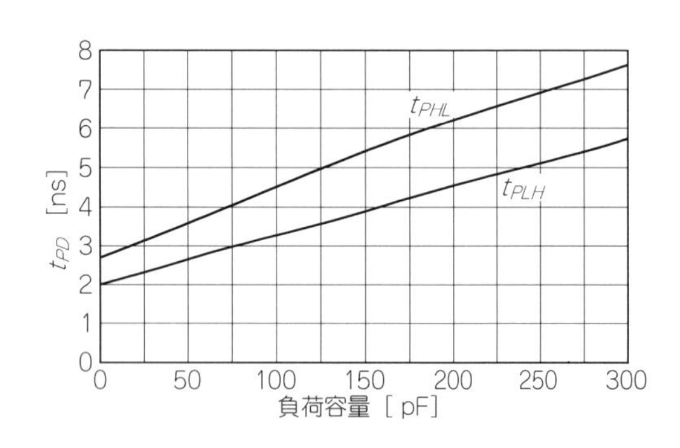

〈図5-5〉[16] バス・バッファ74FCT244Aの負荷容量-伝播遅延時間特性

〈図5-6〉バス・バッファを使ったクロック信号のバッファ回路の例

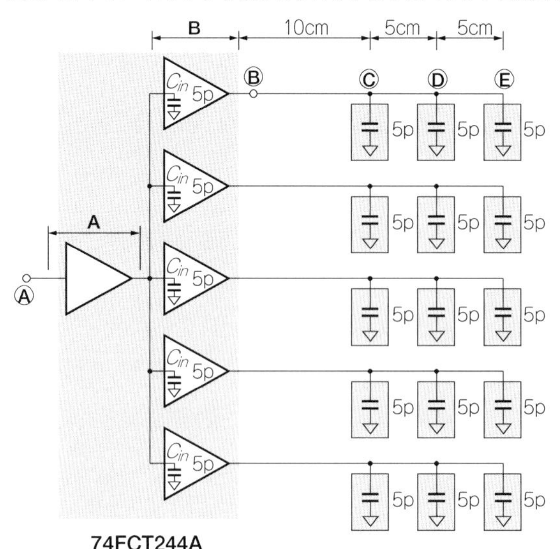

5 pF_{typ}として5 pF × 5 = 25 pFです．**図5-5**から伝播遅延時間は約3.2 nsです．

74FCT244ATの入力(点Ⓐ)から配線の最遠端(点Ⓔ)までの伝播時間は，バッファIC部での遅延時間3.2 nsに配線による伝播時間を加えて，

$$3.2 + 3.0 + 1.48 = 7.68 \text{ ns}$$

と求まります．

このクロック・バッファ回路をクロック周波数50 MHz(周期20 ns)で動作するシステムに使うと，全体の38.4 %が伝播遅延が占めることになり，回路が安定に動作するかどうかは疑問です．ただし，この値は最悪ケースで計算したので，実際とは大きく異なることが考えられます．

● クロック・ドライバの伝播特性と設計余裕度

図5-7にクロック・ドライバを使ったクロック信号のバッファ回路を示します．クロック入力1本に対して10本まで出力を取り出すことができ，バス・バッファで構成した回路と違ってファン・アウトを気にする必要がありません．

メーカの仕様書には，ゲート当たりの伝播遅延は負荷容量10 pFのときに最小1.5 ns,

〈図5-7〉クロック・ドライバを使ったクロック信号のバッファ回路の例

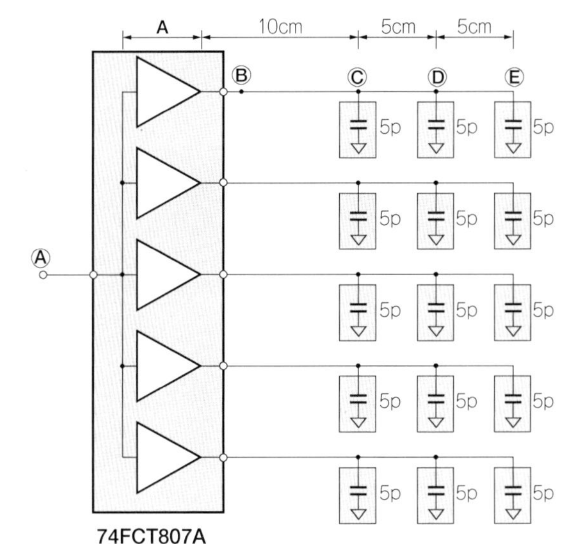

最大で3.5 nsと記載があるので，ここでは最大値の3.5 nsを使って回路全体の伝播遅延時間を計算してみます．

この値自体は，バス・バッファとほとんど変わりませんが，**図5-6**に示す前段のドライバが必要ないので，回路全体では1ゲートぶんの遅れで済みます．回路全体の遅れは最大で，

3.5 + 1.48 = 4.98 ns

となり，50 MHz(周期20 ns)で動作するシステムでは，伝播遅延時間が1周期に占める割合は24.9％です．

以上から，クロック・ドライバのほうがバス・バッファよりも設計余裕が大きいことがわかります．

5.4　配線間の伝播時間差への対応

クロック信号のように，プリント基板のさまざまなエリアに配線される信号は，配線長がまちまちで負荷容量もさまざまなものが接続されているため，負荷端で見ると大きなスキューが発生していることが多々あります．そこで配線間のスキューを減らす方法についていくつか紹介します．

■ プリント・パターンによる対策

図5-8に示すのは，最近の高速回路基板で多用されているミアンダ配線の例です．配線の形からトロンボーン配線と呼ぶこともあります．

クロックや信号線の配線長のふぞろいによるスキューを低減するため，複数の配線のなかで最も長い配線にほかの配線長を合わせる方法です．配線の短い信号線は何度か配線を

〈図5-8〉ミアンダ配線

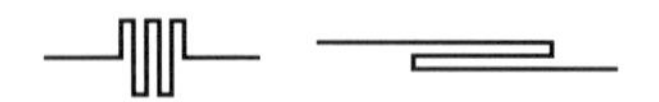

〈写真5-1〉スキューを設定できるクロック・ドライバIC QS5991の外観（Integrated Device Technology, Inc.）

折り返して長さを稼ぎます．

この方法を多用すると，デッド・スペースが増えて基板コストが上がったり，配線の難易度が上がることがあります．特に，基板設計用のCADを使って自動で配線すると，配線のどの位置にミアンダを追加するかわからず，形も決まっていないようです．形状によってはインピーダンスが乱れ，せっかく特性インピーダンスを考慮して描いた配線が，ミアンダ配線のために台なしになることもあります．この配線の使用は，必要最小限にするべきです．

回路での対策

ミアンダ配線が使えないとすれば，配線間のスキューを改善する手法としてほかにどのような方法があるでしょうか．**写真5-1**に示すのは，クロック信号のスキューをプログラマブルに設定できるクロック・ドライバです．

● QS5991の動作

図5-9に内部ブロック図を示します．動作電圧は5VでTTL出力です．

PLLを内蔵しており，PLL出力$1Q_n$～$4Q_n$にスキューを付加するためのスキュー・セレクタが接続されています．各スキュー・セレクタには二つのスキュー設定端子があり，各

〈図5-9〉スキューを設定できるクロック・ドライバ　QS5991の内部ブロック図

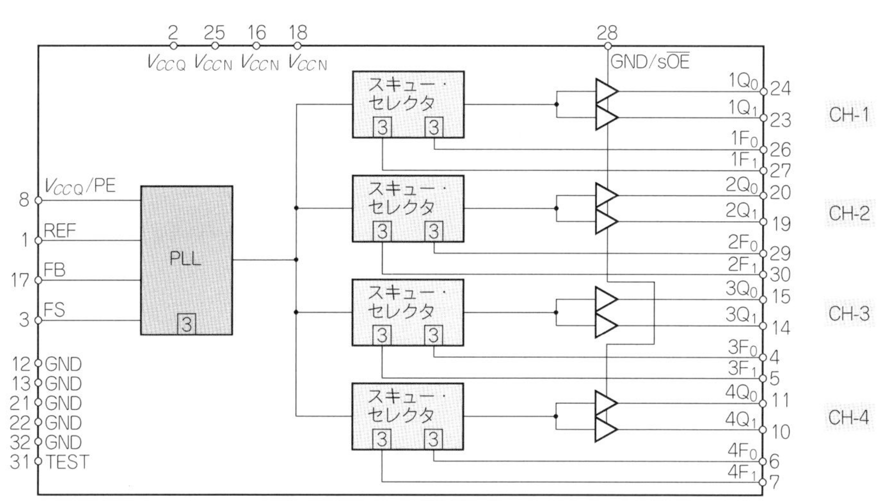

端子の制御レベルは“H”，“L”，“M”の3段階です．“M”は，制御端子をオープンにした状態で得られるレベルです．内部の抵抗ディバイダによって，“H”と“L”の中間電位に設定されます．

表5-1に各出力端子(CH-1～CH-4)のスキュー量の設定を，**表5-2**に出力周波数範囲と調整単位時間の設定を示します．

表5-1において，例えば$1F_0$，$1F_1$端子と$2F_0$，$2F_1$端子をすべて“L”に設定すると，CH-1とCH-2の出力タイミングは$4t_U$ぶん早くなります．反対に両方とも“H”にすると$4t_U$ぶんだけ遅くなります．t_Uはtime unitの略で，VCOの動作周波数によって決まるスキュー調整時間の最小単位です．例えば，VCO周波数を100 MHzにすると，

$$t_U = \frac{1}{16 \times 100 \times 10^6} \fallingdotseq 0.62 \times 10^{-9}\,\mathrm{s} \quad \cdots\cdots (5\text{-}12)$$

となり，調整可能な最小単位1 t_Uは0.62 nsに設定されます．$1F_1$と$1F_0$を“L”，“H”に

〈表5-1〉QS5991のスキュー・セレクタの制御信号とスキュー設定量

スキュー・セレクタ制御信号		スキュー量		
nF_1	nF_0	CH-1，CH-2	CH-3	CH-4
“L”	“L”	$-4\,t_U$	÷2	÷2
“L”	“M”	$-3\,t_U$	$-6\,t_U$	$-6\,t_U$
“L”	“H”	$-2\,t_U$	$-4\,t_U$	$-4\,t_U$
“M”	“L”	$-1\,t_U$	$-2\,t_U$	$-2\,t_U$
“M”	“M”	0	0	0
“M”	“H”	$1\,t_U$	$2\,t_U$	$2\,t_U$
“H”	“L”	$2\,t_U$	$4\,t_U$	$4\,t_U$
“H”	“M”	$3\,t_U$	$6\,t_U$	$6\,t_U$
“H”	“H”	$4\,t_U$	÷4	反転

注▶t_U：time unit(**表5-2**参照)，nF_0とnF_1のnはチャネル番号

〈表5-2〉調整可能なスキューの単位時間とVCO周波数範囲

項　目	単位	FS端子の制御レベル		
		“L”	“M”	“H”
単位時間	t_U	$\frac{1}{44\,f_{nom}}$	$\frac{1}{26\,f_{nom}}$	$\frac{1}{16\,f_{nom}}$
VCO周波数[MHz]	f_{nom}	25～35	35～60	60～100

設定すると，CH-1のペア出力は$-2\,t_U$となり，ゼロ・スキュー設定時に比べて，信号は$0.62 \times (-2) = -1.24$ ns遅れて出力されます．

$3F_1$と$3F_0$端子を“L”，“L”に設定すると，CH-3のペア出力は，PLL出力の1/2の周波数になります．この信号をFBに入力するとPLL出力はREF入力の2倍にできます．

出力は合計8本で2本ずつの組になっており，このうち$3Q_0$と$3Q_1$を除いて，GND/s $\overline{\mathrm{OE}}$端子で出力をON/OFFできます．

● 設定の例

図5-10にQS5991の応用回路例と各チャネルの出力信号のタイミングを示します．50 MHzの基準信号をREF端子に入力し，FB端子に$3Q_0$を接続しています．$3F_0$，$3F_1$端子の設定はともに“L”なので，**表5-1**から出力は基準信号の1/2です．ペア出力CH-3を除くほかの出力周波数は100 MHzとなります．

この例では制御端子$1F_1$，$1F_0$が各々“L”，“M”ですから，**表5-1**からスキュー量は$-3\,t_U$と読めます．これは，基準信号より出力信号の位相が進むことを意味しています．VCO出力の周波数は100 MHzなので，**表5-2**からFS端子を“H”にしておきます．先ほどの計算結果と同じく$1\,t_U = 0.62$ nsとなるので，CH-1のペア出力タイミングは，$0.62 \times (-3) = -1.86$ ns早くなることがわかります．

同様に制御端子$2F_1$，$2F_0$は“M”，“H”なので，**表5-1**からCH-2のペア出力タイミングは，$1\,t_U = 0.62$ nsだけ遅れることになります．$4F_1$，$4F_0$はともに“M”，“M”なのでスキューはありません．

〈図5-10〉クロック・ドライバ　QS5991の応用回路例

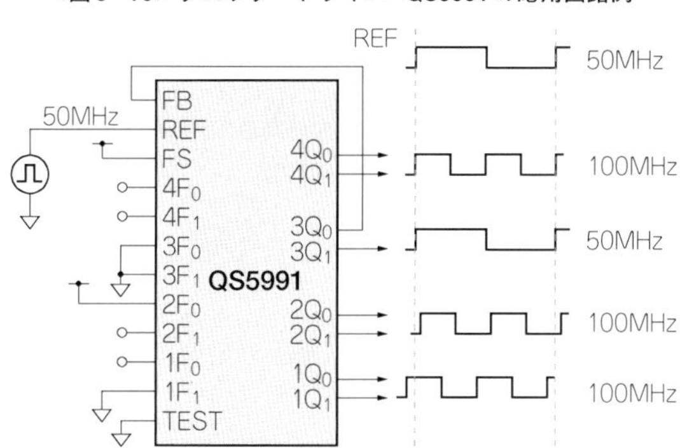

〈図5-11〉クロック・ドライバ QS5991のスキュー調整動作を確認するための実験回路

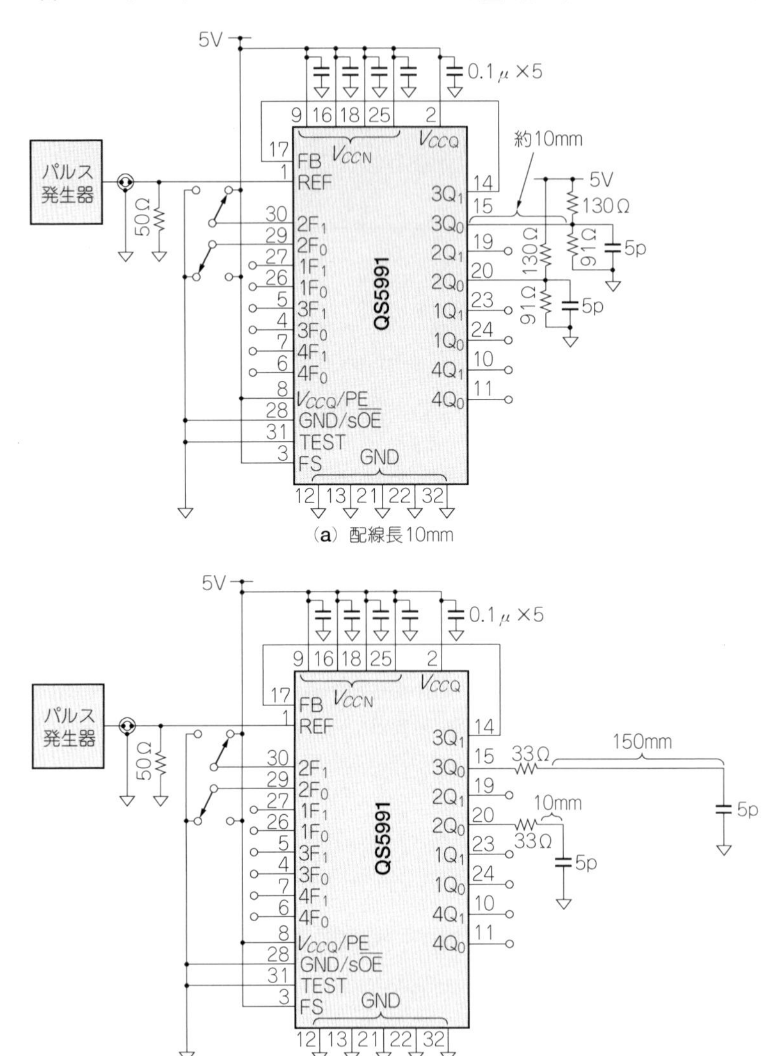

(a) 配線長10mm

(b) 配線長150mm

● 実験

図5-11に実験回路を示します.

図5-11(a)は, ICの基本動作を確認するためのものです. 出力端子から負荷容量, テブナン終端までの距離は約10 mmです. テブナン終端は電源-出力間が130 Ω, 出力-グラウンド間は91 Ωです. これはデバイス・メーカのテスト法でもあります. 出力は$2Q_0$と$3Q_0$を使います. $3Q_1$の出力はFBに入力します.

制御端子$2F_1$と$2F_0$の電圧レベルを変えてスキューを設定します. そのほかのスキュー調整用入力はすべて開放, つまり“M”, “M”に設定しており, スキューはゼロです.

図5-11(b)は, 出力端子$3Q_0$のすぐそばに33 Ωのダンピング抵抗を挿入し, その先に150 mmの配線と5 pFの負荷容量を接続した回路です. 出力端子$2Q_0$につなぐ配線長は, **図5-11(a)**と同じにしました.

この二つの実験回路で, 両者の配線長の差によるスキューをこのクロック・ドライバで調整するようすを確認できるはずです.

● スキュー調整のようす

図5-12に, **図5-11(a)**のIC出力端子$2Q_0$と$3Q_0$の波形を示します. 制御端子$2F_1$と$2F_0$を変えながらスキューの変化を調べてみました. $3F_0$と$3F_1$はともに“M”(CH-3ゼロ・スキュー)ですから, $3Q_0$からはREF端子の入力波形と同じタイミングで出力されています.

▶ $2F_0 = 2F_1 =$ “M”(CH-2ゼロ・スキュー)

図5-12(a)に結果を示します.

$2Q_0$と$3Q_0$の出力タイミングは一致しています.

▶ $2F_0 = 2F_1 =$ “L”

図5-12(b)に結果を示します.

この設定では1 t_Uが0.62 nsとなるので,

$$0.62 \times (-4) = -2.48 \text{ ns}$$

となるはずですが, 約3 ns早くなっています.

▶ $2F_0 = 2F_1 =$ “H”

基準信号よりタイミングを遅らせる実験です.

図5-12(c)に結果を示します. 4 t_Uぶん(2.48 ns)遅れるはずです. 結果は約2.5 nsとなりました.

〈図5-12〉図5-11(a)の回路の端子$2Q_0$と端子$3Q_0$の波形

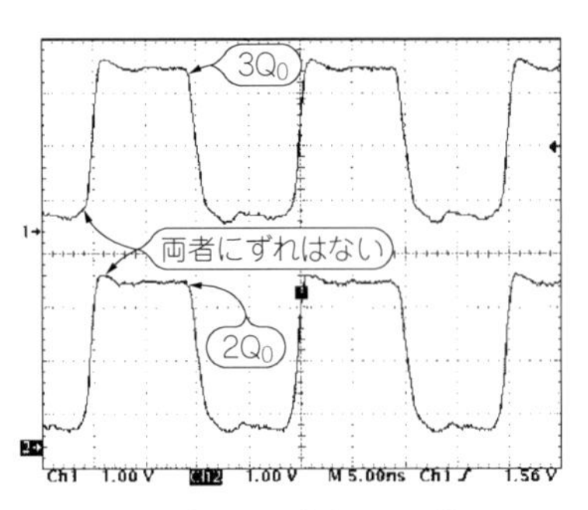

(a) $2F_0$=“M”, $2F_1$=“M”

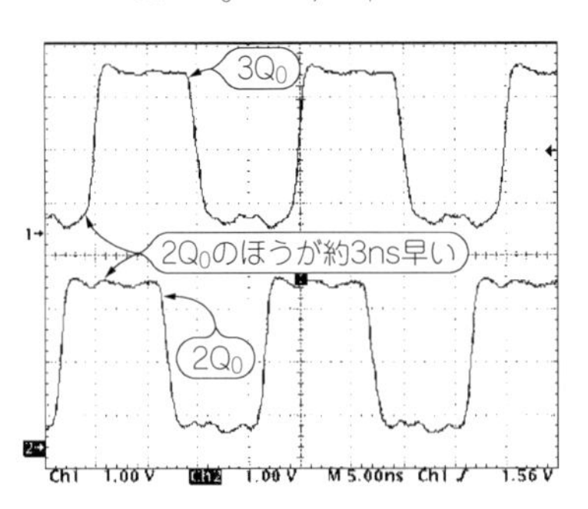

(b) $2F_0$=“L”, $2F_1$=“L”

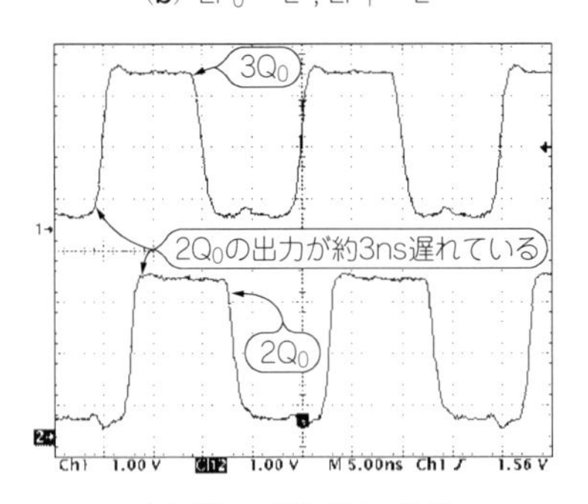

(c) $2F_0$=“H”, $2F_1$=“H”

〈図5-13〉図5-11(b)の回路の端子$2Q_0$,端子$3Q_0$および端子$3Q_0$から150 mmの点の波形

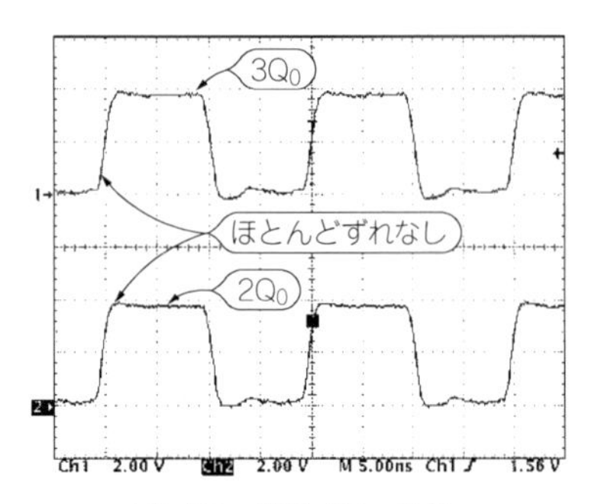

(a) $2F_0$=“M”, $2F_1$=“M”

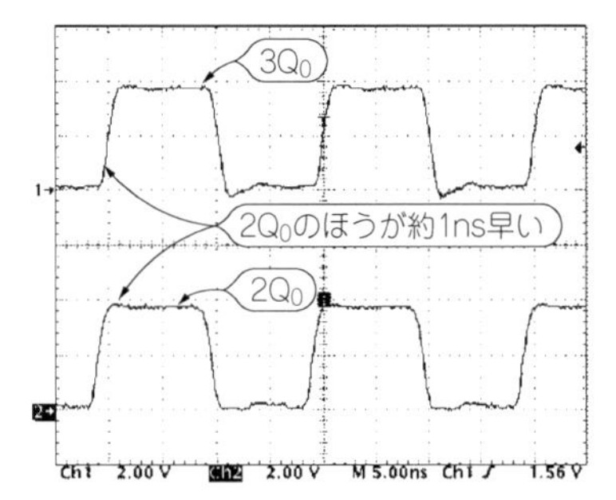

(b) $2F_0$=“L”, $2F_1$=“M”(端子$2Q_0$の直近)

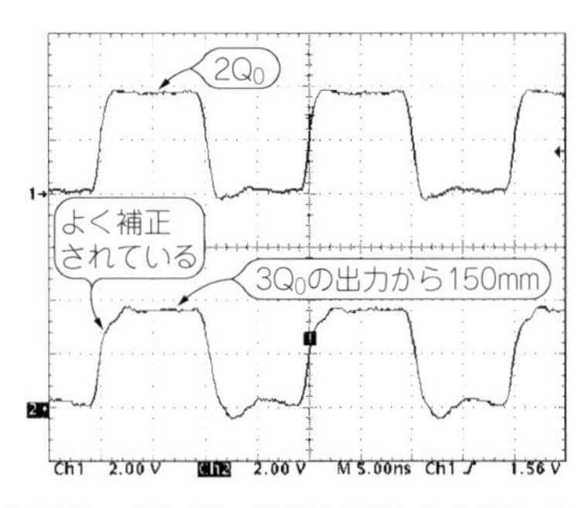

(c) $2F_0$=“L”, $2F_1$=“M”(端子$3Q_0$から150mm)

● 本当に配線によるスキューを改善できる？

図5-11(b)に示す回路で，配線によるスキューがICで吸収できるか実験してみます．

配線長は約150 mmなので，配線によるスキューは約1 nsと予測できますから，出力端子$2Q_0$の出力タイミングを$3Q_0$より1 ns早めておけば，負荷に到達したときにちょうどスキューが0になるはずです．先ほどと同様に，制御端子$2F_1$と$2F_0$を変えながら，スキューの変化を調べてみました．

▶ $2F_0 = 2F_1 =$ “M”

図5-13(a)は，出力端子$2Q_0$-$3Q_0$間のスキューが0 nsであることを確認した結果です．

▶ $2F_0 =$ “L”，$2F_1 =$ “M”

図5-13(b)に出力端子$2Q_0$の出力波形を示します．設定どおり，出力端子$2Q_0$の出力タイミングは1 t_Uぶんだけ早くなっています．**図5-13(c)**は，負荷側の電圧を測定した結果です．負荷側(下)の波形は反射の影響でやや立ち上がりが鈍っていますが，スキューはほぼゼロになりました．

第6章
高速バッファICの種類と伝播特性
～その実力と使い方を実験で検証～

本章では，高速な信号ラインに挿入するバッファICのスキュー特性を実験で検証します．実験に使うのは次の3種類です．

- バス・バッファ
- クロック・ドライバ
- PLL内蔵型クロック・ドライバ

ICで発生するスキューには，

- 出力間スキュー
- パッケージ・スキュー
- パルス・スキュー

の3種類あります．

パルス・スキューとは，**図6-1**に示すように立ち上がり伝播遅延時間t_{PLH}と立ち下がり伝播遅延t_{PHL}の差を絶対値で表したものです．$t_{SK(P)}$は，デューティひずみの尺度として使われ，値が小さいほど入力に対して出力が忠実であることを示しています．特に，クロックの両エッジを利用してデータ転送レートを2倍にしたDDR-SDRAM(Double Data

〈図6-1〉
伝播遅延時間とパルス・スキューの定義

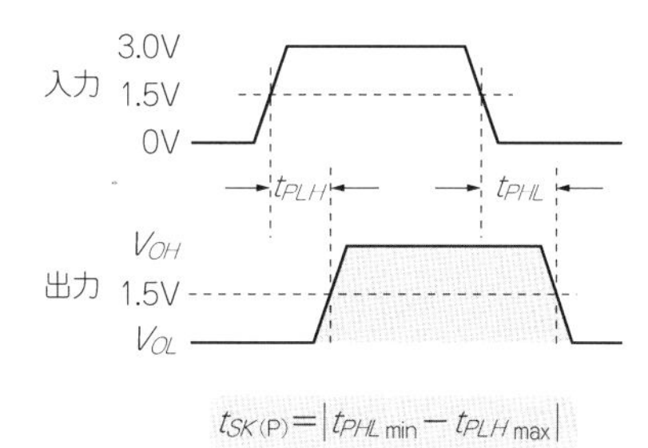

Rate SDRAM)などは，$t_{SK(P)}$特性が重要となります．

ここではIC内部のパルス・スキュー$t_{SK(P)}$に着目して実験します．

6.1　高速ドライブICの電気的特性

● ドライブICの種類と特徴

▶ バス・バッファ

アドレス線やデータ線に挿入するバッファICです．入出力間の遅延や出力間スキュー，パルス・スキューなどのAC特性より，駆動能力を重視していますが，入力と出力は1：1で対応しており，クロック・ドライバに比べると駆動能力は小さいです．

▶ クロック・ドライバ

1本のクロック信号を複数のICに分配するときに使うクロック信号専用のドライバです．バス・バッファよりも大きな駆動能力をもっており，AC特性を重視しています．

入力信号に忠実な波形が出力されるため，入力信号のオン・デューティが50％からずれていれば，出力信号のオン・デューティもずれたままです．これがPLL内蔵型クロック・ドライバとの違いです．

▶ PLL内蔵型クロック・ドライバ

PLL(Phase Locked Loop)を内蔵したクロック・ドライバです．入出力間の伝播遅延はほとんどゼロで，入力信号のデューティ比に関係なく，出力信号のデューティ比は50％になります．

● AC特性の比較

表6-1に，バス・バッファ，クロック・ドライバおよびPLL内蔵型クロック・ドライバのAC特性をまとめます．データシートに書かれている試験条件が統一されていないため，横並びで数値を比較することはできませんが，特徴はつかめます．

入出力間伝播遅延時間は，PLL内蔵型が最小で－0.2 nsと入力信号より速く，ほかを圧倒しています．バス・バッファには立ち上がり/立ち下がり時間やスキューの規定がありません．また，PLL内蔵型の出力パルス幅を見ると，定められた入力基準信号範囲で周期の50％±0.8 nsになるようです．

表から，PLL内蔵型が伝播遅延時間の低減やクロック出力波形を50％デューティに保つという面で効果がありそうなことがわかります．

〈表6-1〉バス・バッファ，クロック・ドライバ，PLL内蔵型クロック・ドライバのAC特性比較

項　目	記号	条　件	74FCT244AT (バス・バッファ)		74FCT3807A (クロック・ドライバ)		74FCT88915TT (PLL内蔵クロック・ドライバ)		単位
			最小	最大	最小	最大	最小	最大	
入出力間伝播遅延時間	t_{PLH} t_{PHL}	74FCT244AT：C_L＝50 pF 74FCT3807A：C_L＝10 pF 74FCT88915TT：C_L＝20 pF	1.5	4.8	1.5	3.5	−0.2	＋1.2	ns
立ち上がり/立ち下がり時間	t_r t_f		—	—	—	1.5	0.2	1.4	ns
出力間スキュー	$t_{SK(O)}$		—	—	—	0.6	—	0.6	ns
パルス・スキュー	$t_{SK(P)}$		—	—	—	0.6	—	—	ns
出力パルス幅	$t_{P\,width}$		— —	— —	— —	— —	50％ −0.8 ns	50％ −0.8 ns	ns
PLLロック時間	t_{LOCK}		—	—	—	—	1	10	ms
出力イネーブル時間	t_{PZH} t_{PZL}		1.5	6.2	—	—	3	14	ns
出力ディセーブル時間	t_{PHZ} t_{PLZ}		1.5	5.6	—	—	3	14	ns

6.2　バス・バッファの伝播特性

■ 汎用バス・バッファ 74FCT244AT の概要

● 基本動作

図6-2に代表的なバス・バッファ74FCT244ATの内部等価回路を示します．図に示すように，4個のスリー・ステート・バッファがそれぞれ組みになっており，アウトプット・イネーブル端子$\overline{\mathrm{OE}}_{\mathrm{A}}$と$\overline{\mathrm{OE}}_{\mathrm{B}}$が“L”のとき各バッファは有効となり，“H”のとき出力はハイ・インピーダンスになります．実験ではイネーブル入力はいずれも“L”に固定しました．

● AC特性

表6-1から，負荷容量50 pFのときのt_{PHL}の最大値は1.5 ns，最小値は4.8 nsです．パルス・スキュー$t_{SK(P)}$は3.3 nsです．

クロック・ドライバの仕様書にはパルス・スキューや出力間スキューなどが細かく規定されていますが，バス・バッファは入出力間伝播遅延時間，出力イネーブル時間，出力ディセーブル時間の三つのパラメータしか規定していません．

重要なパラメータはt_{PLH}とt_{PHL}です．表からわかるように，製造のばらつきなどで1.5

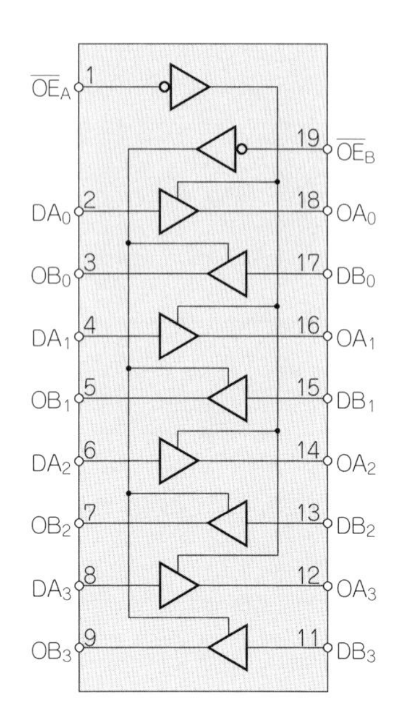

〈図6-2〉
バス・バッファ 74FCT244AT の内部ブロック図

～4.8 ns まで入出力間の伝播遅延時間が変わります．メーカでは，この範囲のどこかでスイッチングすることを保証しているので，その論理が不確定な時間領域がどの程度回路動作に影響するかを見極めなければなりません．

表からスイッチングが生じる可能性のある時間領域は，

$$|t_{PLH} - t_{PHL}| = |4.8 - 1.5| = 3.3\ \text{ns} \quad \cdots\cdots (6\text{-}1)$$

となります．

■ パルス・スキューの測定

● 実験回路

図6-3に示す実験回路で，バス・バッファ74FCT244ATのパルス・スキュー特性を調べてみました．

信号源にはパルス発生器を使い，DA_0(ピン2)に入力します．そのほかの入力端子はグラウンドに接続します．出力はOA_0(ピン18)で，約5 mmのところにダンピング抵抗20 Ωを実装し，特性インピーダンス50 Ωの配線150 mmを通して負荷C_L = 20 pFまで配線します．ほかの出力端子は開放します．

〈図6-3〉バス・バッファ 74FCT244AT の伝播特性を調べる実験回路

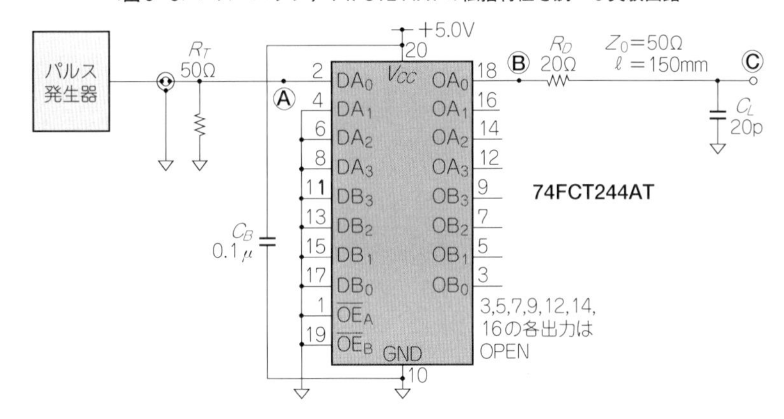

〈図6-4〉バス・バッファ 74FCT244AT の入出力波形(2 V/div., 2 ns/div.)

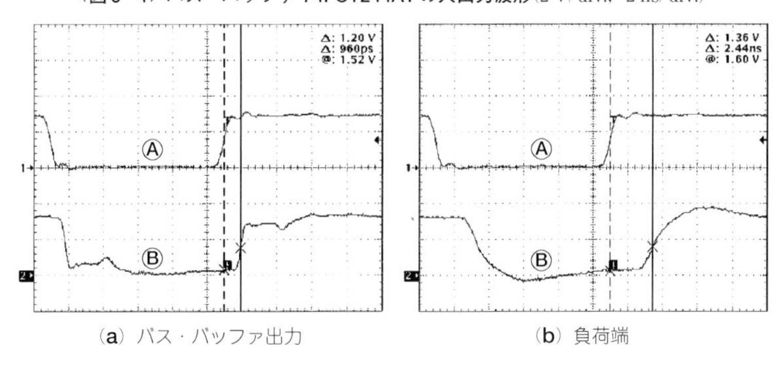

(a) バス・バッファ出力　(b) 負荷端

電源強化のため，電源-グラウンド間には最短距離で積層セラミック・コンデンサを使ったパスコンを挿入します．プリント基板は0.8 mm厚の両面ガラス・エポキシ基板で，はんだ面側がベタ・グラウンドになったマイクロストリップ線路です．

● 実験結果

図6-4に点Ⓐと点Ⓑの波形を示します．**図6-4(a)**からパルス・スキューは960 psと観測されます．データシートの条件より負荷が軽かったことが影響して，**表6-1**で示されたスイッチングの不確定時間範囲(3.3 $\mathrm{ns_{max}}$)よりもずいぶん小さい値になりました．点Ⓑの信号は，点Ⓐから約2.44 ns遅れて立ち上がり，波形はかなり緩やかです．

クロック・ドライバの種類

図6-Aに示すように，クロック・ドライバには，単なるバッファ・タイプ，PLL内蔵タイプ以外に，発振回路，PLL，ドライバ回路などをすべて内蔵したASSP(Application Specific Standard Product；特定用途向けIC)があります．PLL内蔵タイプのクロック・ドライバには，クロック出力のスキューをプログラマブルに変更できるもの，基本周波数に緩やかな変調をかけてノイズ電力の分散を図ったスペクトラム拡散方式などがあります．

最近のシステムは，機能を向上させるため多くのメモリを使うようになってきました．これらのICを一定のタイミングで動作させるには，ICごとに基準となるクロックを供給する必要があります．このとき，負荷を接続し過ぎたり，配線の仕方による反射や遅れが生じると動作が不安定になることがあります．

これらの問題に対しては，ICの入出力間遅延時間や各出力間のスキューの小さいクロック・ドライバを使ったり，一つの出力端子に接続する負荷の数を制限する必要があります．

また最近の高速なCPUでは，クロック・パルスのデューティ比を50％にすることが求められていますが，クリスタル発振とバッファを単に組み合わせただけでは実現できません．これは，クリスタル発振は50％のデューティ比を保証していないからです．この問題に対しては，PLL(Phase Locked Loop)回路を内蔵したクロック・ドライバを使えば，波形を整えたりデューティ比を50％にすることができます．

PLL内蔵のクロック・ドライバは，入力周波数を1/2倍や2倍に逓倍(ていばい)する機能をもっているので，複数のプリント基板に同一のクロックを供給するバック・プレーン基板に周波数の低いクロックを流し，データを処理する基板側でクロック周波数を上げるときによく使われます．

また，高速で動作しているCPUやASICなどでは，プリント基板上のクロック周波数を33 MHzに抑えておき，LSIの内部でクロックを上げて高速化するというようなことが一般的に行われています．この方法には，プリント基板の配線によるさまざまな障害を除くとともに，放射ノイズの発生を抑えるという効果があります．

〈図6-A〉クロック・ドライバの種類

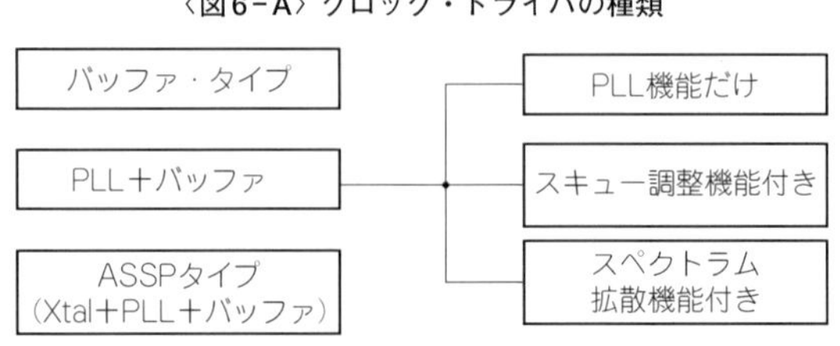

〈図6-5〉クロック・ドライバ 74FCT3807A の内部ブロック図

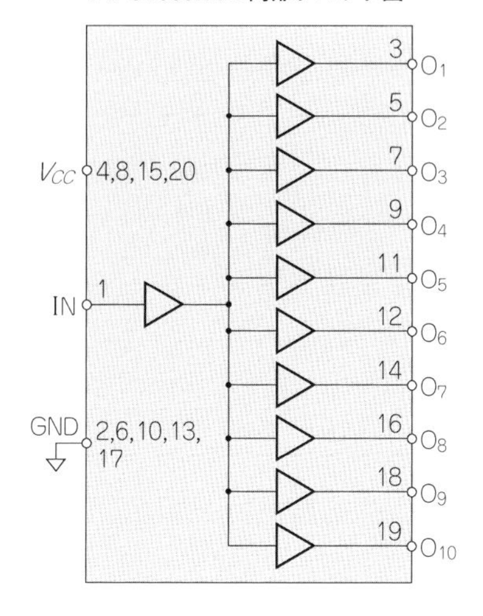

〈写真6-1〉クロック・ドライバ 74FCT3807A の外観
(Integrated Device Technology, Inc.)

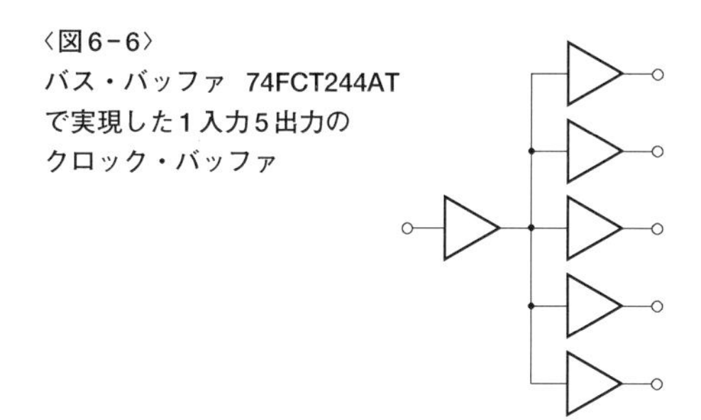

〈図6-6〉バス・バッファ 74FCT244AT で実現した1入力5出力のクロック・バッファ

6.3 クロック・ドライバの伝播特性

■ クロック・ドライバ 74FCT3807A の概要

写真6-1に外観を**図6-5**に内部ブロック図を示します．74FCT3807A は，バス・バッファよりも駆動力が大きく，10チャネルのクロック出力を取り出せます．

表6-1に示すように，ゲート当たりの伝播遅延時間は負荷容量10 pFのときに最小1.5 ns，最大で3.5 nsとなのでパルス・スキューは2.0 nsです．この値自体はバッファとほとんど変わりません．ただし，バス・バッファを使ってクロック・ドライバを実現するには，**図6-6**に示すようにバッファを2段構成にする必要があるため，そのぶん遅延が発生します．

■ パルス・スキューの測定

● 実験回路

図6-7に示す実験回路で74FCT3807A のパルス・スキュー特性を実測してみました．出力はO_5(ピン11)から取り出し，ほかの出力端子はICの近くでテブナン終端します．

● 実験結果

図6-8に実験結果を示します．

クロック・ドライバ出力の入力に対する遅延は，バス・バッファよりも約1 ns大きく約1.92 nsですが，**表6-1**に示したスペック(1.5～3.5 ns)には十分入っています．

注目すべきは，バス・バッファの波形(**図6-4**)と比べて，負荷側の電圧波形がきれいなことです．大きな駆動能力をもつクロック・ドライバは，大容量の負荷容量を瞬時に充電できるため，安定した電圧波形を出力できることがわかります．

〈図6-7〉クロック・ドライバ　74FCT3807Aの伝播特性を調べる実験回路

〈図6-8〉クロック・ドライバ　74FCT3807Aの入出力波形(2 V/div.，2 ns/div.)

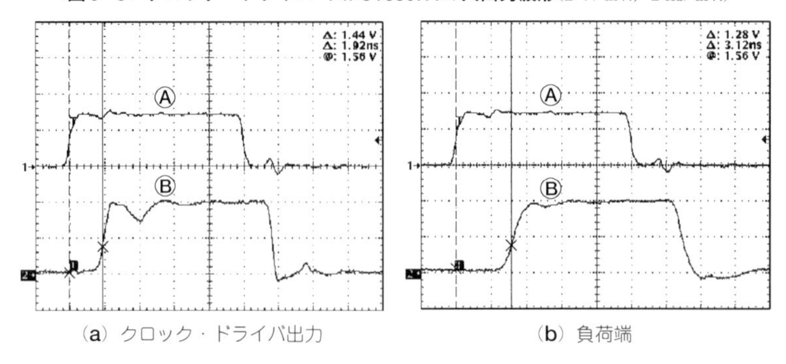

(a) クロック・ドライバ出力　　(b) 負荷端

6.4　PLL内蔵型クロック・ドライバの伝播特性

写真6-2に示すのは，PLLを内蔵するクロック・ドライバ 74FCT88915TTです．バス・バッファやクロック・ドライバで発生するパルス・スキューが原理的に発生しません．

ここでは，PLL内蔵型クロック・ドライバがバス・バッファやクロック・ドライバとどのように異なるのか見てみます．

■ PLLの基本動作

図6-9にPLLの基本回路を示します．図に示すように位相比較器，ループ・フィルタ，電圧制御発振器VCO(Voltage Controlled Oscillator)から構成されており，入力信号の周波数に出力信号の周波数が一致するように動作します．位相比較器は，入力信号と出力信号の位相差を比較しその差分を出力します．ループ・フィルタはその差分信号から交流成分を取り除いて直流に変換しVCOに入力します．VCOは入力された直流電圧に比例して発振周波数を変えることのできる発振回路です．

■ PLL内蔵型クロック・ドライバ 74FCT88915TTの概要

● 内部回路

図6-10に74FCT88915TTの内部ブロック図を示します．主な回路ブロックは次のとおりです．

- 位相比較器(Phase/Frequency Detector)
- 位相差電圧発生器(Charge Pump)

〈写真6-2〉PLL内蔵型クロック・ドライバ74FCT88915TTの外観
(Integrated Device Technology, Inc.)

〈図6-9〉PLLの基本回路

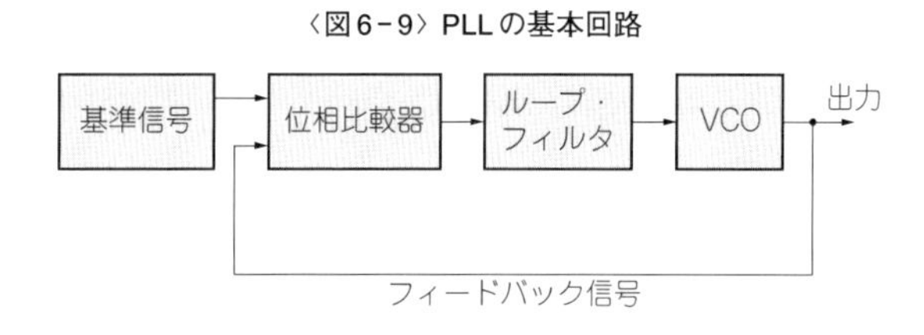

〈図6-10〉[17] PLL内蔵型クロック・ドライバ 74FCT88915TTの内部ブロック図

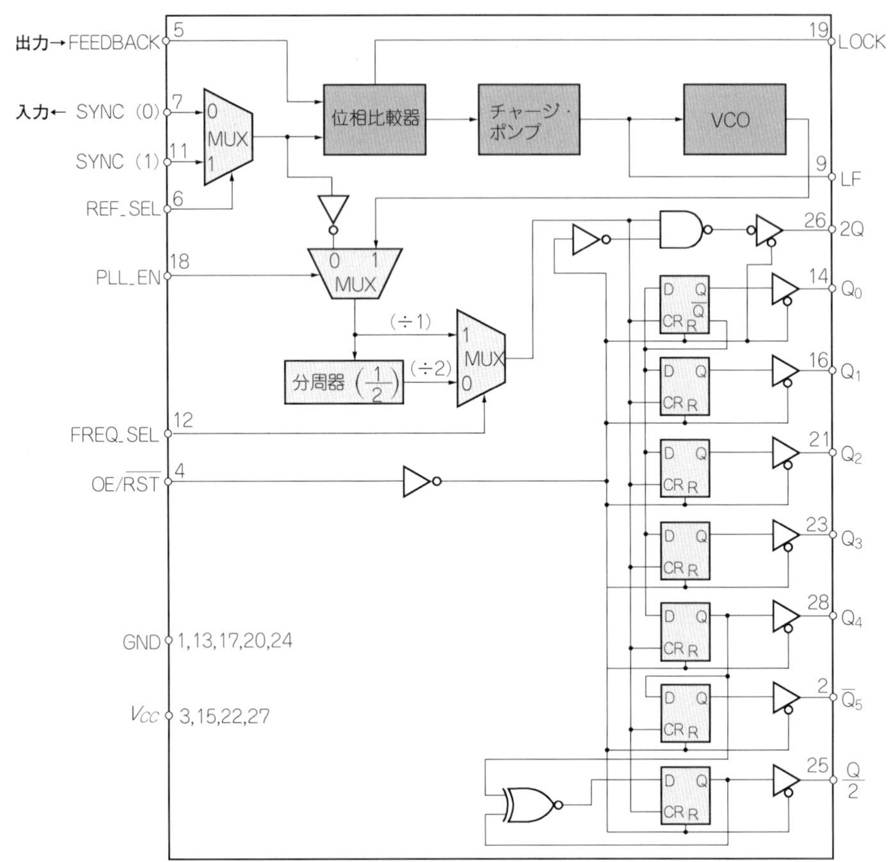

● 電圧制御発振器(VCO)

● 出力部

VCOと位相比較器との間に挿入するループ・フィルタはICの外部に構成します.

● 電気的特性と基本動作

▶ 電気的特性

表6-2に74FCT88915TTの主な電気的特性を，**図6-11**にテスト回路をそれぞれ示し

〈表6-2〉[17] PLL内蔵型クロック・ドライバ　74FCT88915TTの主な電気的特性

項　目	記号	条　件		最小	標準	最大	単位
Hレベル入力電圧	V_{IH}	—		2	—	—	V
Lレベル入力電圧	V_{IL}	—		—	—	0.8	V
入力電流(“H”)	I_{IH}	V_{CC}最大	$V_I = V_{CC}$	—	—	±1	μA
入力電流(“L”)	I_{IL}		$V_I =$ GND	—	—	±1	μA
入力ヒステリシス電圧	V_H	—		—	100	—	mV
Hレベル出力電圧	V_{OH}	V_{CC}最小，$V_{IN} = V_{IH}$またはV_{IL}	$I_{OH} = -3$ mA	2.5	3.5	—	V
			$I_{OH} = -15$ mA	2.4	3.5	—	V
			$I_{OH} = -32$ mA	2	3	—	V
Lレベル出力電圧	V_{OL}	V_{CC}最小，$V_{IN} = V_{IH}$またはV_{IL}	$I_{OL} = 64$ mA	—	0.2	0.55	V
静的消費電流	$I_{CC\,L}$ $I_{CC\,H}$ $I_{CC\,Z}$	V_{CC}最大，$V_{IN} =$ GNDまたはV_{CC}（テスト・モード）		—	2	6	mA

(a) DC特性（$T_A = 0 \sim 70$℃，$V_{CC} = 3.3 \pm 0.3$ V）

項　目	記号	条　件	最小	最大	単位
立ち上がり時間，立ち下がり時間(0.8～2 V)	t_r，t_f	負荷抵抗：50 Ω（$V_{CC}/2$へ）負荷容量：20 pF	0.2	1.4	ns
出力パルス幅，$Q_0 \sim Q_4$，$\overline{Q_5}$，Q/2，2Q@1.5 V	$t_{P\,\mathrm{width}}$		50%−0.8	50%＋0.8	ns
伝播遅延時間(SYNC端子-FEEDBACK端子間)	t_{PD}	負荷抵抗：50 Ω（$V_{CC}/2$へ） 負荷容量：20 pF LF端子容量：0.1 μF	−0.2	＋1.2	ns
出力間スキュー（立ち上がりエッジ）	t_{SR}	負荷抵抗：50 Ω（$V_{CC}/2$へ）負荷容量：20 pF	—	600	ps
出力間スキュー（立ち下がりエッジ）	t_{SF}		—	350	ps
出力間スキュー(2Q，Q/2，$Q_0 \sim Q_4$は立ち上がりエッジ，$\overline{Q_5}$は立ち下がりエッジ)	t_{SA}		—	600	ps
周波数ロック時間	t_{lock}		1	10	ms
出力イネーブル時間	t_{PZH} t_{PZL}		3	14	ns
出力ディセーブル時間	t_{PHZ} t_{PLZ}		3	14	ns

(b) AC特性

ます．

$I_{OH} = -32$ mAのとき$V_{OH\,\mathrm{min}} = 2$ V，$I_{OL} = 64$ mAのときの$V_{OL\,\mathrm{max}} = 0.55$ Vから，ドライブ能力が高いことがわかります．

クロック・ドライバ　74FCT3807Aと異なる点は，次のとおりです．

〈図6-11〉
PLL内蔵型クロック・ドライバ　74FCT88915TTのAC特性測定回路

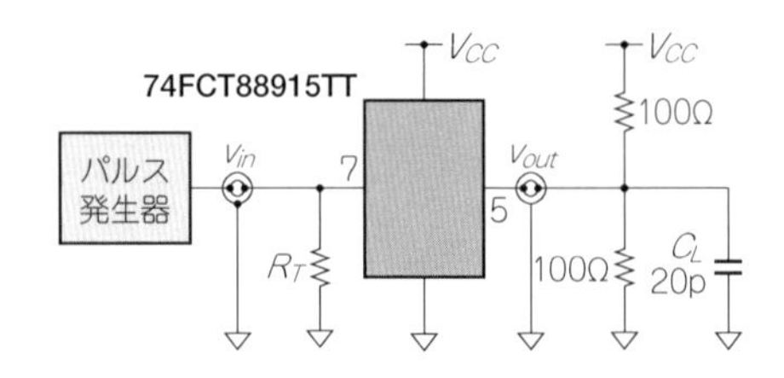

〈図6-12〉(17) PLL内蔵型クロック・ドライバ　74FCT88915TTの各端子のタイミング・チャート

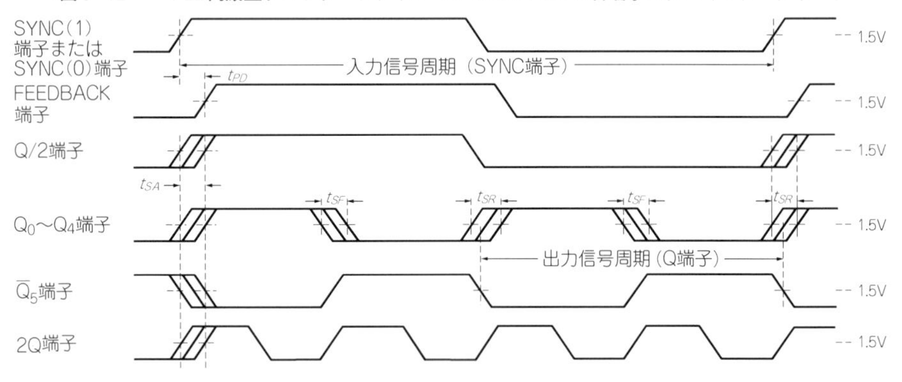

- 伝播遅延時間の規定がない
- 出力のパルス幅の規定がある
- 基準信号とフィードバック信号の遅れに関する規定がある

▶ 基本動作

図6-12にFEEDBACK端子にQ/2端子の出力を接続したときの各入出力端子のタイム・チャートを示します．

起動時は，FEEDBACK端子(出力)の信号周波数は，SYNC端子(入力)の信号周波数の半分ですが，位相比較器がこの差分を出力し，VCOの発振周波数つまり，出力の周波数を上げます．その結果，Q/2端子の出力はSYNC端子と周波数が等しくなり，Q_0〜Q_4出力はSYNC端子の2倍の周波数になります．Q_5は反転出力なので位相が逆になっています．2QはQ_0〜Q_4出力の2倍となります．

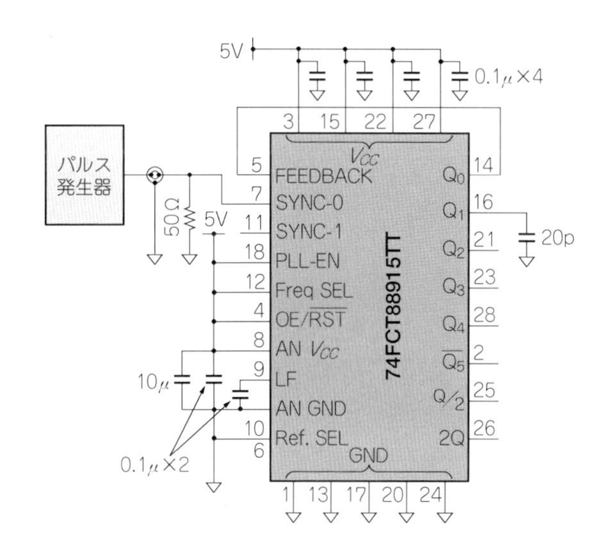

〈図6-13〉
PLL内蔵型クロック・ドライバ74FCT88915TTの実験回路

■ パルス・スキューの測定

● 実験回路

図6-13に示す実験回路でPLLを内蔵する74FCT88915TTのパルス・スキュー特性を測定してみました．配線の影響がないように，ICの出力端から5 mmのところに20 pFの負荷容量を付けて測定しました．

● 実験結果

図6-14に74FCT88915TTを50 MHzで動作させたときの入出力波形を示します．

入力と出力を比較すると，出力のほうが立ち上がり，立ち下がりともやや速くなっています．単にインピーダンス変換するバス・バッファや前出のクロック・ドライバと異なり，内蔵のVCOが方形波を出力するので，整形されたデューティ比50％のきれいな波形が得られます．

入力信号波形の立ち上がりが緩やかなのは，実験に使ったパルス発生器の最大周波数が150 MHzであまり余裕がないこと，同軸ケーブル，コネクタなど伝送系の影響が考えられます．クロック・ドライバの入力端近くでクリスタルを使って発振させたほうがきれいな入力が得られたかもしれません．

〈図6-14〉PLL内蔵型クロック・ドライバ　74FCT88915TTの入出力波形(1 V/div., 5 ns/div.)

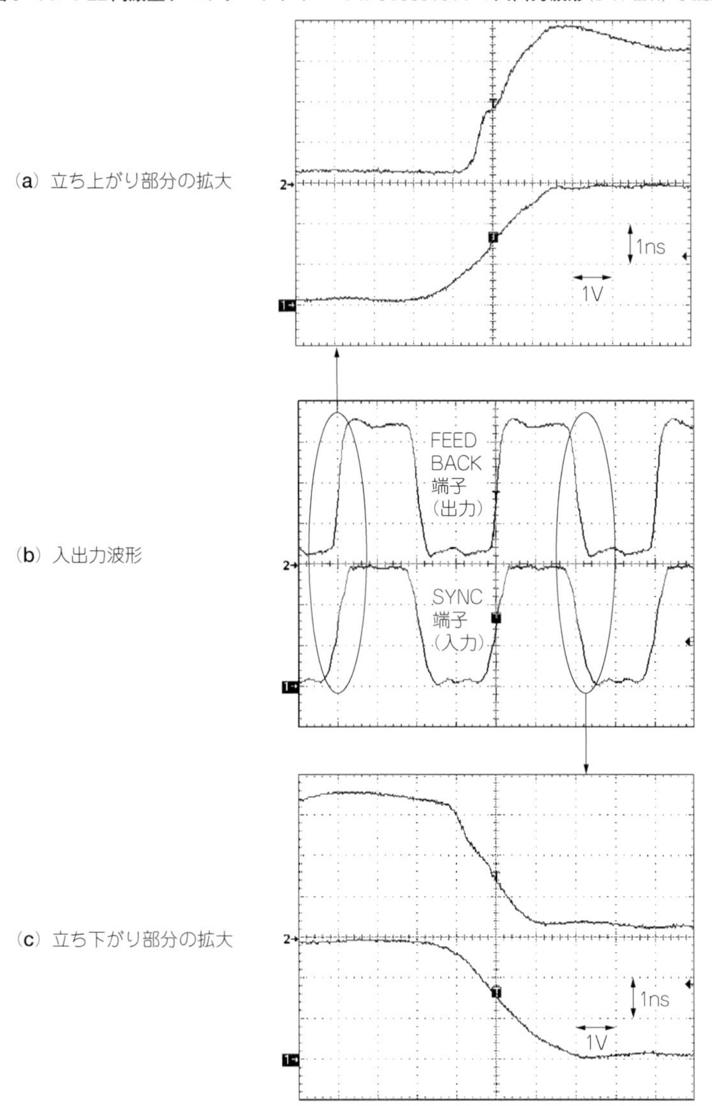

〈図6-15〉PLLシンセサイザの基本回路

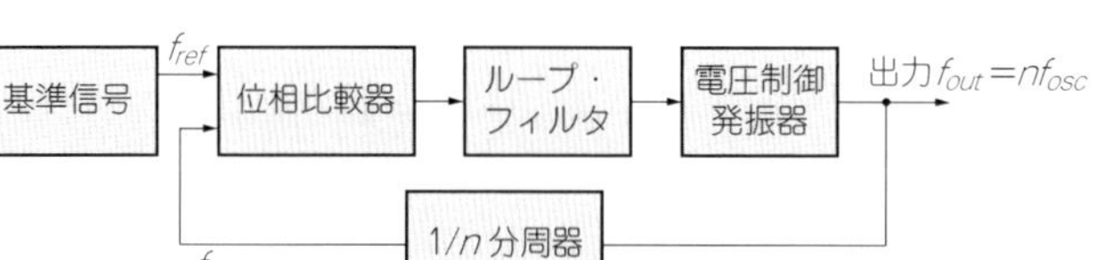

フィードバック系にノイズが混入するとロックが外れたり誤動作を起こす可能性があるので，出力とフィードバック入力間の配線はできるだけ短くしなければなりません．この例ではフィードバック入力に最も近いQ_4出力から配線しています．

出力周波数の設定

● 出力周波数を上げる

図6-15に示すようにPLLのフィードバック・ループ系に$1/n$分周器を挿入すると，入力信号の周波数のn倍の出力信号が得られます．定常状態では次式が成り立ちます．

$$f_{out} = nf_{ref}$$

発振開始時は，フィードバック信号の周波数は基準信号の$1/n$です．位相比較器は二つの信号の位相が合うようにUP信号を出力してVCOに周波数を上げるよう指示し，VCOの出力の周波数が入力信号のn倍の周波数で安定します．74FCT88915TTは$1/n$分周器を内蔵していないので，分周器を外付けする必要があります．

図6-16は，分周器を使わずQ/2端子をFEEDBACK端子に接続したときの入出力波形です．出力信号の周波数は入力信号の2倍になっており，デューティ比約50％のきれいな波形が得られます．

● 出力周波数を下げる

2Q端子出力をFEEDBACK端子に接続すると，出力信号の周波数は入力信号の1/2になります．

図6-17に実測した波形を示します．出力信号の周波数は入力の半分でデューティ比は49.9％です．

〈図6-16〉2倍のクロックを得る設定での入出力波形（1 V/div., 12.5 ns/div.）

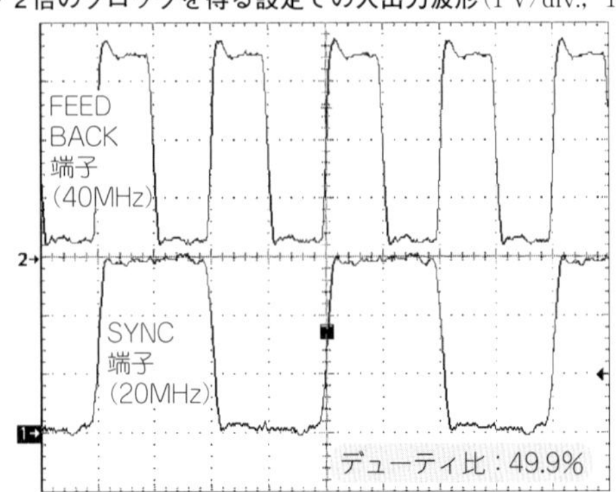

〈図6-17〉1/2倍のクロックを得る設定での入出力波形（1 V/div., 12.5 ns/div.）

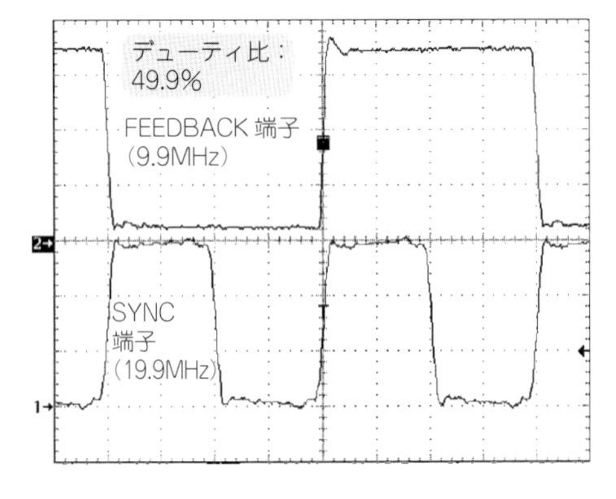

● デューティ比を50％に整形する

最近のCPUは，クロック信号のデューティ比を正確に50％にするように仕様で規定しています．

通常のクロック・ドライバは入力信号が出力に伝達されるので，入力信号のデューティ比が50％でなければそのまま出力されます．一方，PLL内蔵型のクロック・ドライバは入力信号のデューティ比に関係なく内部のVCOで方形波信号を作っているため，50％のデューティ比を確保できます．

図6-18に入力信号のデューティ比を変えたときの入出力波形を示します．どちらも出

〈図6-18〉入力信号のデューティ比を変えながら実測した入出力波形(1 V/div., 12.5 ns/div.)

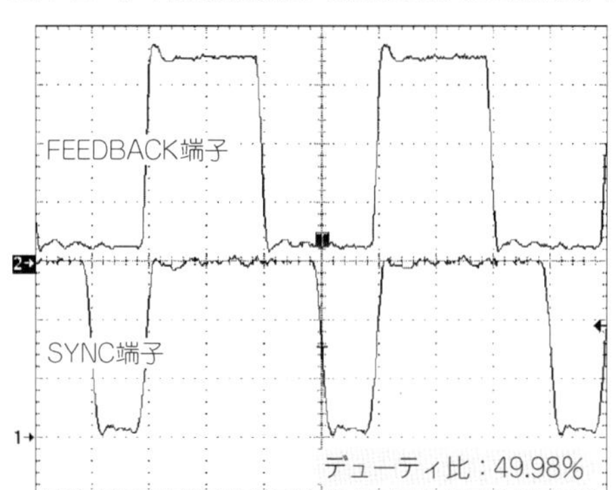

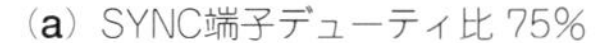
(a) SYNC端子デューティ比 75%

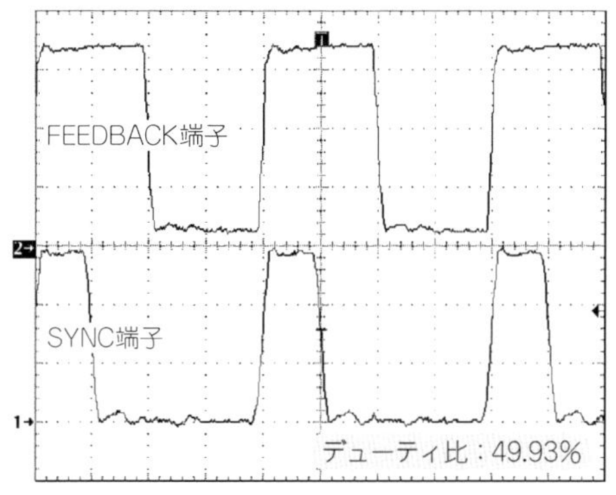

(b) SYNC端子デューティ比 25%

力信号のデューティ比はほぼ50％です.

放射ノイズ対策に利用できる

出力周波数を入力信号の整数倍に逓倍(ていばい)できる機能を利用すると，伝送線路のロスやノイズを低減できます.

図6-19に複数の基板で構成されたシステムの例を示します. 基板と基板を結ぶ配線は，放射ノイズの大きな原因の一つで，伝播するクロック周波数が高いほど放射ノイズ・レベルが高くなります.

〈図6-19〉放射ノイズの小さいクロック供給方法

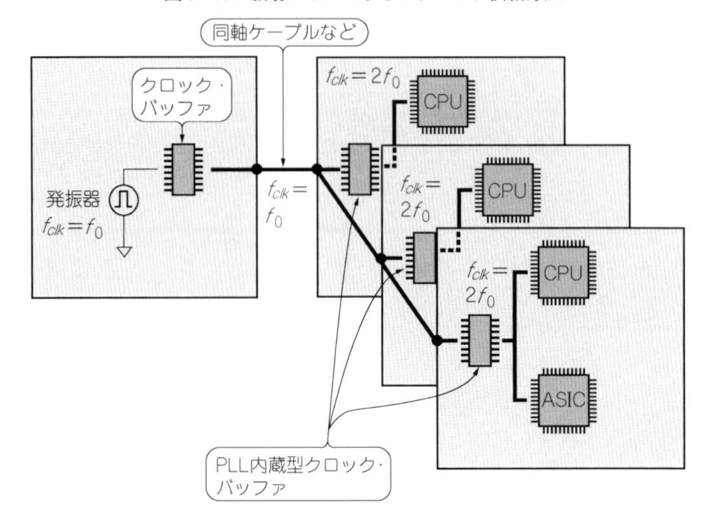

そこで，基板間配線のクロック周波数を基板内のクロック周波数の1/nに下げて各基板に供給します．各々の基板には，PLL内蔵型クロック・ドライバを実装して，基板間配線のクロック信号をn倍に逓倍します．このようにすることで基板間のケーブルから放射されるノイズを低減できます．

最近のCPUや一部のASICでは，LSIにPLL回路を内蔵しているものが多いので，プリント基板配線上では周波数を下げて，LSI内部で0.5G～1GHzまで周波数を上げる方法がとられています．

第7章 パスコンの役割とその最適容量

〜高速ICの安定動作に必須！その施し方と設計法〜

高速ディジタル回路基板において，重要なテーマの一つに「電源とグラウンドの設計法」があります．ここでは，皆さんが無意識に挿入している電源とグラウンド間のコンデンサ「パスコン（バイパス・コンデンサ）」の機能とその容量の算出法について解説しましょう．

7.1 パスコンの働き

● 電源パターンからもノイズが発生する

最近は，信号の波形を解析するシミュレータが普及したため，信頼できるSPICE（スパイス）やIBIS（アイビス）といったLSIのシミュレーション・モデルを使えば，プリント基板を製作する前に回路動作やノイズの出方などを検証できるようになりました．

注意しなければならないのは，ノイズはクロックや高速バス・ラインなどの高速信号の配線からだけではなく，LSI周辺の電源やグラウンドからも生じるということです．LSIの内部では，たくさんのゲートがクロック信号に同期してスイッチングしており，電源-LSI-グラウンド間に充放電電流を流します．特に集積度の高いLSIは，とても大きな電流を充放電します．

その結果，電源パターンやグラウンド・パターンにわずかながら存在する抵抗ぶんやインダクタンスぶんが無視できなくなり，変動しにくいはずの電源やグラウンドの電位が変動し，LSIが誤動作したりノイズを放射します．

電源とグラウンドの電位は，内部のスイッチングに同期して変動します．片面や両面基板の電源やグラウンドはパターンで描かれているため，インピーダンスが高く電圧変動ぶんが大きいですが，多層基板のように面で描かれた低インピーダンスな電源やグラウンドでさえも電圧は変動しています．

● パスコンは電気の貯水槽

図7-1(a)に示すように，アパートやマンションの屋上には必ず貯水槽があり，水の消費量が一時的に増えて水道母管が供給しきれなくなっても，不足ぶんを補って安定した供給状態を維持してくれます．

しかし，貯水槽の容量が不足していたり，各家庭までの配管がつまったりすると，部屋によっては水の出方が悪くなったり，断水することがあります．その場合は，戸別に水を蓄えたりして，水圧の変動に対処する必要があります．

プリント基板上にも貯水槽の役目をしている部品があります．これが，水道母管に相当する電源とグラウンド間に挿入するパスコンに相当します．

前述のように基板に実装された多くのICやLSIは瞬間的に電荷を移動させています．パスコンはこの電荷の移動(電流)による電圧の低下を減らす働きがあります．**図7-1**(b)では貯水槽に対応するのがパスコン C_1，戸別の蓄えに対応するのが二つのパスコン C_2 と C_3 です．

● パスコン両端の電圧の変化

コンデンサの蓄電量と端子間の電圧の関係をおさらいしておきましょう．**図7-2**に示すコンデンサの静電容量 C_X は次のとおりです．

$$C_X \fallingdotseq 8.85\times10^{-12}\ \varepsilon_r \frac{ab}{d}$$

$$\fallingdotseq 8.85\times10^{-12}\times1\times\frac{0.1\times0.1}{0.001}=88.5\ \mathrm{pF} \quad\cdots\cdots(7\text{-}1)$$

〈図7-1〉パスコンの働き

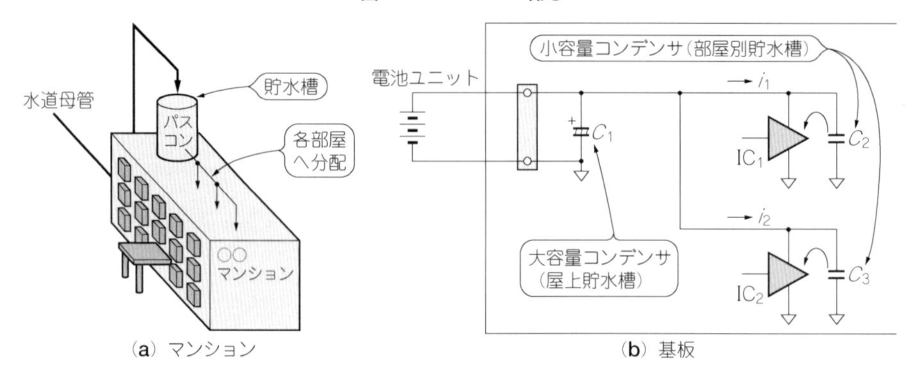

(a) マンション　(b) 基板

電極間に5Vを加えると，コンデンサに蓄えられる電荷量Q［C］（クーロン）は，

$$Q = C_X V = 88.5 \times 10^{-12} \times 5 \fallingdotseq 4.42 \times 10^{-10}\ \mathrm{C} \quad \cdots\cdots (7\text{-}2)$$

と求まります．

図7-3(a)に示す実際の回路でスイッチSWをON/OFFしたときのC_Xの両端電圧の変化を考察しましょう．

C_Xの初期電圧V_1を5Vと仮定し，**図7-3(b)**のようにSWが10 ns間だけONするように制御したときの，C_Xの両端電圧の変化を計算で求めます．SW OFFの期間は，電荷はR_1からC_Xに，ONするとR_2側に放電します．

時間t［s］の間に，電流i［A］でコンデンサに流入または流出する電荷Qの量は次式のとおりです．

$$Q = it \quad \cdots\cdots (7\text{-}3)$$

〈図7-2〉コンデンサの蓄電量と電極間の電圧

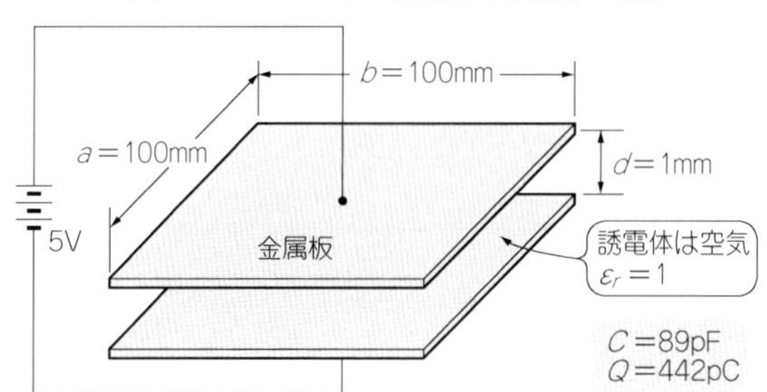

〈図7-3〉電荷の充放電と電圧の変化

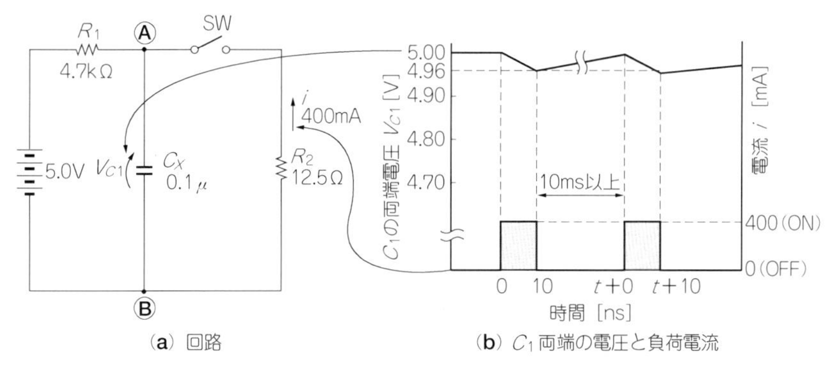

(a) 回路　(b) C_1両端の電圧と負荷電流

初期状態のC_Xの電荷量をQ_1［C］，SW ONの期間に放電する電荷量をQ_2［C］，OFFに変化する直後の電荷量をQ_X［C］とすると，

$$\begin{aligned} Q_X &= Q_1 - Q_2 = CV_1 - it \\ &= 0.1 \times 10^{-6} \times 5 - 400 \times 10^{-3} \times 10 \times 10^{-9} \\ &= 4.96 \times 10^{-7}\ \mathrm{C} \quad \cdots\cdots (7\text{-}4) \end{aligned}$$

と求まります．このときのC_Xの両端電圧をV_2［V］とすると，

$$V_2 = \frac{Q_X}{C_X} = \frac{4.96 \times 10^{-7}}{0.1 \times 10^{-6}} = 4.96\ \mathrm{V} \quad \cdots\cdots (7\text{-}5)$$

となります．電圧降下ぶんは40 mVで電源電圧の0.8％に相当します．SWをON/OFFし，充電と放電を繰り返すと，C_Xの両端の電圧は**図7-3(b)**のように変化するはずです．

C_Xの容量を0.1 μFから0.01 μFに変えて，もう一度計算してみましょう．

$$Q_X = 4.6 \times 10^{-8}\ \mathrm{C}$$

$$V_2 = 4.6\ \mathrm{V}$$

と求まり，電圧降下は400 mVになります．容量が1/10になると電圧降下も10倍に増えます．

以上から，SW ON時に消費される電荷量が多いほど，電圧の変動を小さくするためには，パスコンの容量を大きくしなければならないことがわかります．

7.2　ICとパスコン間にはどんな電流が流れているか

■ 容量の充放電電流

● ICの内部等価容量への充放電電流

図7-4にCMOSインバータの断面構造を示します．各端子間は薄い絶縁膜で分離されており，静電容量が生じます．これを内部等価容量と呼びます．

CMOSインバータ 74HC04の内部では，**図7-5**に示すようにインバータが3個直列に接続されており，各MOSFETがスイッチングするたびに静電容量が充放電され，電流が流れます．このように，ディジタルICは無負荷でも電力を消費しています．

内部等価容量をC_{PD}［F］，充放電電流をI_{CN}［A］，動作周波数をf［Hz］とすると，

$$I_{CN} = V_{DD}\ f C_{PD} \quad \cdots\cdots (7\text{-}6)$$

の関係が成り立ちます．

通常C_{PD}は1回路当たり10～35 pFです．この値は，次段に接続するICの端子当たり

〈図7-4〉[19] ロジックICの出力段の内部構造例

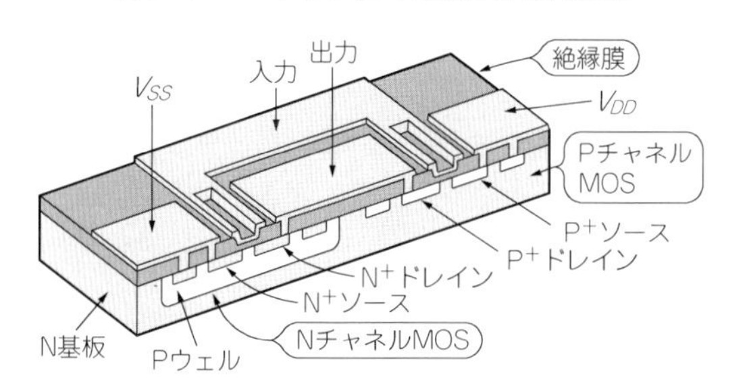

〈図7-5〉インバータ74HC04の内部等価回路

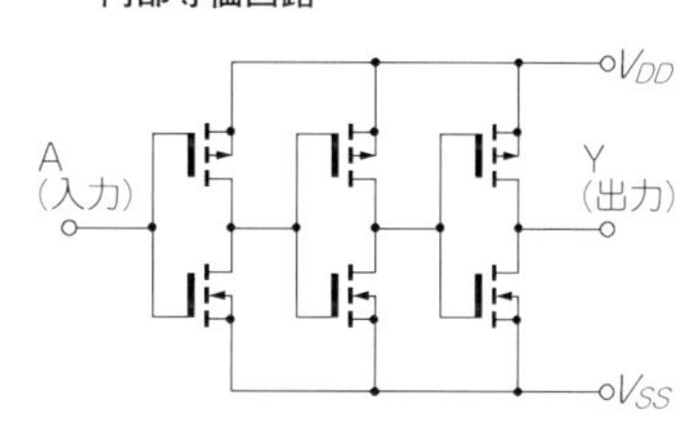

〈図7-6〉ドライバの出力電流のようす

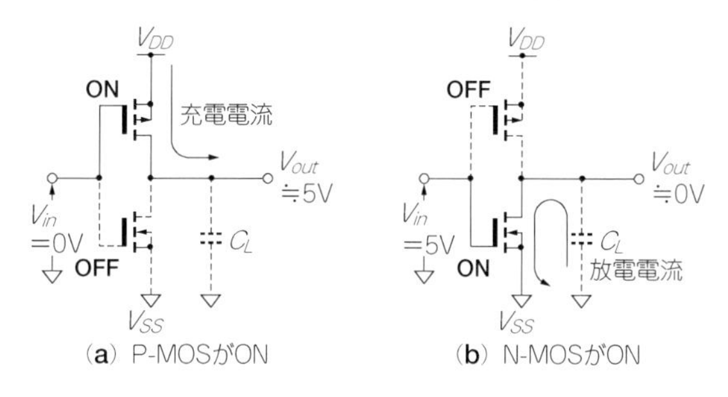

の入力容量(5 pF)の約2～7倍に相当します.

● 次段ICの入力容量の充放電電流

実際のディジタル回路では,信号を送受信する二つのディジタルIC間に電流が流れます.

図7-6に,ディジタルICの出力が“H”→“L”に変化したときにIC間を流れる電流のようすを示します.C_Lは,次段に接続されたディジタルICの入力容量です.

出力が“H”のときはC_Lに充電電流が流れ,“L”のときはC_LからIC側に放電電流が流れ込みます.一般に,P-MOSがONしたときの出力インピーダンスのほうが小さいので,放電電流のほうが大きくなります.

電源電圧をV_{DD} [V],動作周波数をf [Hz] とすると,充放電電流I_{CL} [A] は,充電電流と放電電流が等しいと仮定して,

$$I_{CL} = V_{DD} f C_L \quad \cdots\cdots (7\text{-}7)$$

となります.

高速ディジタル基板で活躍するパスコン

写真7-Aは，BGA(Ball Grid Array)と呼ばれるパッケージのLSIが実装された基板のはんだ面(裏面)のようすです．LSI本体は，基板の表側にあるので，ここには映っていません．

写真中央部には，パスコン用のパッドが所狭しと並んでいます．一般にBGAパッケージのLSIの電源やグラウンド端子は内側にあるため，写真に示すようにパスコンは内側に集中します．

リード端子がパッケージの四辺から出ているQFP(Quad Flat Package)は，端子数が増えるとピッチが狭くなり，十分な太さの電源やグラウンドのパターンを描くことができませんが，BGAはパッケージの底面をすべて端子エリアとして使えるので，ピッチを広くすることができます．また，端子電極と内部チップまでの配線長が短いので，リード・インダクタンスの影響も小さい特徴があります．

しかし，内側の端子ほど基板配線を外側に引き出すのがたいへんで，BGAのためだけに多層化が必要なケースも多くなります．写真から，BGAの配線をスルー・ホールを使って，はんだ面側と接続しているようすがわかります．

このようにスルー・ホールやパッドが密集した基板で，安定した電源をLSIに供給するためには，パスコンが欠かせません．

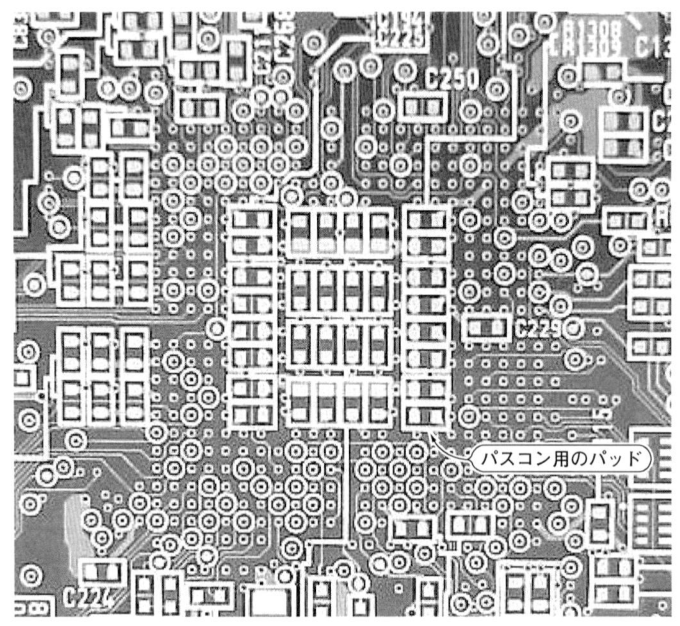

〈写真7-A〉BGAパッケージにICが実装された基板の裏側

C_Lは次段に接続されるICの数に比例します．一般のICは，1端子当たり4～10 pF(双方向を含む)の入力容量をもっています．8個接続した場合の負荷容量C_Lは32～80 pFとなります．

● 電源端子に流れる電流

ICの電源端子には等価内部容量と負荷容量の充放電電流を加えた電流が流れます．

図7-7は，ドライバとレシーバを接続した回路です．IC_1の出力電圧が変化すると，IC_2の入力容量C_iに電荷が充放電されて，IC_1からIC_2へ信号が伝わります．IC_1の出力が“L”から“H”に変化すると，電流(i_H)はIC_1の出力から配線を流れ，IC_2の入力から電源V_{DD}を通ってIC_1の電源に戻ります．出力が“H”から“L”に変化するときはi_Lのルートで流れます．IC_2の入力容量C_iは1回路当たりおよそ3～10 pFです．L_1とL_2は電源とグラウンド層のインダクタンスで，各層の電圧を振らせる要因となります．

■ 出力段に流れる貫通電流

図7-8に，CMOSインバータの出力回路を示します．出力段は，PチャネルとNチャネルの二つのMOSFETで構成されており，入力信号の電圧レベルによって交互にON/OFFします．

図7-9は，P-MOSのゲート-ソース間電圧V_{GS}とドレイン電流I_D特性です．ゲート-ソース間に負電圧を加えるとソースからドレインに向かって電流が流れます．同様に**図7-10**にV_{GS}-I_D特性を示します．

〈図7-7〉[20] ドライバとレシーバ間に流れる充放電電流

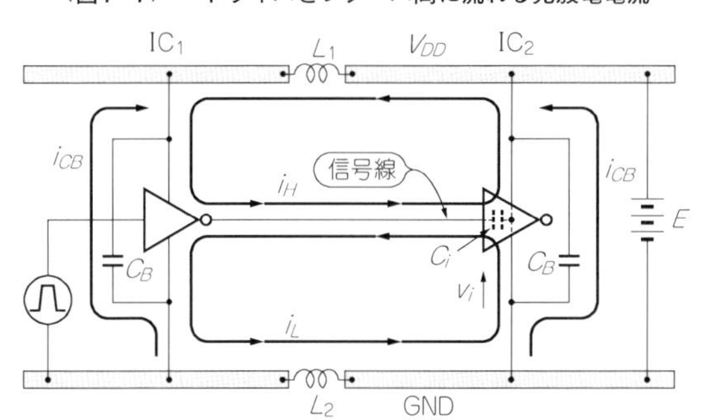

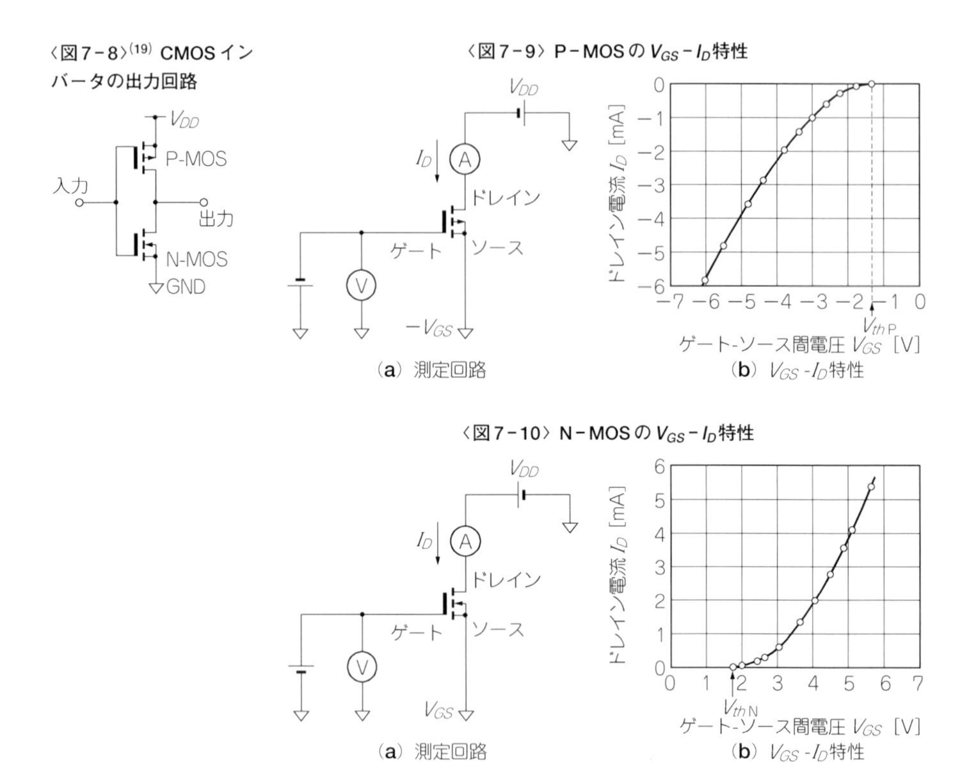

〈図7-8〉[19] **CMOSインバータの出力回路**

〈図7-9〉 P-MOSの V_{GS}-I_D特性

(**a**) 測定回路　(**b**) V_{GS}-I_D特性

〈図7-10〉 N-MOSの V_{GS}-I_D特性

(**a**) 測定回路　(**b**) V_{GS}-I_D特性

図7-9と**図7-10**からわかるように，P-MOSもN-MOSもドレイン電流が流れ始めるときのゲート-ソース間電圧は0Vではなく，オフセットしています．P-MOSは約－1.5V，N-MOSの場合は約1.7Vです．この電圧をピンチ・オフ電圧と呼びます．

図7-9と**図7-10**の V_{DD}を5Vとして，両方の特性を重ねて示すと**図7-11**のようになります．V_{GS}が0VのときはP-MOSが，5VではN-MOSがONします．

図からわかるように，V_{GS}＝1.7～3.8Vの範囲では両方のMOSFETがONします．この期間は，V_{DD}からV_{SS}がショート状態になり電流が流れることを意味しています．この電流を貫通電流と呼びます．**図7-11**からインバータ1段当たりの貫通電流は，V_{GS}が約2.7Vのときに約0.4mAと読み取れます．

この値は，それほど大きくありませんが，たくさんのインバータが組み込まれている場合は，大きな貫通電流が流れます．74HC04の貫通電流を測定してみると，**図7-12**に示

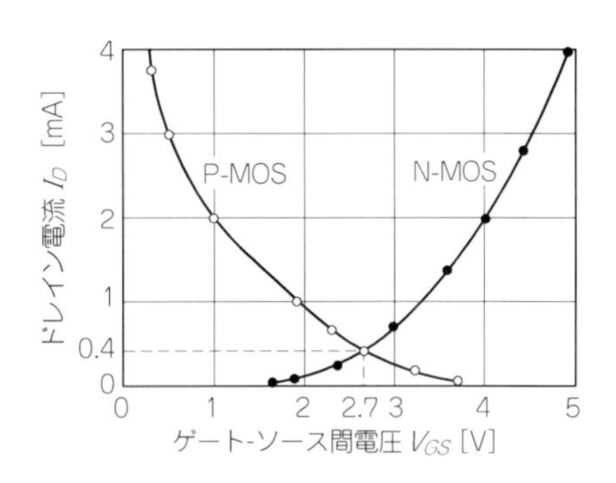

〈図7-11〉
ロジックIC内のP－MOSとN－MOSの
$V_{GS}-I_D$特性

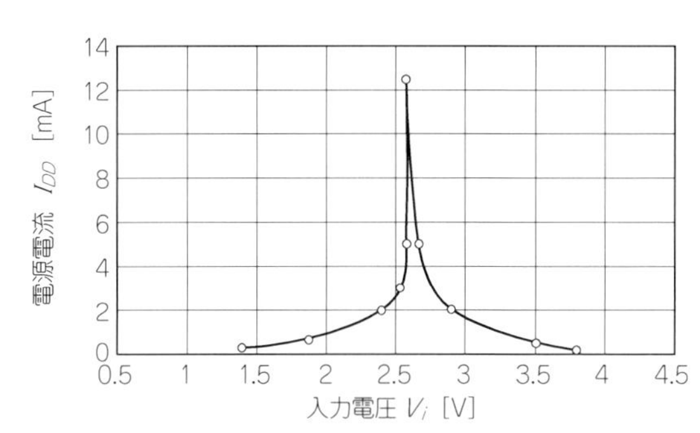

〈図7-12〉
インバータ 74HC04の貫通電流

すように入力電圧が約2.6 Vのとき約12.5 mAです.

貫通電流は入力電圧が2.3～2.8 Vで多く流れますが，この範囲は電源電圧を5 Vとすると全体の10 %に過ぎません．また，通常の信号の立ち上がり時間および立ち下がり時間は1～5 nsです．つまり，貫通電流が流れる期間は0.1～0.5 nsで，その電流量はICの内部等価容量や次段の負荷容量によって流れる充放電電流に比べて無視できるくらい小さいものです.

したがって，ICの電源端子に流れるスイッチング電流の算出時には，貫通電流を考慮する必要のあるケースはそれほど多くありません．もちろん，入力信号のスイッチング速度が20 ns/V以上のゆっくりしたものだったり，内部ゲート数の多いICの場合は，貫通電流の影響を考慮する必要があります.

7.3　容量値の算出例

● 例題回路

図7-13に**図7-7**の等価回路を示します．

SWは出力段のスイッチング回路に相当します．C_{PD}は，IC_1の電源およびグラウンドと出力間に存在する等価内部容量です．C_iはIC_2の入力容量です．ここでは10個のICをドライブすると仮定します．C_{B1}はIC_1用のパスコンです．IC_1専用の電源のようにふるまい，IC_1の等価内部容量と負荷容量C_iをドライブしたときの電圧降下を低減します．

インダクタのインピーダンスZ_Lは，

$$Z_L = 2\pi fL \quad \cdots\cdots (7\text{-}8)$$

で表されます．動作周波数が低いときは，値が小さく無視できますが，周波数が高くなると無視できなくなります．実際の基板において，電源EがICのすぐそばにあることはまれですから，前述の各容量による充放電電流が流れるたびに，L_1やL_2の影響でICの電源電圧が大きく変動します．

● 電源電圧降下が0.1 V以下になるときのパスコン容量

ここでは，C_{PD} = 20 pF，10個のICを駆動すると仮定して，IC_1の電源電圧降下を0.1 V以下にするパスコンの容量を求めてみましょう．

電圧降下を最大0.1 Vにした理由は，多くのICの動的ノイズ余裕がおよそ0.4 Vだからです．スイッチングにより，内部等価容量と入力容量は完全に充放電されると仮定します．

SWのON/OFFによって移動する電荷ΔQは，

〈図7-13〉図7-7の等価回路

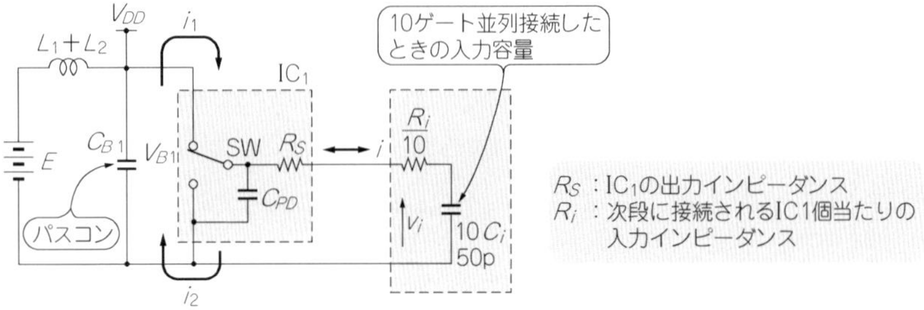

$$\Delta Q = (C_{PD} + 10C_i)\,V_{DD}$$
$$= (20 + 10 \times 5) \times 10^{-12} \times 3.3$$
$$= 2.31 \times 10^{-10}\ \mathrm{C} \quad \cdots\cdots (7-9)$$

です．容量C_{B1}の電荷にQ_S［C］の変化が生じたとき変化するC_{B1}両端の電圧ΔV_{B1}は，

$$\Delta V_{B1} = \frac{\Delta Q}{C_{B1}} \quad \cdots\cdots (7-10)$$

したがって，電圧の変動を0.1 V以下に抑えるためには，

$$C_{B1} \geqq \frac{\Delta Q}{\Delta V_{B1}} = \frac{2.31 \times 10^{-10}}{0.1}$$
$$= 2.31 \times 10^{-9} = 2.31\ \mathrm{nF} \quad \cdots\cdots (7-11)$$

を満たす必要があります．

通常，一つのICには4～10個の回路があるので，その回路数を掛ければ，必要な容量が求まります．例えば8回路のバス・バッファでは約18.5 nF以上のパスコンが必要です．ちょうどよい値がない場合は，大きめの容量，例えば22 nFを選びます．

この例は規模が比較的小さなICですが，最近使われているCPUなどでは瞬間的に多くの電力を必要とするので，0.1 μ～1 μFの複数のパスコンを並列接続しています．

7.4 パスコンに適したコンデンサ

● コンデンサの構造と周波数特性

図7-14は，2端子と3端子のチップ・コンデンサの内部構造です．

電極を付けた薄いシートが容量に応じて積み重ねられています．1個のチップ・コンデンサには50～500枚程度のシートが使われています．

図7-15は，コンデンサの挿入損失の周波数特性です．コンデンサは，理想的には周波数が高くなるほどインピーダンスが低くなるはずですが，実際にはある周波数(自己共振周波数)を境に上昇します．これは，電極や端子のインダクタンス成分が原因です．

図からわかるように，同じ容量値であってもリード付きのコンデンサの共振周波数が100 MHzなのに対し，チップ・コンデンサでは300 MHz近くまで延びます．チップ型3端子コンデンサでは，構造上リード・インダクタンスがとても小さいため，自己共振周波数は1 GHz以上です．

実際の基板にパスコンを施すときは，ICの動作周波数が100 MHzだからといって，リ

〈図7-14〉(18) チップ・コンデンサの構造

2端子チップ・コンデンサ

GND端子

入出力端子

電極パターン

電極パターン

3端子チップ・コンデンサ

入出力端子

GND端子

入出力端子

GND端子

電極パターン

電極パターン

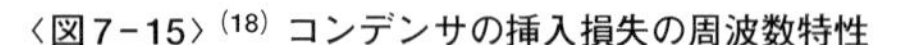

〈図7-15〉(18) コンデンサの挿入損失の周波数特性

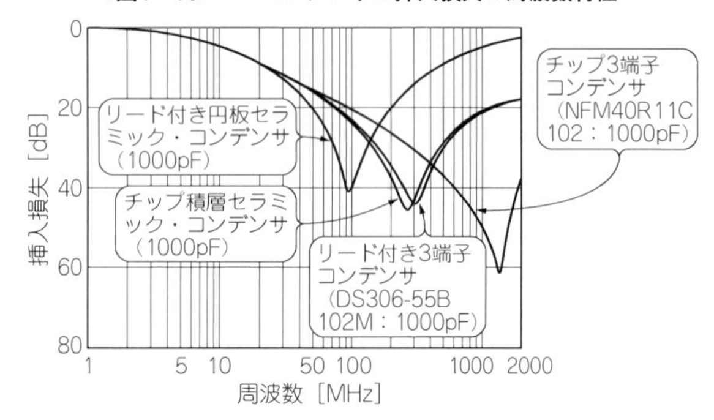

ード付きのコンデンサでも大丈夫などとは思わないでください．100 MHzはあくまで基本周波数です．信号に含まれる高調波成分も考慮して最適なコンデンサを選ぶ必要があります．一般には，できるだけ自己共振周波数が高く，インピーダンスの低いコンデンサを使うようにすれば間違いはないでしょう．

ただし，いくら周波数特性やインピーダンスの低いものを使っても，コンデンサとICの電源端子やグラウンドまでの配線が長ければ，リード付きのコンデンサを使ったのと同じです．パスコンはできるだけICのそばに置き，太い配線で接続します．

〈表7-1〉高誘電率系セラミック・コンデンサの種類と温度特性

特性記号	B	R/X7R	F	Y5V
温度範囲 [℃]	−25〜+85	−55〜+125	−25〜+85	−30〜+85
変化率 [%]	±10	±15	+30 −80	+22 −82

● 積層セラミック・コンデンサが良い

パスコンに使うコンデンサは，次の二つの条件を満足する必要があります．

- 100MHz以上でもコンデンサとして機能する
- たくさん使用するので安価である

この要件を満たすのは，今のところ積層セラミック・コンデンサだけです．しかし，温度に対する特性の変化が大きいという欠点があります．

積層セラミック・コンデンサは次の二つのタイプに分けられます．

- 温度補償タイプ…小容量だが温度特性が良い
- 高誘電率タイプ…大容量だが温度特性が悪い

一般に使われている0.01μ〜0.1μFのパスコンは高誘電率タイプです．高誘電率タイプは温度特性によっていくつか種類があります．**表7-1**に高誘電率タイプの温度範囲と変化率を示します．B特性品とR/X7R特性品は温度範囲が異なりますが，変化率は±10%，±15%とほぼ同じです．それに対して，F特性品やY5V特性品は，T_A = −25〜+85℃で容量が+30〜−80%まで変化します．

図7-16(a)に，高誘電率系の積層セラミック・コンデンサの温度に対する静電容量の変化を示します．B特性品は，温度を変化させても容量の変化はほとんどありませんが，F特性では10℃付近を境に容量が大きく変化することがわかります．このことから，高温になるCPUの近くにF特性品の積層セラミック・コンデンサを実装すると，電源を投入してしばらくの後に誤動作する可能性があります．

図7-16(b)に，温度補償タイプ(CH)と高誘電率系（F特性，B特性)の直流電圧に対する静電容量の変化を示します．高誘電率タイプは，に容量の変化が大きいですが，通常のディジタル回路のパスコンに加わる2〜5V程度では問題ありません．

パスコンに適したコンデンサとしては，温度特性と直流特性が共に安定しているB特性が最良ですが，F特性を使う場合は，あらかじめ変化ぶんを考慮して容量の大きいものを選択するのが無難でしょう．

〈図7-16〉[21] セラミック・コンデンサの容量の温度特性と直流電圧特性

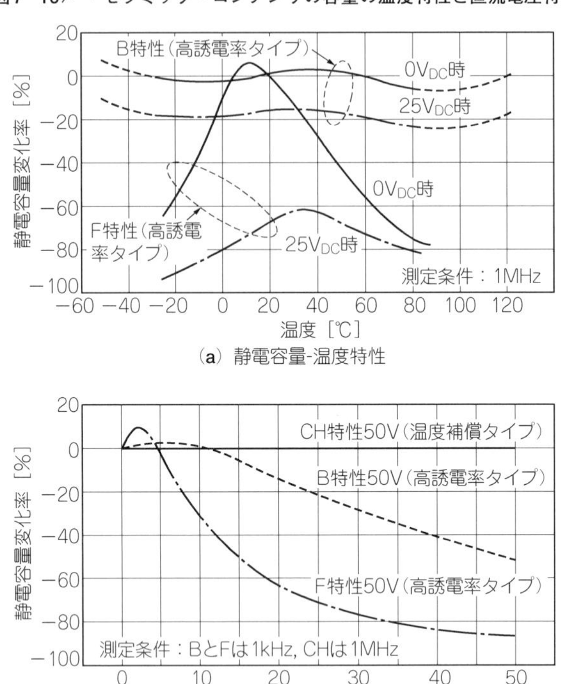

(a) 静電容量-温度特性

(b) 静電容量-直流電圧特性

7.5　高速ICの電源端子に流れる電流

● 4種類のインバータICを評価する

図7-17に示す実験回路でインバータICの等価内部容量と負荷容量に流れる充放電電流を実測してみました．**写真7-1**に実験のようすを示します．

評価に使ったICは，74LV04，74LVC04，74LCX04，74VHC04の四つのインバータです．

表7-2に各ロジックICの主な電気的特性を示します．入出力間伝播遅延時間 t_{PD} の標準値は，負荷容量50 pFのときの値です．単位 ns/pFは，負荷容量が1 pF増えるごとにどれだけ立ち上がり時間 t_r や立ち下がり時間 t_f が遅れるかを表しています．

74LV04の t_{PD} は，ほかのICの約2倍で高速信号の伝送には適しませんが，出力電流が小さいので，動作時の充放電電流がほかの高速ICより小さくなりそうです．

〈図7-17〉IC内外に流れる電流を測定する実験回路

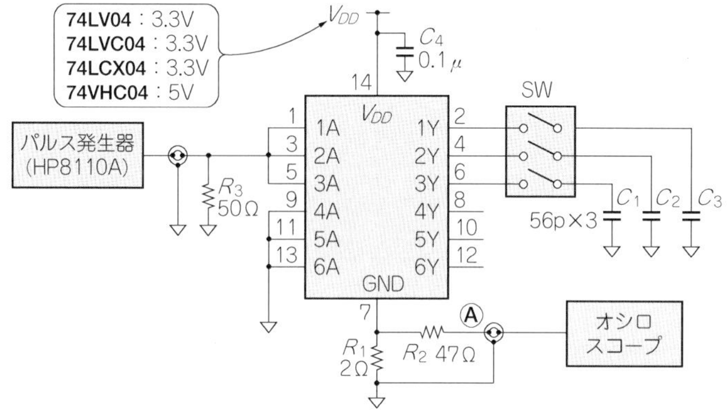

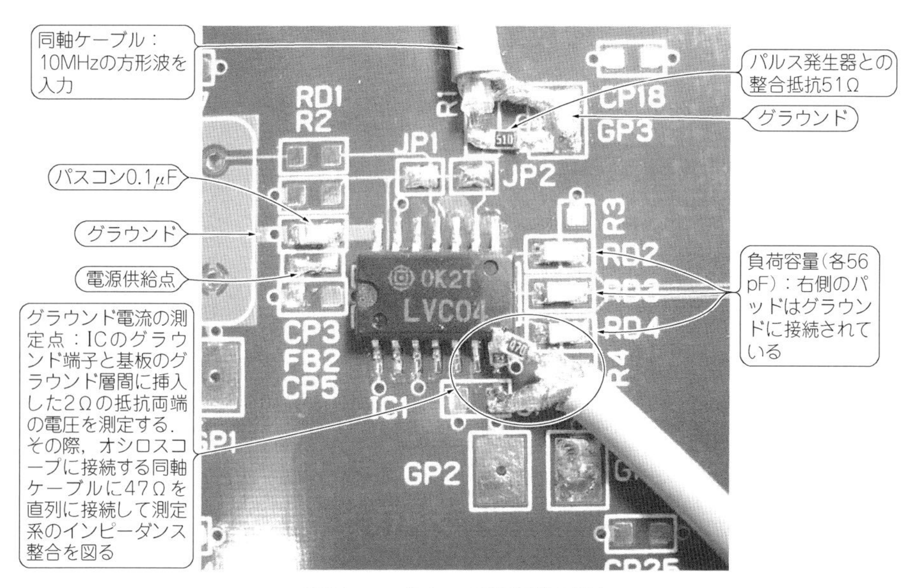

〈写真7-1〉高速ICの電源電流の測定

74LVC04と74LCX04は，等価出力抵抗が小さいため，特性インピーダンスが60～100Ωの一般の信号線に使うと，大きなリンギングが発生する可能性があります．どちらもt_{PD}が小さく，高速信号の伝送に適していますが，74LCX04は入力容量が大きいため，複数

〈表7-2〉実験に使用したインバータICの電気的仕様

項目	条件	記号	HD74LV04FP			HD74LVC04			TC74LCX04F			TC74VHC04F			単位
			最小	標準	最大	最小	標準	最大	最小	標準	最大	最小	標準	最大	
電源電圧	−	V_{CC}	2.7	3.3	3.6	2.0	−	3.6	2.0	−	3.6	2.0	−	5.5	V
Hレベル入力電圧	V_{CC}＝2.7〜3.6 V	V_{IH}	2.0	−	−	2.0	−	−	2.0	−	−	1.5	−	−	V
Lレベル入力電圧		V_{IL}	−	−	0.8	−	−	0.8	−	−	0.8	−	−	0.5	V
入力電圧	−	V_I	0	−	V_{CC}	0	−	5.5	0	−	5.5	0	−	5.5	V
出力電圧	−	V_O	0	−	V_{CC}	0	−	V_{CC}	0	−	V_{CC}	0	−	V_{CC}	V
Hレベル出力電流	−	I_{OH}	−	−	−6	−	−	−12	−	−	−12	−	−	−25	mA
Lレベル出力電流	−	I_{OL}	−	−	6	−	−	12	−	−	12	−	−	25	mA
Hレベル出力電圧	I_{OL}とI_{OH}が最大のときの電圧	V_{OH}	2.4	−	−	2.4	−	−	2.2	−	−	2.58	−	−	V
Lレベル出力電圧		V_{OL}	−	−	0.4	−	−	0.4	−	−	0.4	−	−	0.36	V
入出力間伝播遅延時間	C_L＝50 pF	t_{PD}	−	7.0	12	−	3.7	7.0	−	3.1	6.0	−	5.6	10.6	ns
入力容量	−	C_i	−	2.3	−	−	3.0	−	−	7.0	−	−	4.0	−	pF
立ち上がり時間，立ち下がり時間	−	t_r, t_f	−	0.10	−	−	0.07	−	−	0.065	−	−	0.11	−	ns/pF
等価出力抵抗	−	−	−	約40	−	−	約15	−	−	約13	−	−	約50	−	Ω
等価内部容量[注]	−	C_{PD}	−	18	−	−	8.0	−	−	25	−	−	18	−	pF

注▶等価内部容量：無負荷時の動作消費電流$I_{CC(opr)}$から算出した1ゲート当たりの等価容量で，消費電力容量ともいう．$I_{CC(opr)} = C_{PD}V_{CC}f_{in} + I_{CC}/6$の関係がある．6はIC内のゲート数．$f_{in}$はクロック周波数

個を並列に接続して使うと，前段のICの負荷容量が大きくなりt_rやt_fが大きくなります．

74VHC04は，電源電圧3.3 Vでも5 Vでも使えます．5 V動作ではt_{PD}が小さく，等価出力抵抗も50 Ωで，信号線のインピーダンスにマッチしそうです．高次高調波減衰特性も−60 dB/dec.と優秀なICです．高調波減衰特性とは，スペクトラム包絡線において，1/(π t_r)で決まるf_2以降の周波数の減衰カーブの傾きのことです(第11章)．

通常のICのパルス波形は−40 dB/dec.となります．74VHC04は$V_{DD}/2$を越えるあたりまでは速く立ち上げ，それ以降の速度を鈍らせるなど，何らかの方法で高調波を少なくしているようです．ただ，電源電圧が低いときは，スペクトラムのレベル自体が低下してしまうので，他のICとの顕著な差はなくなります．

● 測定の方法

▶ 入出力の処理

〈図7-18〉実験基板の断面図

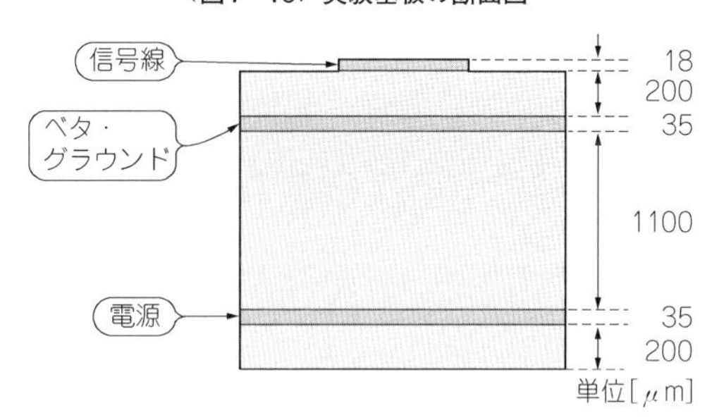

入力信号はパルス・ジェネレータを使い，10 MHzのパルスを同軸ケーブルで供給します．三つのインバータ入力端子に信号を加え，出力端子には各々56 pFのセラミック・コンデンサを接続します．

▶ グラウンド端子に流れる電流の測定

写真7-1に示すように，グラウンド端子(7ピン)を持ち上げて基板のグラウンド・パターンとの間に2 Ωのチップ抵抗R_1を挿入し，この両端の電圧からICからグラウンドに流れる電流を算出します．

図7-17の測定点Ⓐのインピーダンスは，R_1と47 Ωの抵抗R_2と合わせて49 Ωで，測定系のインピーダンス50 Ωとほぼ整合します．この方法は，スペクトラム・アナライザなどの測定器で信号を観測するときにとても有効です．オシロスコープも50 Ωの入力インピーダンスに設定して使えるので何かと便利です．

▶ 基板

ICを安定に動作させるため，ICを基板の中心に実装し，電源ピン直近に0.1 μFのパスコンを接続します．**図7-18**は基板の断面図です．ガラス・エポキシ基材による板厚1.6 mmの4層構造ですが，裏面の銅箔(どうはく)を除去しているため層数としては3層です．つまり，表面層に信号パターンを形成したマイクロストリップ・ライン基板です．

● 速いICは電源電流の変化が急峻

図7-19にグラウンド端子に流れる電流の波形を示します．

▶ 波形の意味

一番上の波形は，56 pFの負荷容量C_1～C_3を接続したときの電流検出抵抗R_1の両端の

〈図7-19〉ICのグラウンド端子電流と出力電圧［20 ns/div.］

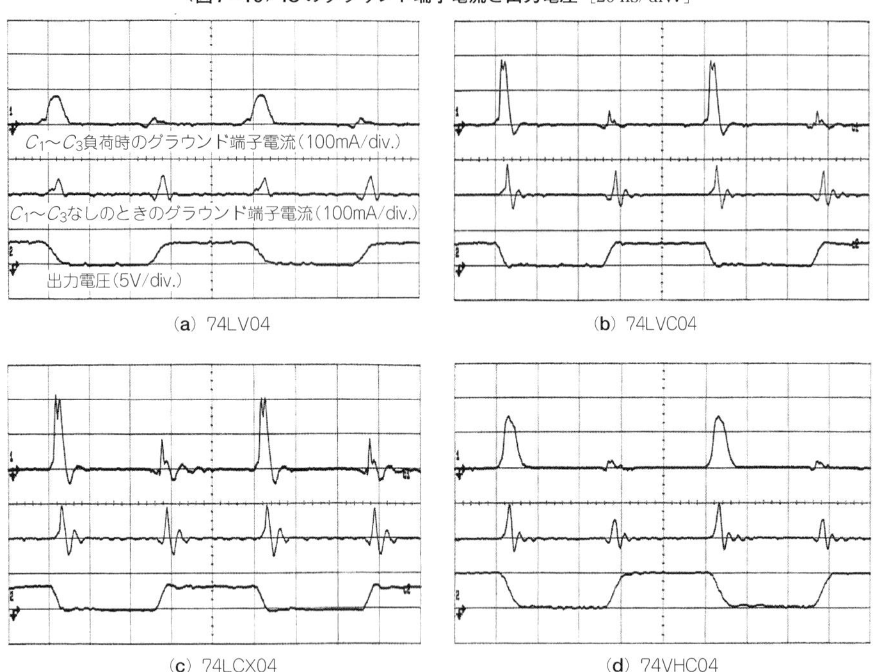

(a) 74LV04　(b) 74LVC04　(c) 74LCX04　(d) 74VHC04

電圧波形です．等価内部容量と負荷容量に流れる充放電電流を表します．

中段の波形は，$C_1 \sim C_3$を取り外したときのR_1両端の電圧波形で，ICの等価内部容量に充放電する電流を示しています．

一番下の波形は，$C_1 \sim C_3$を接続したときの出力電圧です．

▶ 波形の考察

74LV04の充放電電流はほかのデバイスの1/2以下と小さく，立ち上がりと立ち下がりも緩やかです．

74VHC04の充放電電流もだいたい同じ傾向です．これは表7-2からわかるように等価出力抵抗がそれぞれ40 Ωと50 Ωとほぼ等しいからです．ほかのICの等価出力抵抗は，約13～15 Ωと小さいため，電流の立ち上がりと立ち下がりがとても急峻です．この結果から74LVCとLCXを使うときは，出力信号ラインにダンピング抵抗を挿入する必要があることがわかります．

〈図7-20〉図7-19(a)と図7-19(b)の時間軸を拡大(20 ns/div.)

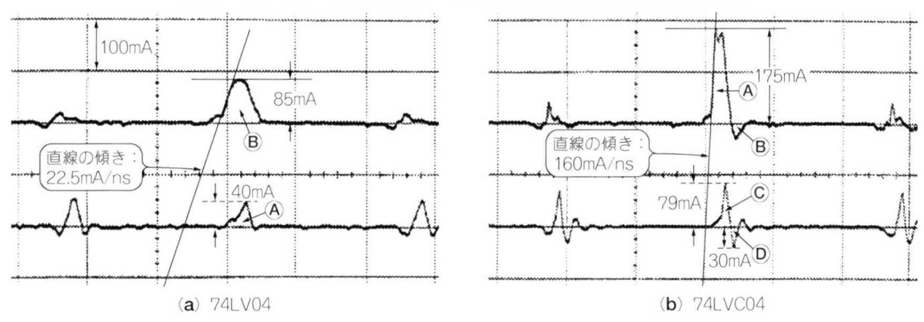

(a) 74LV04　(b) 74LVC04

74LV04の上段の波形の傾き，つまり等価内部容量とC_1～C_3に流れる充放電電流の変化率は，

450 mA/20 ns = 22.5 mA/ns

で，負荷容量1個当たりの変化率はその1/3の7.5 mA/nsです．同様に，74LVC04の変化率を求めると約53 mA/nsです．これは，LV系に比べてLVC系のほうがノイズ・レベルが高いことを意味しています．

7.6 ICの等価内部容量の算出

図7-19に示すC_1～C_3がないときのグラウンド端子電流，つまり等価内部容量の充放電電流からICの等価内部容量を算出できます．

● 74LV04の等価内部容量

図7-20(b)に**図7-19(a)**を拡大した波形を示します．

Ⓐ部の波形の面積から，出力電圧の立ち下がり時に生じる等価内部容量への移動電荷量Q_1を求めることができます．電流が流れている時間は約7.5 ns，最大電流は約40 mAです．Ⓐ部の波形を三角形と仮定すると，

$$Q_1 \fallingdotseq \frac{40 \times 10^{-3} \times 7.5 \times 10^{-9}}{2} = 150\ \mathrm{pC} \cdots\cdots (7\text{-}12)$$

と求まります．Q_1は74LV04内の三つのインバータの容量の合計，等価内部容量C_{PD1}はインバータ1個当たりの容量ですから，

$$C_{PD1}=\frac{Q_1}{3V_{DD}}=\frac{150\times10^{-12}}{3\times3.3}\fallingdotseq 15.2\ \mathrm{pF} \cdots\cdots(7\text{-}13)$$

と求まります．**表7-2**に示す74LV04の等価内部容量の仕様(18 pF)とほぼ等しいようです．

等価内部容量とC_1～C_3に電荷が移動するⒷで示す期間の移動電荷量Q_2も求めてみましょう．

$$Q_2=\frac{85\times10^{-3}\times(4+12.5)\times10^{-9}}{2}\fallingdotseq 701\ \mathrm{pC}\cdots\cdots(7\text{-}14)$$

となります．Q_2からQ_1を差し引くとC_1～C_3に流れる電荷量Q_3がわかります．

$$Q_3=Q_2-Q_1=701\ \mathrm{pF}-150\ \mathrm{pF}=551\ \mathrm{pC}\cdots\cdots(7\text{-}15)$$

Q_3はC_1～C_3に蓄えることのできる総電荷量Q_4と等しいはずです．Q_4は次式から554 pCと求まり，実測と計算値はほぼ一致します．

$$Q_4=(56\times3\times10^{-12})\times3.3\fallingdotseq 554\ \mathrm{pC}\cdots\cdots(7\text{-}16)$$

● 74LVC04の等価内部容量

図7-20(b)に**図7-19(b)**の時間軸を拡大した波形を示します．中段の波形のⒸ部とⒹ部の面積から74LVC04の等価内部容量を算出します．

74LV04と異なりアンダーシュートがあるので，このぶんの電荷は差し引く必要があります．

Ⓒ部で移動した電荷量をQ_{1a}とすると，最大電流は79 mA，移動している時間は4 nsですから，

$$Q_{1a}\fallingdotseq\frac{79\times10^{-3}\times3.6\times10^{-9}}{2}\fallingdotseq 142\ \mathrm{pC}\cdots\cdots(7\text{-}17)$$

と求まります．同様に，Ⓓ部で移動した電荷量をQ_{1b}とすると，最大電流が30 mA，時間が2 nsですから，

$$Q_{1b}\fallingdotseq\frac{40\times10^{-3}\times2.2\times10^{-9}}{2}=44\ \mathrm{pC}\cdots\cdots(7\text{-}18)$$

と求まります．等価内部容量の移動電荷量Q_1は，Q_{1a}とQ_{1b}の差分ですから，

$$Q_1=|Q_{1a}-Q_{1b}|=142\ \mathrm{pC}-44\ \mathrm{pC}=98\ \mathrm{pC}\cdots\cdots(7\text{-}19)$$

となります．等価内部容量C_{PD2}は，インバータ1個当たりの容量ですから，

$$C_{PD2} = \frac{Q_1}{3V_{DD}} = \frac{98 \times 10^{-12}}{3 \times 3.3} \fallingdotseq 9.9\,\text{pF} \quad \cdots\cdots (7\text{-}20)$$

と求まります．

表7-2からLVC04の等価内部容量は8.0 pFですから約2 pF大きいようですがほぼ合っています．

参考までに，先程と同様にC_1～C_3に移動する電荷量Q_3も求めてみます．まず，等価内部容量とC_1～C_3に流れる電荷C_2，つまり**図7-20(b)**のⒶ部とⒷ部の期間に移動する電荷量の差分Q_2を求めます．

$$Q_2 = \frac{175 \times 10^{-3} \times (6+2) \times 10^{-9}}{2} - \frac{30 \times 10^{-3} \times 4 \times 10^{-9}}{2} = 640\,\text{pC} \cdots\cdots (7\text{-}21)$$

Q_3はQ_2とQ_1の差分ですから，

$$Q_3 = Q_2 - Q_1 = 542\,\text{pC} \cdots\cdots (7\text{-}22)$$

と求まり，74LV04で求めた値554 pCとほぼ等しくなります．

7.7　パスコンの容量と電源リプルの変化

● 実験回路

図7-21に示す実験回路で，パスコンの容量と電源のリプル電圧の変化のようすを調べ

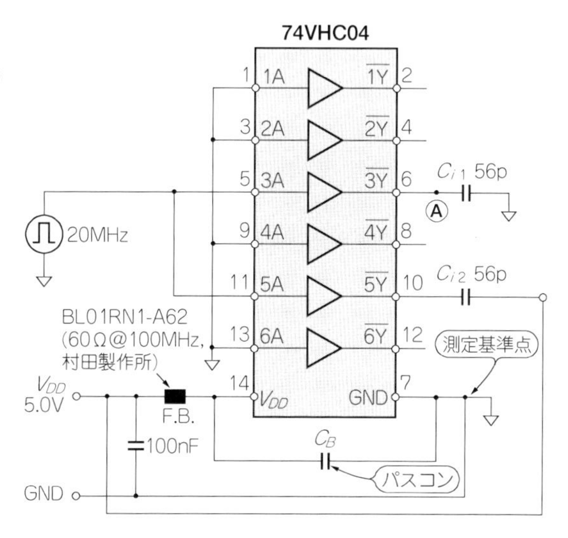

〈図7-21〉
パスコン容量による電源のリプル電圧の変化を調べる実験回路

ました．

フェライト・ビーズは，急激な電流変化に対して大きなインピーダンス特性を，直流に対しては小さいインピーダンス特性を示します．したがって，フェライト・ビーズを V_{DD} ラインに挿入すると，パスコン C_B と電源層が分離され，ICの動作電流の多くが C_B の蓄積電荷でまかなわれます．

図7-22に実験結果を示します．

上段はICの出力信号，下の三つの波形はICの電源端子とグラウンド間の電圧波形です．下からパスコンがないとき，C_B = 1000 pFのとき，C_B = 0.01 μFのときの電源のリプル電圧波形です．入力周波数は20 MHzです．負荷容量は C_{i1} と C_{i2} の二つで，容量はどちらも56 pFです．ただし，プリント・パターンの都合により C_{i1} は V_{DD} に，C_{i2} はグラウンドに接続します．

● 実測値と計算値の比較と考察

リプル電圧 ΔV を計算で求め，実測値と比較してみましょう．ICの等価内部容量 C_{PD} は，**図7-19(d)**から算出した値15 pFを使います．

▶ C_B = 1000 pF

等価内部容量と負荷容量に蓄積される電荷量 Q は，

$$Q = (2C_{PD} + C_{i1} + C_{i2})\,V_{DD}$$
$$= (2 \times 15 + 56 \times 2) \times 10^{-12} \times 5 = 710\ \text{pC} \cdots\cdots (7\text{-}23)$$

です．したがって C_B = 1000 pFのときのリプル電圧 ΔV は式(7-10)から，

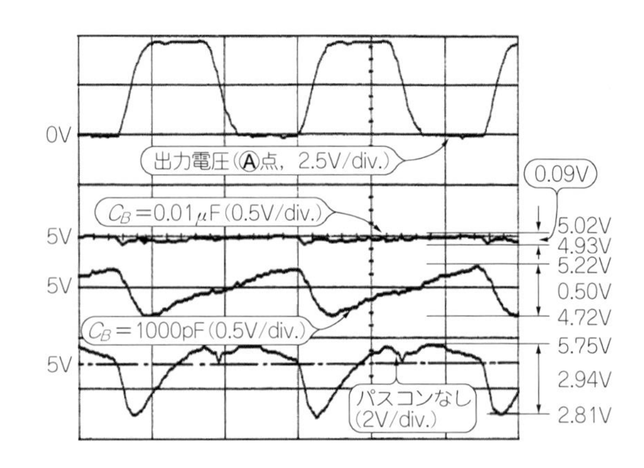

〈図7-22〉
パスコン容量とリプル電圧の変化
(20 ns/div.)

$$\Delta V = \frac{Q}{C_B} = \frac{710 \times 10^{-12}}{1000 \times 10^{-12}} = 0.71\ \mathrm{V} \qquad (7\text{-}24)$$

と求まります．実験結果では0.50 Vなので0.21 Vほど計算値より小さくなりました．これは電荷の一部がフェライト・ビーズから供給されたからです．

▶ $C_B = 0.01\ \mu\mathrm{F}$

$$\Delta V = \frac{Q}{C_B} = \frac{710 \times 10^{-12}}{0.01 \times 10^{-6}} = 0.071\ \mathrm{V} \qquad (7\text{-}25)$$

と求まります．実験の結果は0.09 Vなのでほぼ一致しています．パスコンの容量が大きくなりフェライト・ビーズ側から供給される電荷量が減少したからです．

7.8 パスコンの数と放射ノイズの変化

パスコンは，プリント基板の随所に使われています．しかし，その実装位置は理由が明確でなく，どちらかというとお守りのように使っているというのが一般的ではないでしょうか．

ここでは説明を簡単にするため，**図7-23**に示すように基板端の電源とグラウンド層間にパスコンをいれたモデルでシミュレーションしてみます．シミュレーションの条件は，以下のとおりです．

- 基板サイズ：414 × 414 mm
- 電源とグラウンドは完全な導体で厚みは考慮しない
- 層間距離：0.8 mm
- 誘電率：4.7

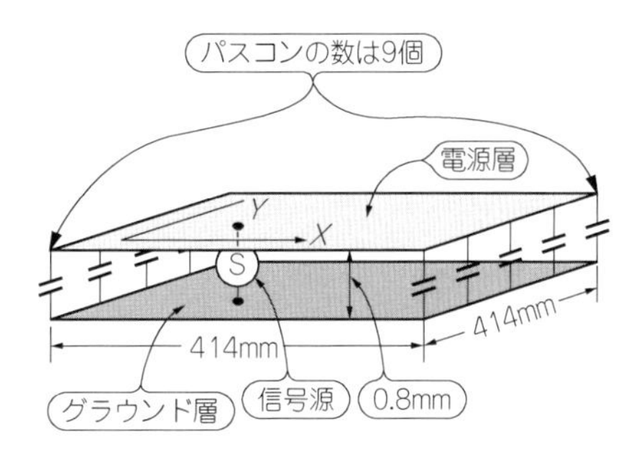

〈図7-23〉[22]
パスコンの電流分布に与える影響を調べるためのシミュレーション用モデル

図7-24(a)にパスコンがないときの基板上の電流分布を示します．X軸方向に$\lambda/2$の共振が出ており，基板の中央で電流がピークになっています．中央に突き出た部分は信号源です．

図7-24(b)は，パスコンを入れたときのシミュレーション結果です．基板端($X=0$)にパスコンがあると，ピークの位置は変わりませんが，センタと基板端の間で電流位相が180°反転し，コンデンサの挿入位置で電流がピークになります．

図7-25は，パスコンがない場合と，1辺当たりのパスコン(0.1 μF)の数が5個，9個，

〈図7-24〉(22) **電流分布のシミュレーション結果**

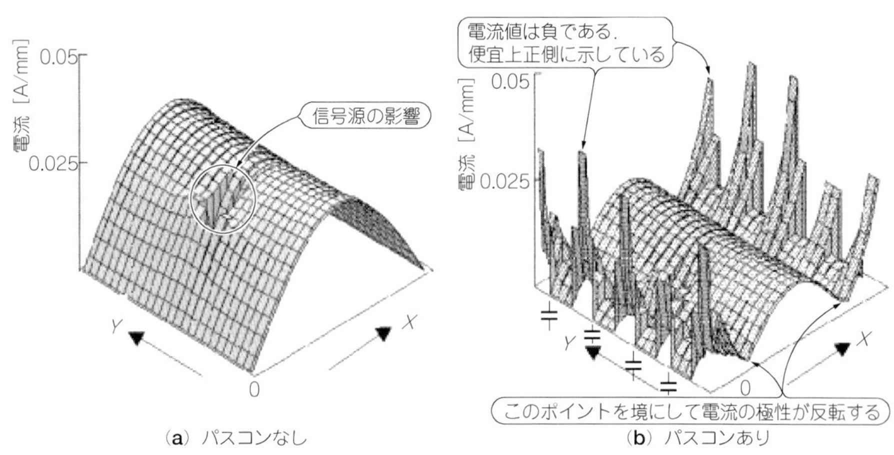

(a) パスコンなし　　(b) パスコンあり

〈図7-25〉(22) **パスコンの数と放射ノイズ・レベルの関係**

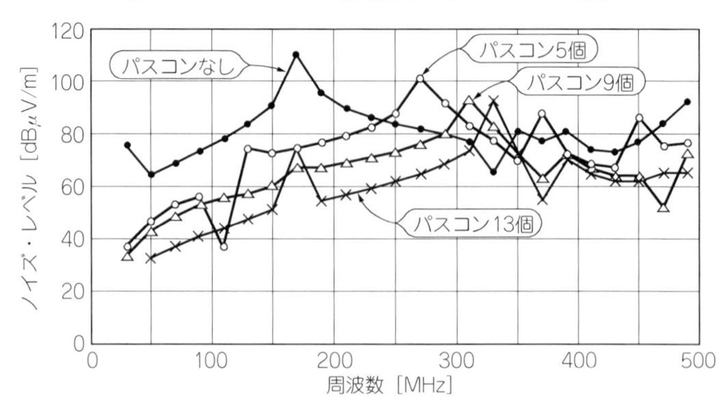

13個のときの放射ノイズ・レベルのシミュレーション結果です．パスコンの数が増えるにしたがって，共振周波数は高いほうにシフトし，ノイズ・レベルも下がっています．

また，

$$f = \frac{300}{\lambda\sqrt{\varepsilon_r}}$$

の式が示すとおり，パスコンがない場合は，基板長414 mmの$\lambda/2$となる周波数170 MHz付近にピークが出ています．そして，シミュレーションの条件であるパスコンが9個の場合は，その約2倍の周波数(320 MHz)にピークが出ています．**図7-25**については，実測も行っており，シミュレーション結果とよく一致しています．

実際のLSIの周辺についているパスコンも同様の作用をしていると考えられますが，パスコンはLSI周辺の電源とグラウンドの安定化に専念させ，それとは別に基板にほぼ等間隔で(動作周波数と波長の関係を考えた距離で)コンデンサを配置するのが電源とグラウンドを安定化する第一歩であると考えます．

7.9　パスコンの正しい実装位置

● クロック・ドライバの内部回路を見てみる

写真7-2に示すのは，クロック・ドライバ 74FCT3807(IDT)のチップ内部です．( )内の数字はピン番号です．

一番外側には太い配線で電源(V_{CC})が配置されており，20ピンの電源パッドの面積が最も広くなっています．内部回路の周囲には電源とグラウンドが複数あります．内側にある配線はグラウンドです．

複数あるグラウンド・パッドのうち，10ピンに接続されるパッドは他のものより面積が広くなっています．1ピンから入力されたクロック信号は，細い配線を通って分割回路で分配され，各出力ドライバに送られます．半導体チップと端子間は，放射状に広がるボンディング・ワイヤで接続されます．動作速度の高速化にともなって，リード・フレームのインダクタンスも問題になっており，パッケージが小型化しています．

● メーカ推奨のパスコンの実装位置

図7-26(a)は両面基板を使用する場合にメーカが推奨しているパスコンの実装位置です．

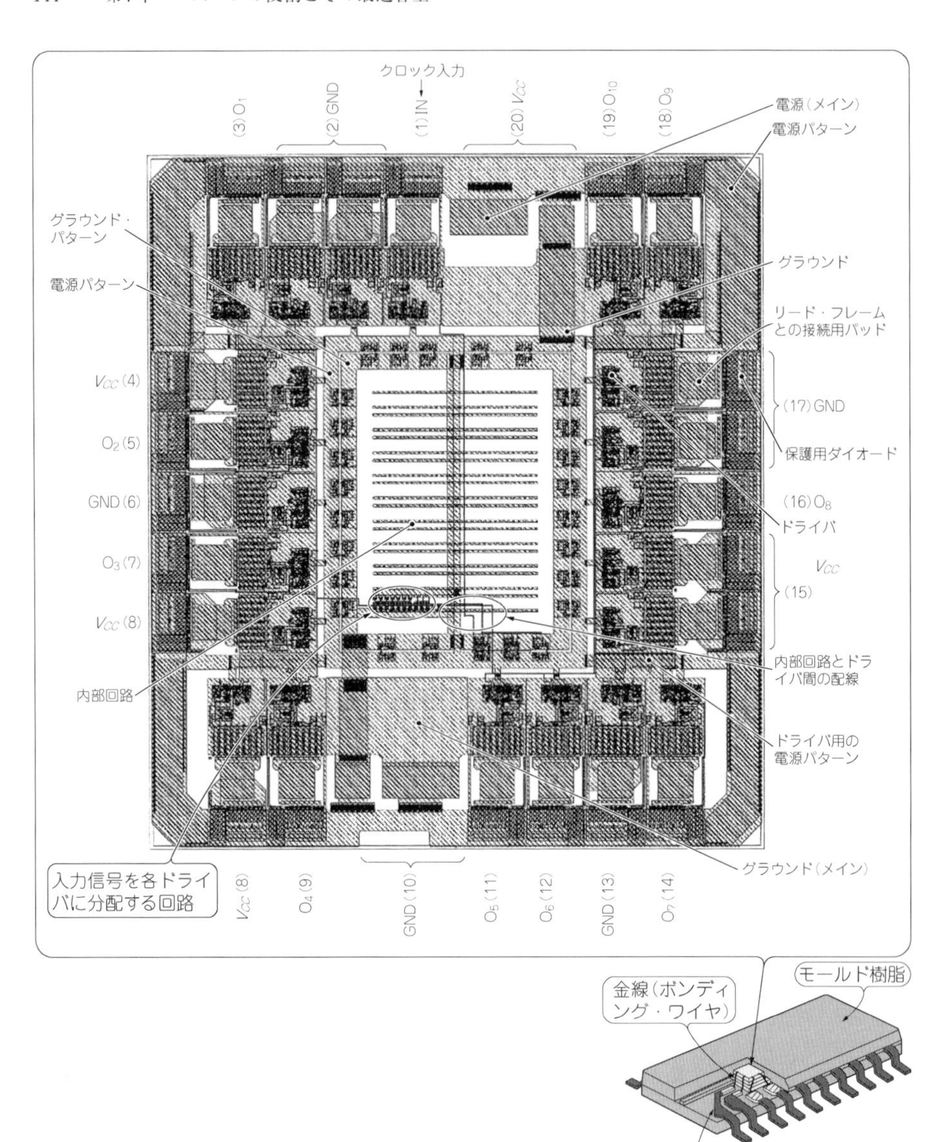

〈写真7-2〉クロック・ドライバ FCT3807のチップ内部(Integrated Device Technology, Inc.)

〈図7-26〉[23] メーカが推奨するクロック・ドライバのパスコン実装図

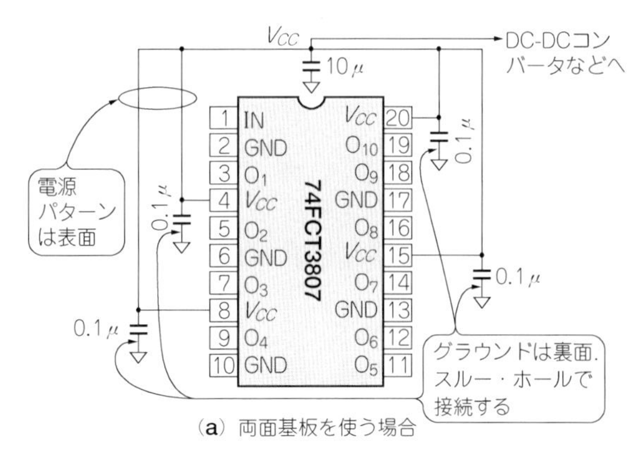

(a) 両面基板を使う場合

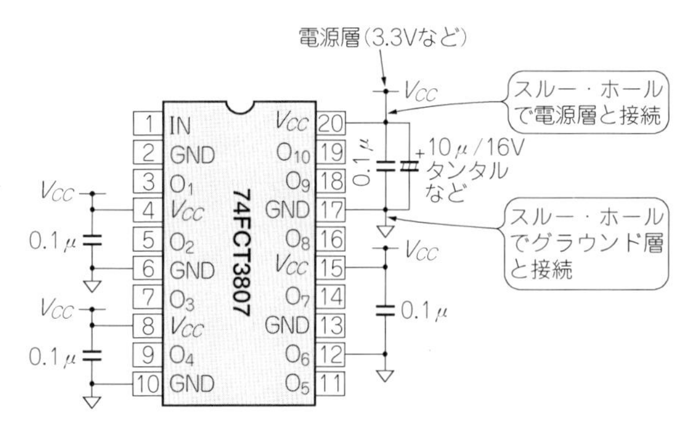

(b) 多層基板を使う場合

写真7-2に示すチップをプリント基板にたとえると，20ピンが電源供給用のコネクタに，10ピンが大元のグラウンドに相当します．一般に，プリント基板の電源供給コネクタ周辺には，100μ～330μFの比較的容量の大きな電解コンデンサと並列に0.1μF程度のセラミック・コンデンサを接続します．

74FCT3807のデータシートは，**写真7-2**に示す最も大きな電源パッドがつながる20ピンの直近に，10μF程度のパスコンを置くように指示しています．

両面基板の場合は，給電部からまず10μFのコンデンサに電源が供給され，ここと各V_{CC}端子は表面のパターンで接続しますから，これらのパターンのインダクタンスの影響を回避できません．

アプリケーション・ノート[23]には次のように説明されています．

(1)デバイス1個当たり1個のタンタル・コンデンサまたは電解コンデンサを接続する．容量の目安は10μ～50μF

〈図7-27〉パスコンが先かICが先か

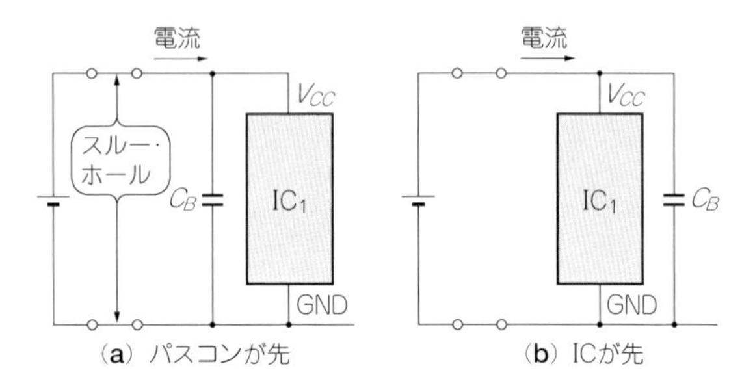

(a) パスコンが先　(b) ICが先

〈図7-28〉図7-26の等価回路

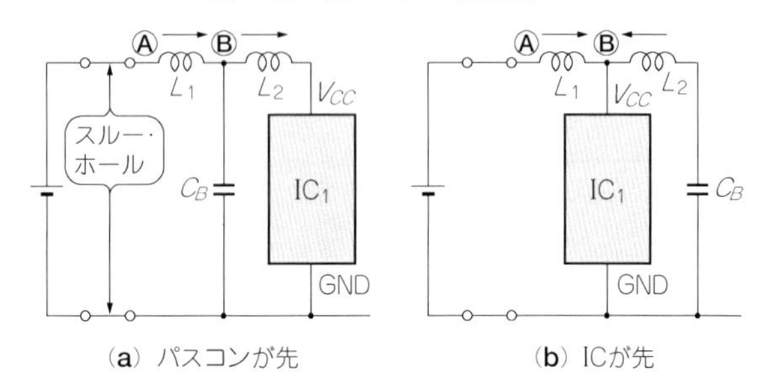

(a) パスコンが先　(b) ICが先

〈図7-29〉回路図でもパスコンの実装位置を明示しよう

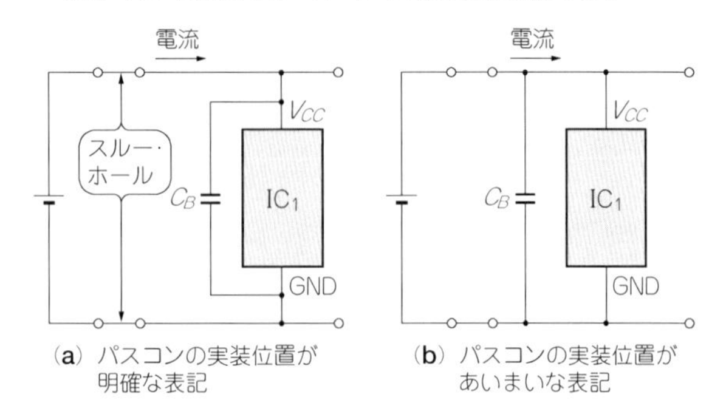

(a) パスコンの実装位置が明確な表記　(b) パスコンの実装位置があいまいな表記

(2) 各V_{CC}ピンに積層セラミック・コンデンサを加える．0.1 μ Fで十分である
(3) パスコンはV_{CC}ピンのできるだけ直近に配置し，基板裏面のグラウンド面と接続する
(4) パスコンとIC間にできるV_{CC}-グラウンド・ループが最小になるよう配線は最短にする
(5) デバイスの負荷の大きさに合わせてパスコンの容量を決める．所要の周波数範囲内で要求されるスイッチング電流を供給できなくてはならない

最近は高速のCPUなど瞬時に大電力を必要とするデバイスが増えており，積層セラミック・コンデンサだけでは容量が不足気味です．そこで，容量が大きく(数十μF)比較的周波数特性が良いタンタル・コンデンサなどを追加するケースが増えています．

図7-26(b)は，多層基板を使う場合に推奨するパスコン実装方法を示しています．多層基板なので，スルー・ホールを使って電源層やグラウンド層と最短で接続できるので，配線によるインダクタンスの影響を軽減できます．

● パスコンが先かICが先か

両面基板，多層基板に限らずパスコンを実装する場合，**図7-27**に示す二つの方法が考えられます．どちらもパスコンとIC間は最短で配線されています．電源のスルー・ホールからパスコンを通ってICの電源端子に入るか，ICの電源端子を通ってパスコンに入るかの違いです．さて，どちらのほうがパスコンの効果をうまく引き出せるでしょうか．

パターンのインダクタンスを書き入れて，**図7-28**のように書き換えてみましょう．**図7-28(a)**は，給電部側から流れ込んだ電流はL_1を通っていったんC_Bに蓄えられ，L_2を通ってICに供給されます．給電部の電圧変動もIC_1のスイッチングよる電流変動もC_Bが補います．給電部とIC_1はC_Bによって効率良く分離(デカップリング)されます．一方，**図7-28(b)**では，IC_1は給電部の電圧変動をまともに受け，スイッチング電流も給電部に漏れます．C_BはL_2が邪魔になってうまく機能することができません．

これらの理由からパスコンは電源の供給源側につけるのが基本です．

回路図でパスコンの実装位置を指示するときは，**図7-29(a)**のように明確に表記しましょう．**図7-29(b)**のように描くと，端子の直近に実装するものなのかどうかはっきりしません．

第8章
配線インダクタンスの低減方法
～ICに安定な電源を供給するために～

パスコンは電源を安定化しノイズを低減するための重要な部品ですが，せっかく苦労して選んでも，実装位置が不適切だったり，パスコンとICまでのプリント・パターン設計が悪いと，その効果は台無しになります．これは，プリント・パターンのインピーダンスがゼロではないからです．

本章では，ディジタル回路におけるプリント・パターンの形状とそのインピーダンスについて説明しましょう．

8.1 プリント・パターンのインダクタンス成分に注目

● プリント・パターンは抵抗とインダクタンスで表せる

図8-1に，ディジタルICとパスコンとの接続のようすを示します．図に示すようにプ

〈図8-1〉ディジタルICとパスコン間のプリント・パターンは抵抗とインダクタンスで表される

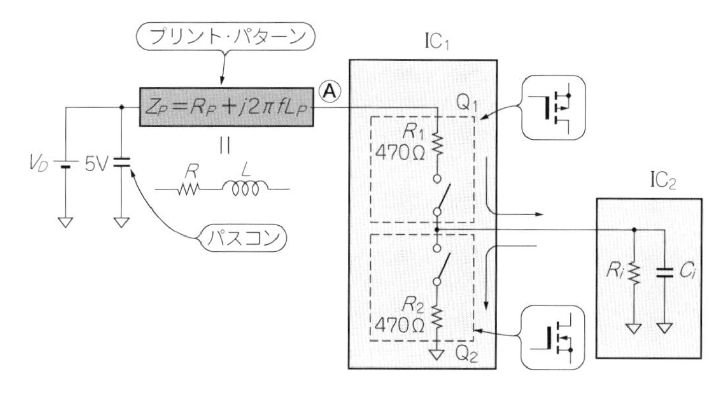

リント・パターンのインピーダンスZ_Pは，直流抵抗をR_P［Ω］，インダクタンスをL_P［H］とすると，

$$Z_P = R_P + j2\pi f L_P \quad \cdots\cdots (8-1)$$

で表されます．fはプリント・パターンを伝播する信号の周波数です．

ここで，オン時に流れる電流をI_{on}，供給電源の電圧をV_D［V］とすると，IC_1の電源端子V_{DD}の電位V_{DD1}［V］は次式で求まります．

$$V_{DD1} = V_D - Z_P I_{on} = V_D - (R_P + j2\pi f L_P) I_{on} \quad \cdots\cdots (8-2)$$

式(8-1)はプリント・パターンのインピーダンスが大きいと，IC_1内のMOSFETのON/OFFに同期してIC_1のV_{DD}端子の電圧が低下し，誤動作する可能性があることを意味しています．

Q_1がON/OFFを繰り返さず，ON状態が続く場合は，プリント・パターンに流れる電流I_{on}は直流となり，式(8-2)中のインダクタンス成分L_Pは無視できます．しかし，実際にはディジタルICは高速にON/OFFを繰り返しており，周波数の高い電流がプリント・パターンを流れますから，式(8-2)のL_Pによるインピーダンス成分$2\pi f L_P$が増大し無視できなくなります．

● 直流抵抗を下げるだけなら簡単だが…

図8-2に示す幅W［m］，厚みt［m］，長さℓ［m］のプリント基板の直流抵抗R_Pは，銅の固有抵抗をρ［Ωm］とすると，

$$R_P = \rho \frac{\ell}{Wt} \quad \cdots\cdots (8-3)$$

で求まります．プリント・パターンの抵抗は，長さに比例し幅と銅箔の厚みに反比例します．$W = 1$ mm，$t = 35$ μm，$\ell = 1$ cm，$\rho = 1.73$ μΩcmとすると，

〈図8-2〉プリント・パターンの構造と直流抵抗値

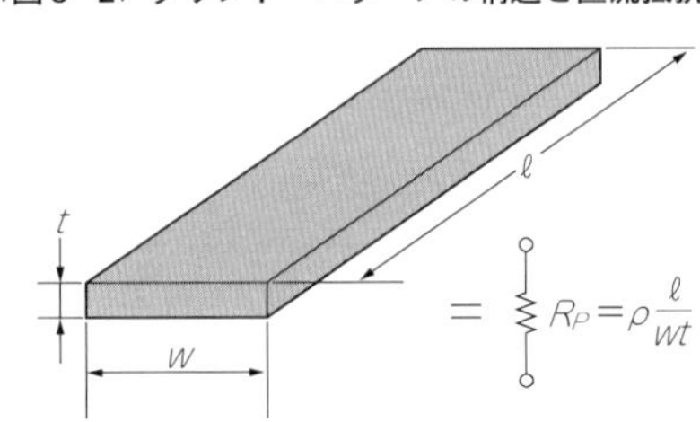

$$R_P = 4.94 \times 10^{-3}\,\Omega$$

となります．パターン幅を5 mmに広げると，

$$R_P = 0.99 \times 10^{-3}\,\Omega$$

と1/5になります．長さを0.5 cmに短くすると，

$$R_P = 2.47 \times 10^{-3}\,\Omega$$

と半分になります．このように，プリント・パターンの直流抵抗は配線長を短く，配線幅を太くすれば容易に小さくできます．

しかし，前述のようにプリント・パターンを抵抗として扱えるのは周波数の低い信号が伝播するときだけです．これまで見てきたように，高速に動作するディジタル回路のプリント・パターンには周波数の高い信号が伝播しますから，直流抵抗だけでなくプリント・

データシートの推奨パターンを鵜呑みにしない

図8-Aに示すのは，あるアプリケーション・ノートに掲載されているインバータICの推奨パターン図です．IC直下には大きなグラウンド・パターンが描かれています．こうすることで，リード・フレームとグラウンド間の結合が強まりますから，ICの表面から外部に出るノイズを低減できるでしょう．

しかし，パスコンC_BとIC下のパターンおよびICのグラウンド端子に至る配線などはとても細く描かれています．このパターンにはIC内のMOSFETのON/OFFに同期した大きなスイッチング電流が流れますから，ICの電源端子やグラウンド端子の電位が変動して誤動作しかねません．

これらのパターンは，できるだけ太く，そして短くしてインピーダンスを下げておく必要があります．

〈図8-A〉ディジタルICのデータシートにある推奨プリント・パターン例

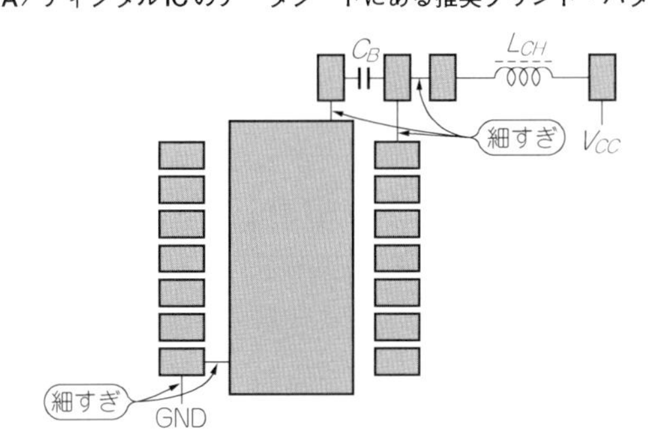

パターンのインダクタンス成分を低減することが重要です．それには，単に配線を短くしたり配線幅を太くするだけではなく，プリント・パターンどうしの影響や電流の向きなどに注意が必要です．

8.2　2種類のインダクタンス

高周波信号に対するプリント・パターンのインピーダンスは，コイルと同様にインダクタンスで表現できます．ここではコイルの基本動作とコイルに生じるインダクタンスについて解説します．

● 自己インダクタンス

図8-3に示すように，コイルに電流を流すとコイルの内側に磁束が発生します．ここでスイッチSWをOFFすると，コイルの両端に大きな電圧が発生します．これを誘導起電力と言います．誘導起電力は磁束の変化を妨げる方向に生じ，その大きさはコイルを貫通する磁束の数の時間変化に比例します．図の場合，SWがOFFした後，消えようとする磁束を増やすような向き，つまり下向きの磁束が発生するように起電力が生じます．

コイルに流れる電流i_Lの時間的な変化di_L/dtと起電力v_Lには，次のような関係があります．

$$v_L = L_S \frac{di_L}{dt} \qquad (8\text{-}4)$$

この比例定数L_Sを自己インダクタンスと呼びます．単位はHです．

〈図8-3〉[24]
コイルに流れる電流と磁束のようす

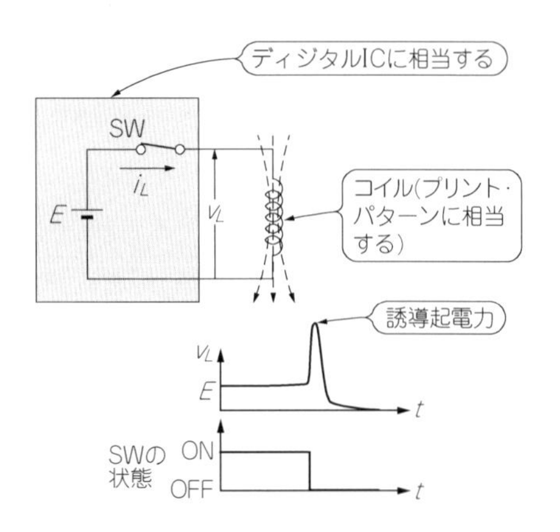

● 相互インダクタンス

図8-4に示すように，二つのコイルAとBを並べるとコイル間にインダクタンスが発生します．

図において，コイルAの電流を変化させると，コイルAに同期した電圧がコイルBに発生します．コイルAに流れる電流i_Aの時間的な変化di_A/dtとコイルBに生じる起電力v_Mには，次のような関係があります．

$$v_M = M\frac{di_A}{dt} \quad \cdots\cdots (8\text{-}5)$$

この比例定数Mを相互インダクタンスと呼びます．単位はHです．

8.3 空中の銅線に生じるインダクタンス

● 1本の銅線に生じるインダクタンス

図8-5に示す1本の銅線の自己インダクタンスL_S［H］は次式で表されます．

$$L_S = 2\,\ell\left(\ln\frac{2\,\ell}{a} - 1\right)\times 10^{-7} \quad \cdots\cdots (8\text{-}6)$$

ただし，ℓ：導体の長さ［m］，a：導体の半径［m］

例えば，導体の長さが100 mm，導体半径が0.2 mmの線材の自己インダクタンスは，

$$L_S = 2\times 100\times 10^{-3}\left(\ln\frac{2\times 100\times 10^{-3}}{0.2\times 10^{-3}} - 1\right)\times 10^{-7} \fallingdotseq 118\ \text{nH}$$

と求まります．導体の長さを50 mmに短縮すると自己インダクタンスは52.1 nHに減少し

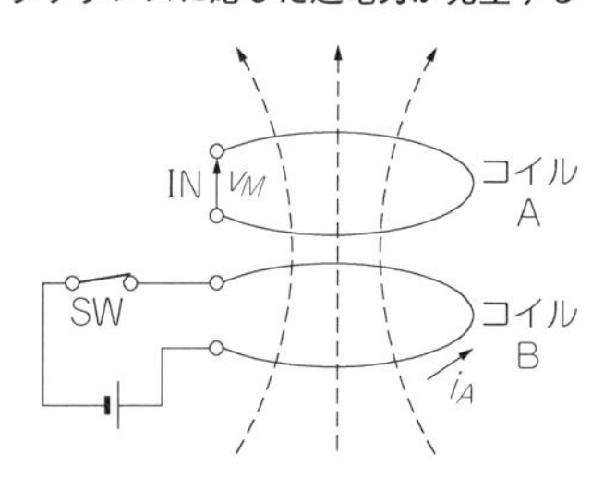

〈図8-4〉[24] 二つのコイル間に存在する相互インダクタンスに応じた起電力が発生する

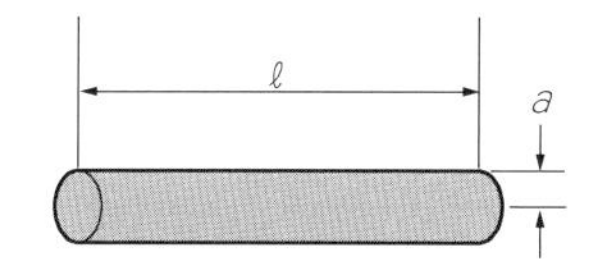

〈図8-5〉1本の銅線の実効インダクタンスは？

ます．

長さ100 mm，導体半径が2 mmの銅線の自己インダクタンスを求めると，

$L_S \fallingdotseq 72.1$ nH

と求まります．導体の長さを半分にしたときと太さを10倍にしたときのインダクタンスを比較すると，長さを半分にしたときのほうが，インダクタンスの低減量は約20 nHも大きいことがわかります．

図8-6に，銅線の長さとインダクタンスの実測データを示します．①で示す線がϕ 0.4 mmの銅線の自己インダクタンス特性で，電線長が100 mmのときの自己インダクタンスは約120 nH，50 mmでは約51 nHと読み取れます．計算結果とよく合います．

● 2本の平行銅線に生じるインダクタンス

図8-7に示す平行して置かれた2本の銅線のIN端子から見たインダクタンスL_{eff}［H］は，銅線AとBの自己インダクタンスL_{SA}［H］，L_{SB}［H］と銅線A‐B間に生じる相互インダクタンスM［H］から求まります．

L_{eff}は2本の銅線に流れる電流の向きによって値が変わります．電流の向きが逆方向のとき［**図8-7(a)**］は，

$$L_{eff} = L_{SA} + L_{SB} - 2M \qquad (8\text{-}7)$$

で，同じ方向のとき［**図8-7(b)**］は，

〈**図8-6**〉[25] **各種直線導体の実測の自己インダクタンス**

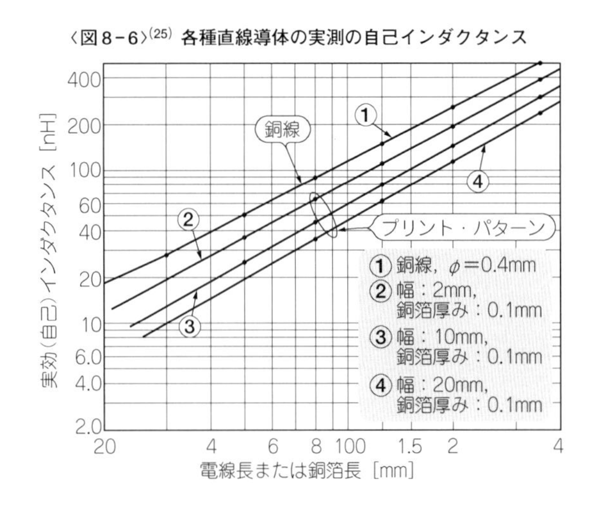

$$L_{eff} = \frac{L_{SA} L_{SB} - M^2}{L_{SA} + L_{SB} - 2M} \quad \cdots\cdots (8\text{-}8)$$

で表されます．式(8-7)と式(8-8)は，電流が逆方向に流れている場合はMが大きいほどL_{eff}は小さくなり，同一方向に流れている場合はMが大きくなるほどL_{eff}は大きくなることを意味しています．

相互インダクタンスMは次式で求まります．

$$M = 2\ell\left(\ln\frac{2\ell}{d} - 1\right) \times 10^{-7} \quad \cdots\cdots (8\text{-}9)$$

式(8-6)と式(8-9)の自然対数lnの分母を比べるとわかるように，自己インダクタンスは導体半径aが大きいほど小さくなりますが，相互インダクタンスは導体間の間隔dが大きいほど小さくなります．

長さが100 mm，導体半径が0.2 mmの2本の銅線が1 mm離れて置かれているときのL_{eff}を求めてみましょう．相互インダクタンスMは，式(8-9)から，

$$M = 2 \times 100 \times 10^{-3} \times \left(\ln\frac{2 \times 100 \times 10^{-3}}{1 \times 10^{-3}} - 1\right) \times 10^{-7} \fallingdotseq 86\ \mathrm{nH}$$

と求まります．

銅線1本当たりの自己インダクタンスは118 nHですから，電流の向きが逆方向の場合は式(8-7)から，

$$L_{eff} = 118 + 118 - 2 \times 86 = 64\ \mathrm{nH}$$

と求まります．同一方向の場合は式(8-8)から，

〈図8-7〉平行に置かれた2本の銅線の実効インダクタンスは？

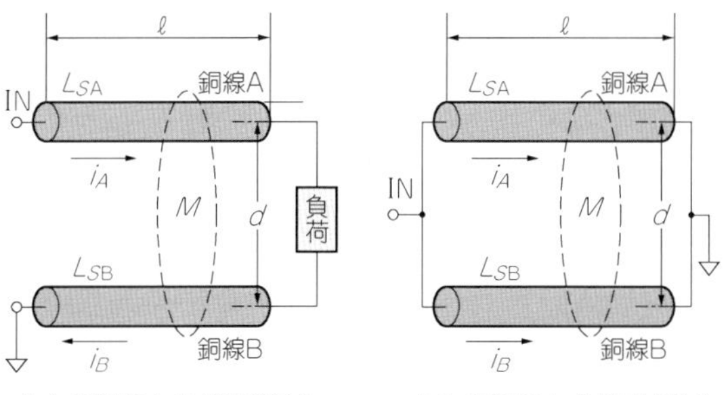

(a) 電流の向きが逆の場合　(b) 電流の向きが同じ場合

$$L_{eff}=\frac{118\times118-86^2}{118+118-2\times86}\fallingdotseq 102\,\mathrm{nH}$$

と求まり，同一方向に電流が流れるときのほうが，逆に流れるよりもインダクタンスが大きいことがわかります．

これは，1本の線材で配線されている信号線のインピーダンスを下げるために，複数の線材を平行に近接して置く方法は，インダクタンスが増大し逆効果であることを意味しています．

なおL_{eff}を実効インダクタンスと呼び，銅線が1本の場合は，式(8-3)に示す自己インダクタンスL_Sそのものが実効インダクタンスL_{eff}になります．

● 現場でよく見る誤ったインダクタンス低減法

電流が同一方向に流れる信号線のインダクタンスを下げる方法として，次に示すのは正しいでしょうか？

①電源のインダクタンスを下げるために複数の線材を束ねる

②フレーム・グラウンドのインダクタンスを低減するために，多層基板の各層に同一形状のプリント・パターンを描いてスルー・ホールで接続する

③層間のインダクタンスを低減するために，複数のスルー・ホールを近接して置く

④コネクタの端や中央付近にグラウンド端子を集合して配置する

式(8-7)からわかるように，①～④はいずれも相互インダクタンスおよび実効インダクタンスが増加する間違った処理例です．

8.4　プリント・パターンの形状と実効インダクタンス

プリント・パターンのインダクタンスは，その幾何学的な形状によって決まります．ここでは，プリント・パターンの形状と実効インダクタンスの増減傾向について解説します．

● 1本のプリント・パターン

図8-8に示すのは，基板の表面に配線幅W［m］，長さℓ［m］の信号線があり，裏面がベタ・グラウンドになっているプリント基板です．この信号線の単位長さ当たりの実効インダクタンスL_{eff}［H］は次に示す近似式で求まります．

$$L_{\text{eff}} = \frac{\mu_0}{2\pi}\left(\ln\frac{5.98\,h}{0.8\,W+t}+\frac{\ell}{4}\right) \cdots\cdots (8\text{-}10)$$

ただし，μ_0：真空中の透磁率（$4\pi\times10^{-7}$）［H/m］，h：配線とグラウンド面までの距離［m］，W：配線幅［m］，t：配線の厚み［m］

この式から，信号線とグラウンド面までの距離，つまり基板の厚みを薄くすればインダクタンスは小さくなることがわかります．

図8-6に，プリント・パターンの長さ，幅，厚みを変えながら測定した実効インダクタンスの変化を示します．実測データからも同様な傾向があることがわかります．

裏面のベタ・グラウンドと信号パターン間にも相互インダクタンスは生じており，ベタ・グラウンドの信号パターンの真下の部分に信号パターンの電流と逆向きに電流が流れます．これが基板の厚みを薄くすると実効インダクタンスが小さくなる理由です．

● 2本のプリント・パターン

図8-9は，表面に2本の信号線があり，裏面がベタ・グラウンドのプリント基板です．二つの配線間には相互インダクタンスが生じます．

配線幅を W［m］，間隔を d［m］とすると，相互インダクタンスは次式で求まります．

$$M = \frac{\mu_0\ell}{2\pi}\left\{\ln\left(\frac{2u}{1+v}\right)-1+\frac{1+v}{u}-\frac{1}{4}\left(\frac{1+v}{u}\right)^2+\frac{1}{12(1+v)^2}\right\} \cdots\cdots (8\text{-}11)$$

ただし，$u=\ell/\mathrm{W}$，$v=2d/W$

図8-10は，式(8-11)よりも精度の高い近似式を使って，隣接した二つのプリント・パターンの単位長さ当たりの相互インダクタンスをグラフ化したものです．図からわかるように，パターン間の距離 d が小さいほど M は大きくなります．

〈図8-8〉[26] 1本のプリント・パターンの実効インダクタンスは？

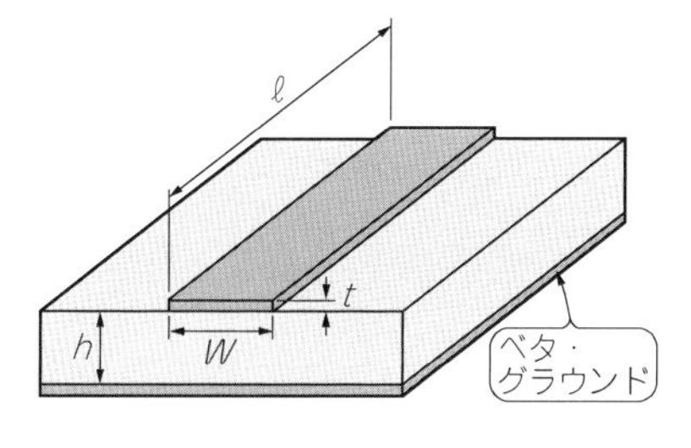

〈図8-9〉[26] 2本のプリント・パターンの実効インダクタンスは？

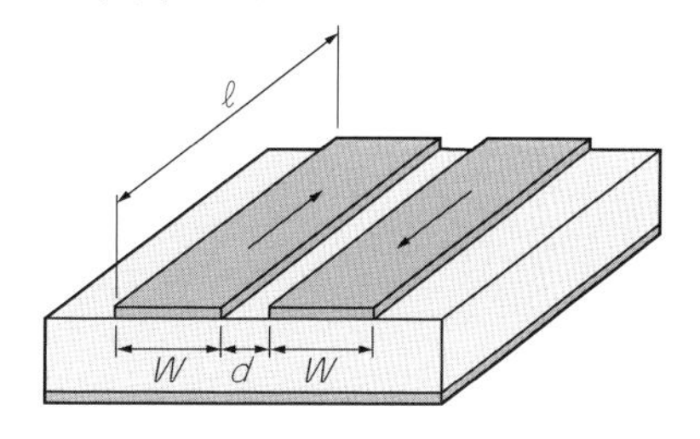

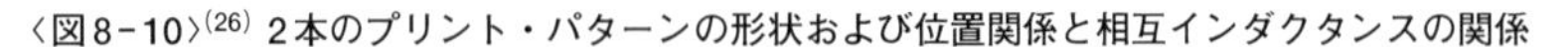
〈図8-10〉[26] 2本のプリント・パターンの形状および位置関係と相互インダクタンスの関係

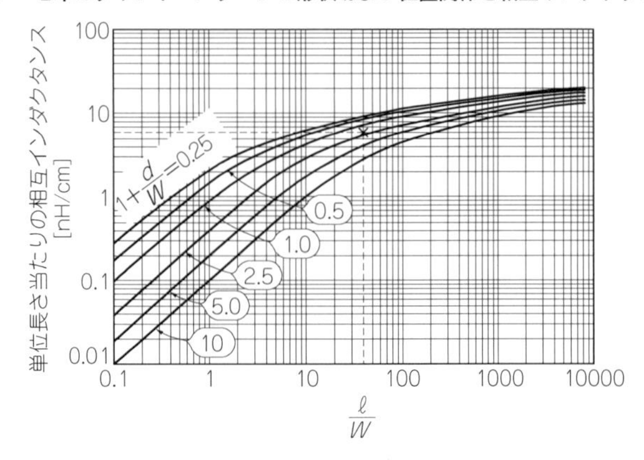

実効インダクタンスは，式(8-7)(8-8)と同様に二つのパターンに流れる電流の向きによって異なります．向きが同じ場合は配線どうしを遠ざけ，逆の場合は近づけたほうが実効インダクタンスは小さくなります．

8.5　プリント・パターンのインダクタンスと電圧変動

● 信号の周波数と配線インピーダンス

インダクタンスは，周波数の高い信号に対して大きなインピーダンスを示し電流の流れを妨げます．

プリント・パターンのインダクタンスをL_1 [H]，インピーダンスをZ_L [Ω]，角周波数をω [rad/s] とすると，

$$Z_L = \omega L_1 \quad \cdots\cdots (8\text{-}12)$$

$$\omega = 2\pi f \quad \cdots\cdots (8\text{-}13)$$

と表されます．例えばインダクタンスが10 nHのプリント・パターンは，周波数が30 MHzの信号に対して，

$$Z_{L30M} \fallingdotseq 2 \times 3.14 \times 30 \times 10^{6} \times 10 \times 10^{-9} = 1.89\ \Omega$$

のインピーダンスを示します．これが1 GHzの信号に対しては，

$$Z_{L1G} \fallingdotseq 2 \times 3.14 \times 1 \times 10^{9} \times 10 \times 10^{-9} = 62.8\ \Omega$$

となります．

これまで見てきたように，電源ラインやグラウンド・プレーンを含む基板上のすべてのプリント・パターンはインダクタンスの塊です．IC周辺には**図8-11**に示すような高周波成分をもった電流が流れていますから，パスコンとICの電源端子やグラウンド端子間のパターンは，太く短く描いてインピーダンスを下げることがとても重要です．

● プリント・パターンに生じる誘導起電力

インダクタンスL_i［H］のプリント・パターンを伝播する電流が時間t［s］にi［A］変化すると，プリント・パターンの両端には，

$$|V| = L_i \frac{di}{dt} \text{ V} \quad \cdots\cdots (8\text{-}14)$$

の電圧が発生します．

例えば，パスコンとIC間のプリント・パターンの幅が2 mm，長さが100 mmとして（$L_S = L_{eff} = 102$ nH），ここに30 mAの電流が2 ns間で流れると，

$$|V| = 102 \times 10^{-9} \times \frac{30 \times 10^{-3}}{2 \times 10^{-9}} \fallingdotseq 1.53 \text{ V}$$

の電圧が発生します．このプリント・パターンの長さを10 mmに短縮すると，実効インダクタンスは5.7 nHに低減し，

$$|V| \fallingdotseq 0.086 \text{ V}$$

となります．

この結果からICを安定に動作させるために，プリント・パターンのインダクタンスの低減がいかに重要かが理解できます．

〈**図8-11**〉**ディジタルIC周辺のプリント・パターンに流れる電流**（実験回路は第7章の図7-17を参照）

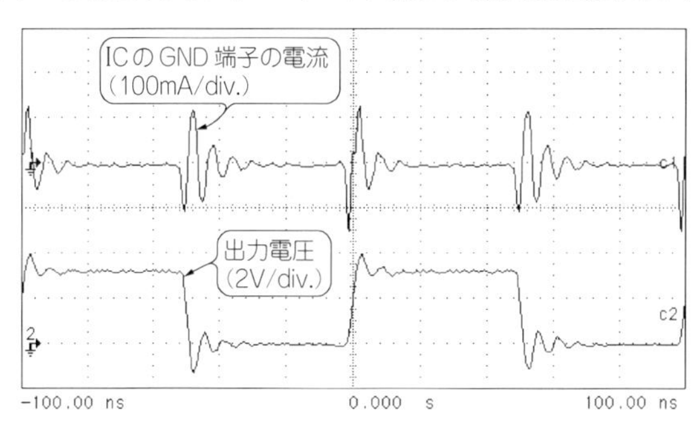

8.6　パスコン-電源端子間の距離と電源電圧変動

プリント・パターン1本当たりの自己インダクタンスは高くても，他のプリント・パターンや電源層，グラウンド層などとの相互インダクタンスを大きくすれば，実効インダクタンスを低減できます．ここでは，実験でこの現象を確認します．

● 基板を作って実験してみる

図8-12に示す実験回路で，ロジックIC-パスコン間のプリント・パターンのインダクタンス成分の影響を調べます．図に示すように，ICの電源端子から3 mmと10 mmの距

IBISモデルとは

IBIS(アイビス)(I/O Buffer Information Specification)とは，I/Oバッファの挙動をASCIIテキスト・フォーマットで記述するためのANSI/EIA-656規格の名称です．

I/OバッファのIBISモデルの作り方は次のとおりです．

まず，I/Oバッファの出力電圧と出力電流の特性から，出力Lレベルと出力Hレベルのそれぞれについて，出力電圧および出力電流の特性点を100点取り出し，これをASCIIフォーマットで記述します．特性点は出力電圧100 mVごとに拾います．グラフにすれば，**図8-B**のような曲線になります．

次に，**図8-C**に示すバッファ・ブロック図のダイ容量C_compとパッケージのR，L，Cを記述します．

〈図8-B〉74HC04(東芝)の出力電圧-出力電流特性例

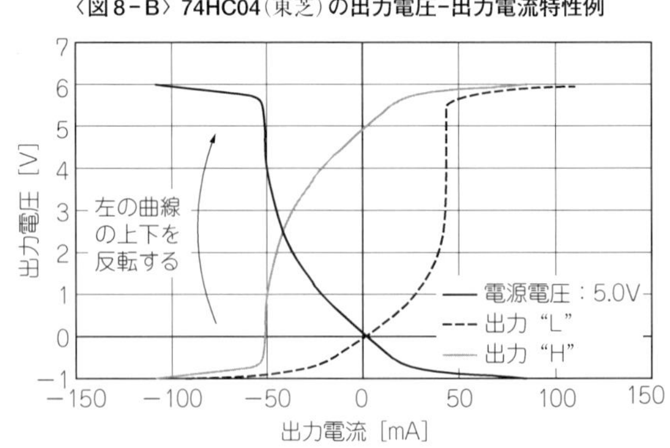

離に二つのパスコン C_{B1} と C_{B2} を実装して，ICの電源端子またはグラウンド端子とパスコン間の電圧がどのように変化するかを調べます．使用したロジックICは74LV04と74LVC04で，電源電圧は3.3 Vです．

写真8－1に実験基板の外観を示します．プリント・パターンのインダクタンスの影響を調べるにあたって，発振器からロジックICへの信号の供給線や，ロジックICの端子のインダクタンスが影響すると正しい測定ができません．そこで実験基板には次のような工夫を施しました．

入力信号は水晶発振器の出力(10 MHz)を直接ゲートに入力します．パルス・ジェネレータで信号を供給する方法もありますが，ケーブルを試験基板にぶら下げると測定値に影

最後に，プルアップ，プルダウンの両抵抗負荷における出力信号の立ち上がり時間と立ち下がり時間を，出力電圧振幅の20%と80%値で記述します．

この記述は，伝送波形解析に必要な最低限の電気的特性を示しており，SPICEモデルのようにチップの製造プロセスを推測できるような記述をしないため，半導体メーカがデータを公表し易い特徴があります．LSIなどの電源電流特性の評価には精度が不足しますが，信号の伝送波形解析(シミュレーション)にはたいへん有効です．〈**吉田　宏**〉

〈**図8－C**〉**CMOSバッファのIBISモデルの構成**

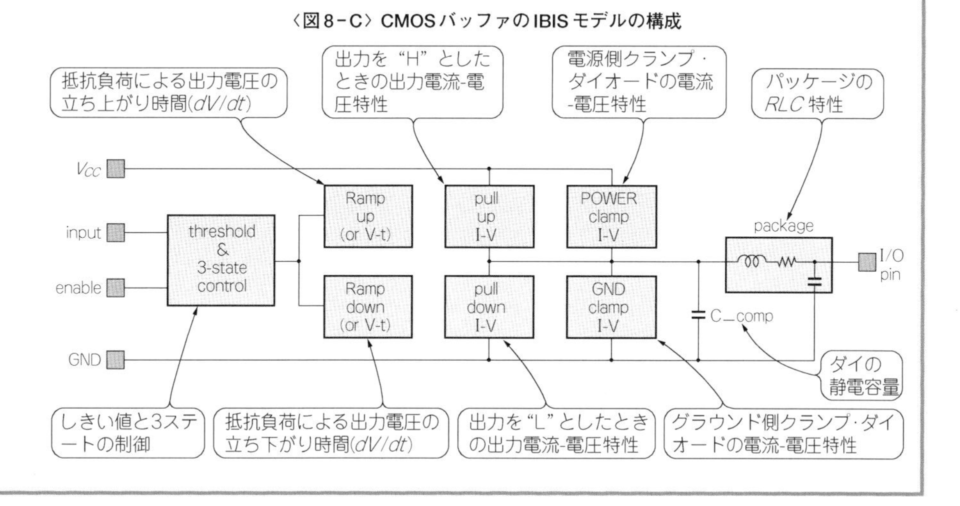

響する可能性があります．

写真8-1に示すように，配線やICの端子の自己インダクタンスができるだけ小さくなるよう，ICの端子を上側に折り曲げてめっき線で直接はんだ付けします．

図8-13に実験基板のプリント・パターンの形状を示します．ICの電源は**図8-13(a)**の左側から供給します．基板の電源供給口にはコモン・モード・チョーク・コイル

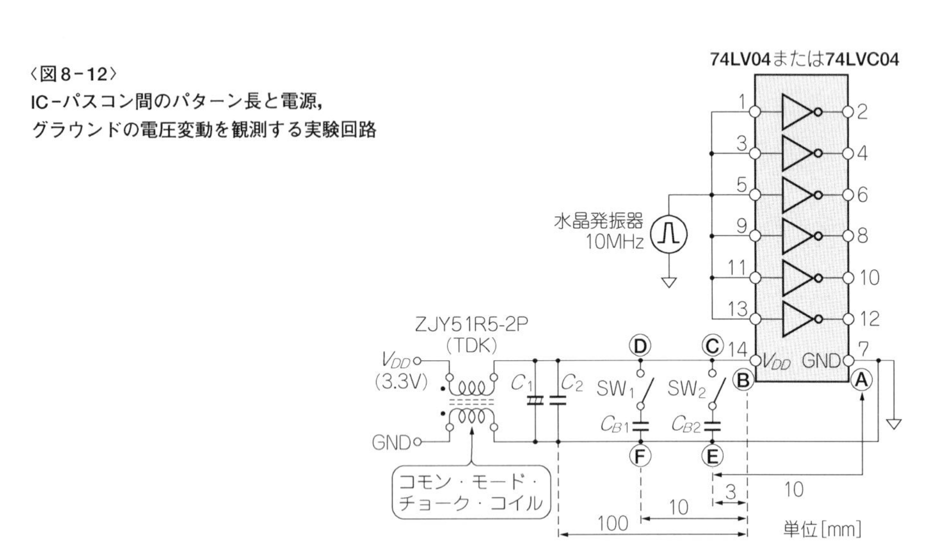

〈図8-12〉
IC-パスコン間のパターン長と電源，グラウンドの電圧変動を観測する実験回路

〈図8-13〉 **実験基板①の形状**

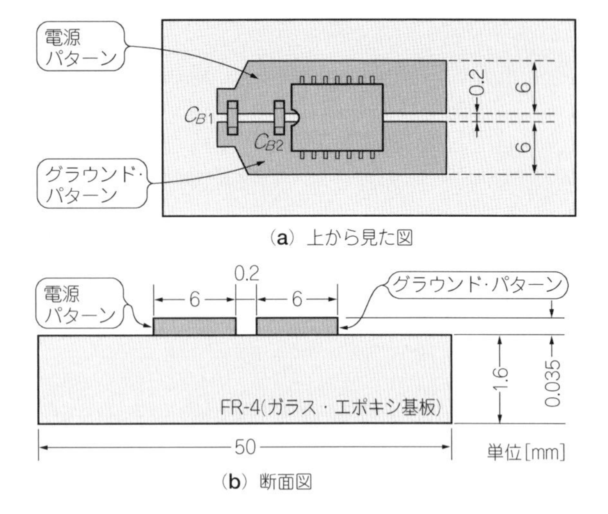

ZJY51R5-2P(TDK)を挿入し，電解コンデンサと積層セラミック・コンデンサを並列に接続してリードの影響を低減しました．

● 測定の方法

図8-12に示した点Ⓐ～Ⓕのポイントで波形を観測します．点ⒶはICのグラウンド端子でグラウンド・バウンスの測定基準点です．点ⒷはICの電源端子で電源バウンスの測定基準点です．点Ⓒは電源端子からパターンに沿って約3mm離れた場所にあるパスコンの電源側電極です．点Ⓓは電源端子から10mm離れた場所にあるパスコンの電源側電極

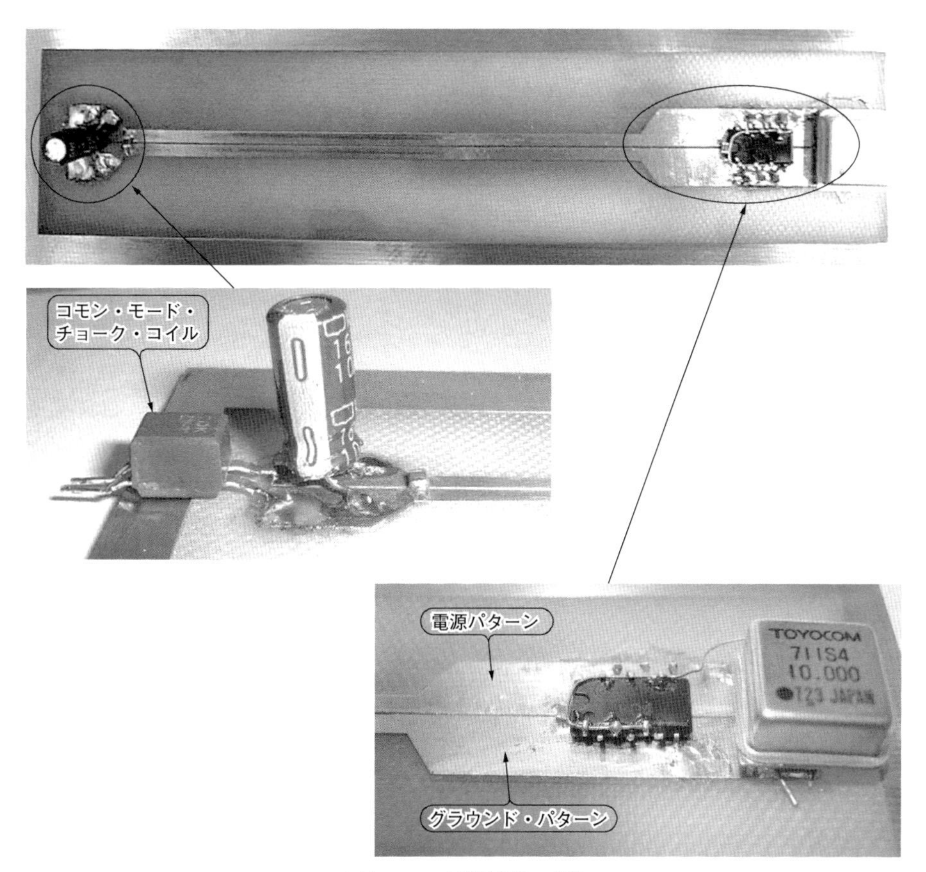

〈写真8-1〉 実験基板①の外観

〈図8-14〉
実験基板①の等価回路

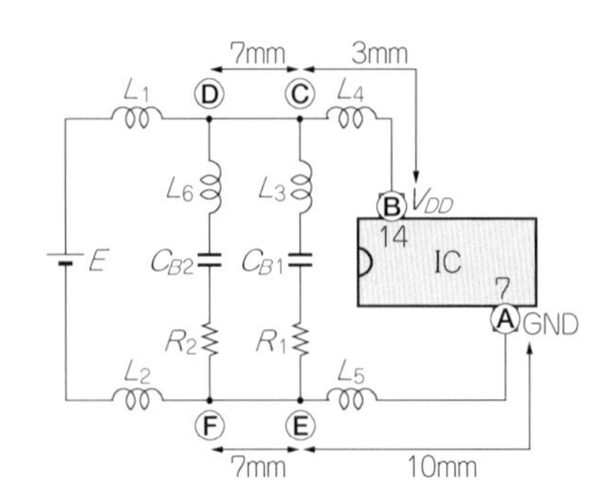

です．点Ⓔはグラウンド端子から10 mm離れた場所のパスコンのグラウンド側電極です．点Ⓕはグラウンド端子から17 mm離れた場所のパスコンのグラウンド側電極です．

写真8-1の実験基板を等価回路で表すと**図8-14**のようになります．グラウンド・パターンのインダクタンスの影響を見るには，ICのグラウンド端子にプローブのグラウンドを接続し，点Ⓔまたは点Ⓕにプローブを接続して電圧の変動を測定します．電源パターンのインダクタンスの影響を見るには，ICの電源端子にプローブのグラウンドを接続します．測定自体はとても簡単で，電圧レベルをオシロスコープで確認するだけですが，プローブのグラウンド・リードをできるだけ短くしないと測定誤差が発生します．

● 電源パターンが長いほど電源電圧変動が大きい

図8-15は，74LV04を無負荷で動作させたときの各ポイントの電圧変動です．ICの出力にコンデンサなどの負荷を接続するのが実情に合った実験法ですが，プリント・パターンのインダクタンスの影響を見るには電流が大きすぎて検討が難しくなるので無負荷で実験しました．無負荷でも，ICの内部に容量が存在するので，その充放電電流が流れます．

図8-15(a)の上段は電源端子を基準にして観測したパスコンC_{B1}における電圧変動，中段はC_{B1}よりさらに7 mm離れた位置にあるC_{B2}での電圧変動です．下段はICの出力です．なお，測定基準は電源ですから，実際の電圧変動の極性は図に示す波形と逆です．

上段と中段の波形を見ると出力の立ち上がりに同期して，電源からICに電流が流れ込み，点Ⓒと点Ⓓの電圧が変動しているのがわかります．

点Ⓒの電圧変動が約10 mVの上昇にとどまっているのに対し，点Ⓓの変動が約30 mVと大きいのは，電源パターンの実効(自己)インダクタンスの差が原因です．

〈図8-15〉実験基板①で測定した電源とグラウンドの電圧変動

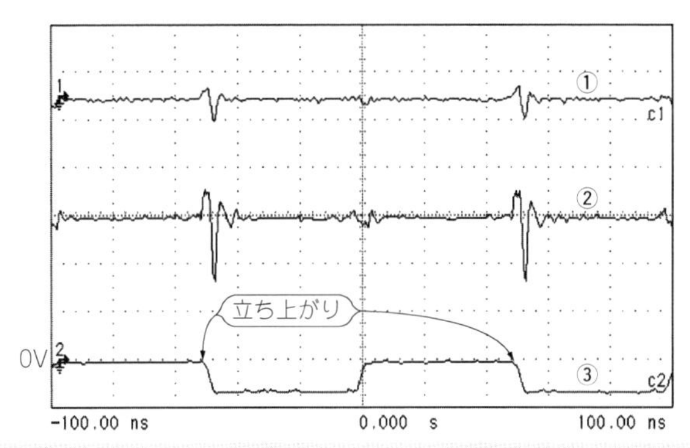

①電源ピンから3mmの距離にパスコンを実装したときの点Ⓑと点Ⓒ間の電圧（50mV/div.）
②電源ピンから10mmの距離にパスコンを実装したときの点Ⓑと点Ⓓ間の電圧（50mV/div.）
③出力信号．点ⒷとICの2番ピン間の電圧（5V/div.）

（a）電源側

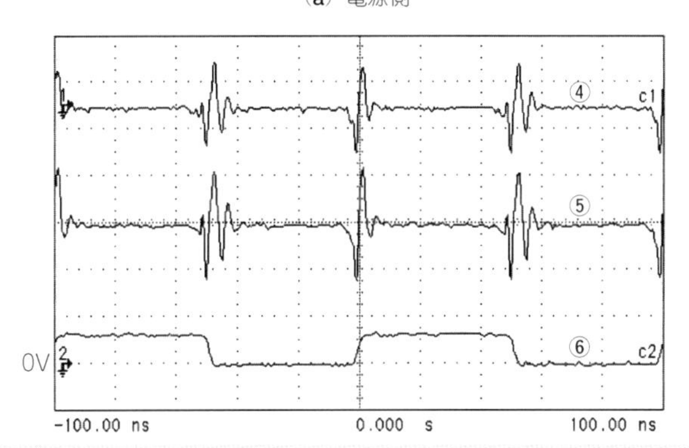

④ICのGNDピンから10mmの距離にパスコンを実装したときの点Ⓐと点Ⓔ間の電圧（50mV/div.）
⑤ICのGNDピンから17mmの距離にパスコンを実装したときの点Ⓐと点Ⓕ間の電圧（50mV/div.）
⑥出力信号．点ⒶとICの2番ピン間の電圧（5V/div.）

（b）グラウンド側

図8-15(**b**)は，ICのグラウンド端子（点Ⓐ）を基準にして，点Ⓔと点Ⓕの電圧変動を観測したものです．**図8-15**(**a**)と比較して全体的に振動が大きい理由は，パスコンとグラウンド端子の距離が電源端子より約7 mm大きいからでしょう．

8.7　実効インダクタンスと電源電圧変動

●　電源とグラウンド・パターンの距離を変えるとどうなるか

図8-16に示すように，電源パターンとグラウンド・パターンの間の距離を0.2 mm(**図8-13**)から5 mmに広げた基板を準備して電源とグラウンド端子の電圧変動を観測しました．インダクタンスの影響を観測しやすくするために，ロジックICは74LV04ではなく駆動力の大きい74LVC04に変更しました．

図8-17に測定結果を示します．電源，グラウンドともに，74LV04の結果(**図8-15**)に比べて電圧変動が約5倍に大きくなりました．

図8-13に示す基板でも実験基板②と同様に，電源とグラウンドの電圧変動が大きくなるようロジックICを駆動力の大きい74LVC04に変更します．

図8-13の基板は**図8-16**に示す基板に比べて，電源パターンとグラウンド・パターンの距離が小さいので，点Ⓑや点Ⓐから各パスコンまでのパターンの実効インダクタンスが小さいはずです．

図8-18に測定結果を示します．

図8-17と**図8-18**を比較するとわかるように，**図8-13**の基板のほうが電源，グラウンドともに電圧変動が小さくなっています．

〈図8-16〉電源パターンとグラウンド・パターンのギャップを大きくした実験基板②の形状

(a) 上から見た図

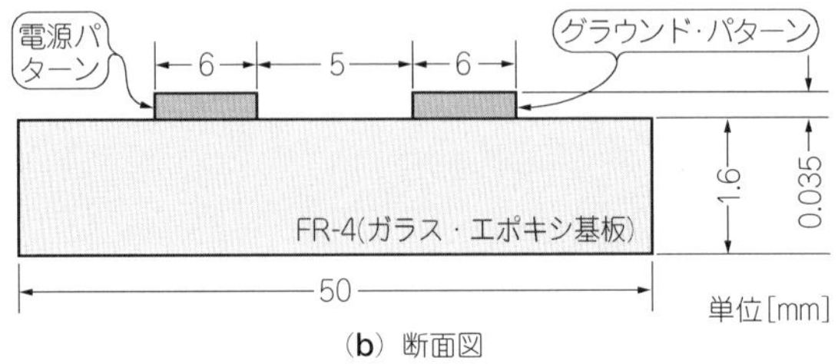

(b) 断面図

● 電源とグラウンドは近づけて配線する

図8-13と**図8-16**の基板を比較すると，パスコンと電源およびグラウンドのパターン幅はともに6mmで等しく，異なるのはパターン間のギャップだけです．この結果から，パターン間を小さくして相互インダクタンスを大きくすれば，実効インダクタンスが小さくなり，電源とグラウンドの電圧変動も少なくなることがわかります．両面基板において，電源パターンとグラウンド・パターンをできるだけ沿うように描く理由はここにありま

〈図8-17〉実験基板②で測定した電源とグラウンドの電圧変動(74LVC04使用)

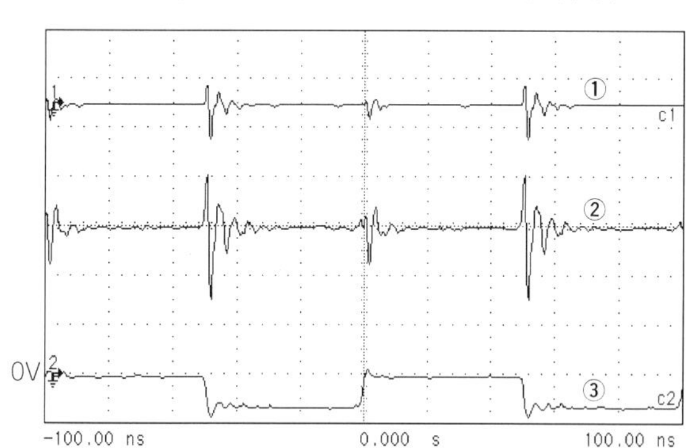

①電源ピンから3mmの距離にパスコンを実装したときの点Ⓑと点Ⓒ間の電圧(200mV/div.)
②電源ピンから10mmの距離にパスコンを実装したときの点Ⓑと点Ⓓ間の電圧(200mV/div.)
③出力信号．点ⒷとICの2番ピン間の電圧(5V/div.)

(a) 電源側

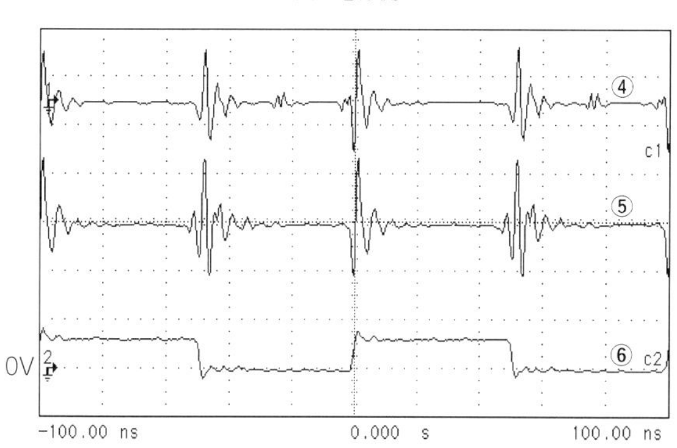

④ICのGNDピンから10mmの距離にパスコンを実装したときの点Ⓐと点Ⓔ間の電圧(200mV/div.)
⑤ICのGNDピンから17mmの距離にパスコンを実装したときの点Ⓐと点Ⓕ間の電圧(200mV/div.)
⑥出力信号．点ⒶとICの2番ピン間の電圧(5V/div.)

(b) グラウンド側

〈図8-18〉 実験基板①で測定した電源とグラウンドの電圧変動（74LVC04使用）

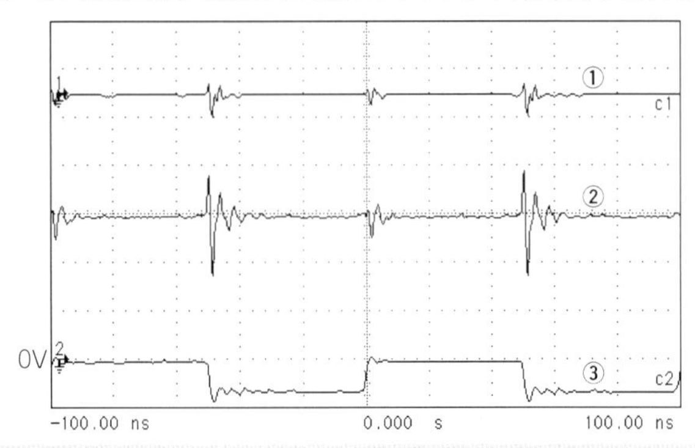

①電源ピンから3mmの距離にパスコンを実装したときの点Ⓑと点Ⓒ間の電圧（200mV/div.）
②電源ピンから10mmの距離にパスコンを実装したときの点Ⓑと点Ⓓ間の電圧（200mV/div.）
③出力信号．点ⒷとICの2番ピン間の電圧（5V/div.）

（a）電源側

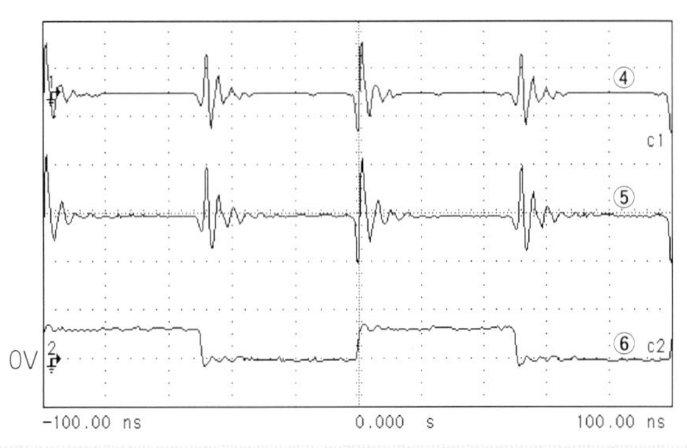

④ICのGNDピンから10mmの距離にパスコンを実装したときの点Ⓐと点Ⓔ間の電圧（200mV/div.）
⑤ICのGNDピンから17mmの距離にパスコンを実装したときの点Ⓐと点Ⓕ間の電圧（200mV/div.）
⑥出力信号．点ⒶとICの2番ピン間の電圧（5V/div.）

（b）グラウンド側

す．

多層基板でも同じようなことがいえます．つまり電源層，グラウンド層の間隔を小さくすればするほど，相互インダクタンスが大きくなって電圧変動が減少し，高速なディジタル回路の動作も安定化します．最近，電源層とグラウンド層間の厚みをどこまで薄くできるかが話題になっており，現時点でコストをそれほど上げずに50 μm程度まで実現できるようです．

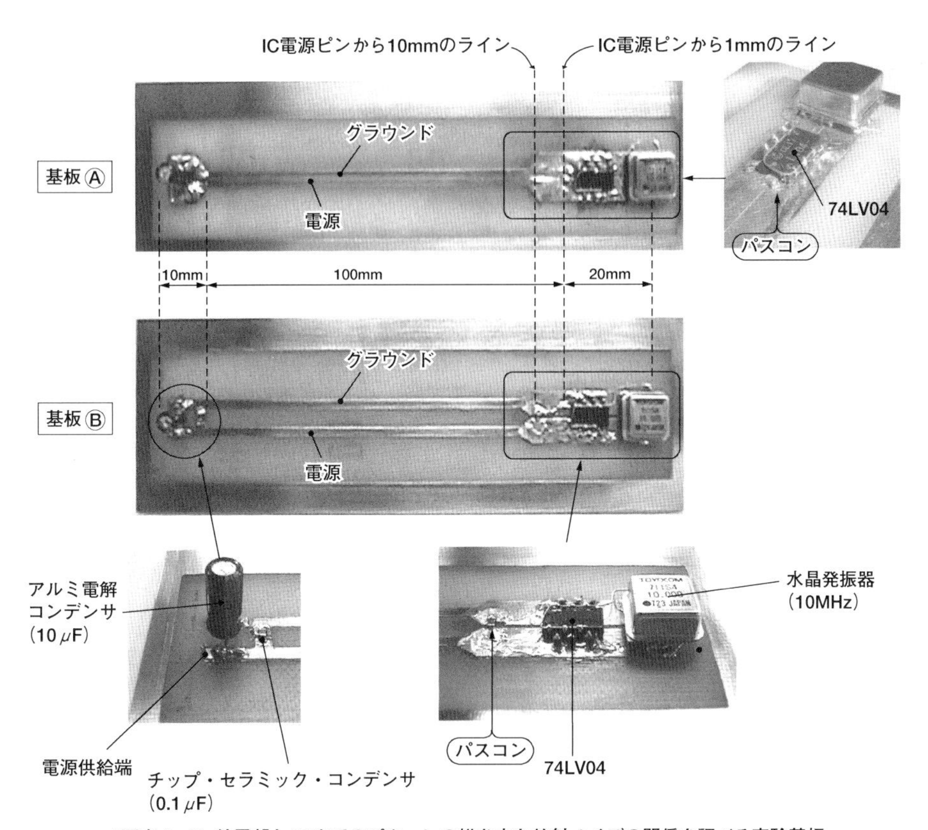

〈写真8-2〉給電部とICまでのパターンの描き方と放射ノイズの関係を調べる実験基板

8.8 電源とグラウンドのパターン間距離と放射ノイズ

片面基板を使い，給電部とIC間の距離が100 mmある場合を想定し，給電部とICまでのパターンの描き方の違いによって，放射ノイズがどのように変化するか，簡単な基板を作って実験してみましょう．

● 実験で検証する

写真8-2に製作した二つの基板の外観を示します．

基板Ⓐは**写真8-1**に示した基板と同じです．電源とグラウンドのパターン間を狭くしたまま電源-IC間を接続できた場合を想定しています．

基板Ⓑは，部品の実装の都合で電源とIC間のパターン間が広がってしまった場合を想定しています．基板Ⓐはループ面積が小さく，電源とグラウンド・パターンの実効インダクタンスが小さい基板，基板Ⓑはループ面積が大きく，実効インダクタンスの大きい基板です．

基板Ⓐの電源とグラウンド・パターン間の距離は0.2 mm，基板Ⓑは5 mmです．どちらもガラス・エポキシの片面基板で，パターン幅は電源，グラウンドとも2 mmです．使用するICは74LV04で，負荷容量は接続しません．パスコンはICの電源端子の直近に実装します．ICの右隣にある金属ケースは，10 MHzのパルス信号をIC入力に供給する発振モジュールです．

図8-19に放射ノイズを測定する電波暗室のようすを示します．暗室には，床面を除く面に電波吸収体があり，電波の反射をなくしています(床面では反射します)．ターン・テーブル上の木製の机に実験基板をのせて，ドロッパ電源から電源を供給します．アンテナから実験基板までの距離は3 m，アンテナの高さは1 mで固定します．

● パスコンの効果を確認

基板Ⓐをテーブルの上において，放射ノイズを測定したところ**図8-20**のような結果が得られました．

基本クロック周波数10 MHzの高調波成分は，ほとんど観測されませんでした．パスコンをICの直近に実装しており，IC，電源，グラウンドを流れる経路のループ面積がとても小さいからでしょう．

〈図8-19〉放射ノイズの測定方法

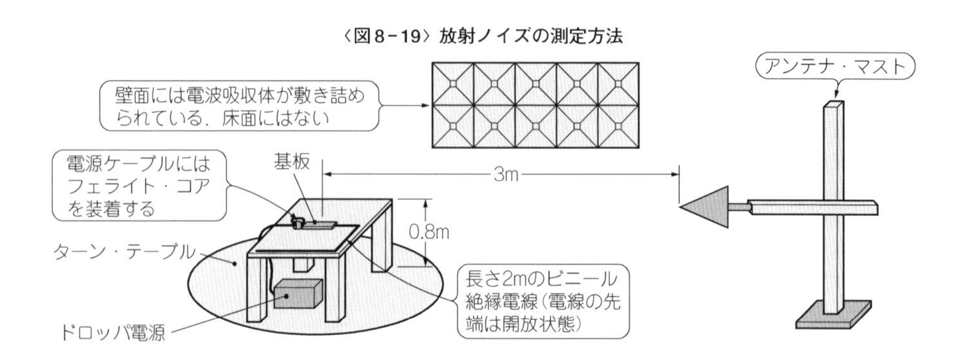

● ループ面積と放射ノイズ

では，基板Ⓐと基板Ⓑの放射ノイズの差を比較してみましょう．

図8-19に示すように，実験基板のグラウンドに2mのビニール電線を接続して，コモン・モード電流を発生させ，両基板の放射ノイズが差がはっきり出るように工夫しました．

図8-21に基板Ⓐと基板Ⓑの放射ノイズの測定結果を示します．基板Ⓑのほうが100M～400MHz付近で6dBμV/m程度高い成分が観測されています．これは，電流ループの面積またはパターンの実効インダクタンスの差が原因です．ICの直近に実装したパスコンが完全に機能していれば，給電部からICまでのパターンの影響はないはずですが，実際にはパスコンで供給しきれなかったスイッチング電流の一部が給電部とIC間のパターンを循環しています．

図8-22は，74LV04の電源とグラウンド間の電圧変動を観測した結果です．両者の違いはほとんどありません．74LV04の駆動能力が低いため，パターンの実効インダクタンスの差は現れませんでした．

図8-23に，駆動力の大きい74LVC04にICを変更して測定した放射ノイズ特性を，**図8-24**に74LVC04の電源端子とグラウンド端子の電圧波形を示します．

図8-24(a)と**(b)**の波形を比較すると，少しわかりにくいですが，基板Ⓑのほうは立ち

〈図8-20〉基板Ⓐの放射ノイズの初期データ

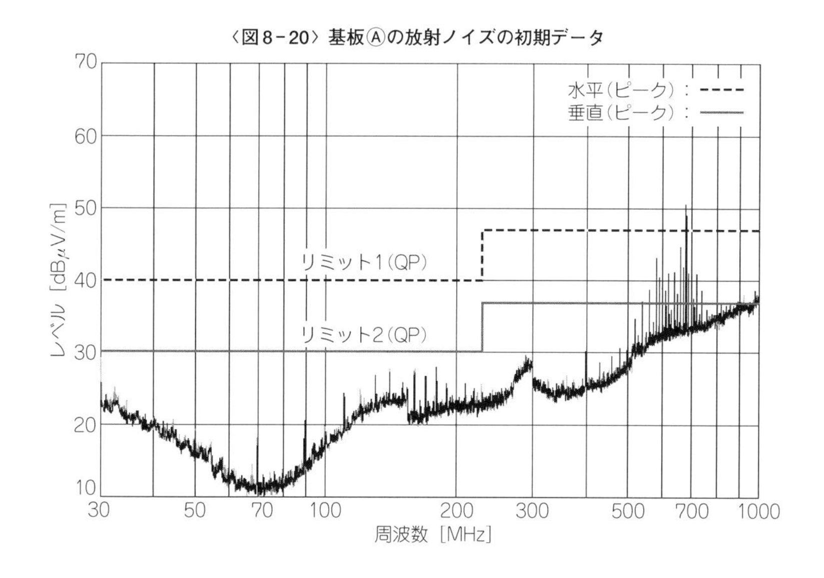

〈図8-21〉基板Ⓐと基板Ⓑの放射ノイズ特性

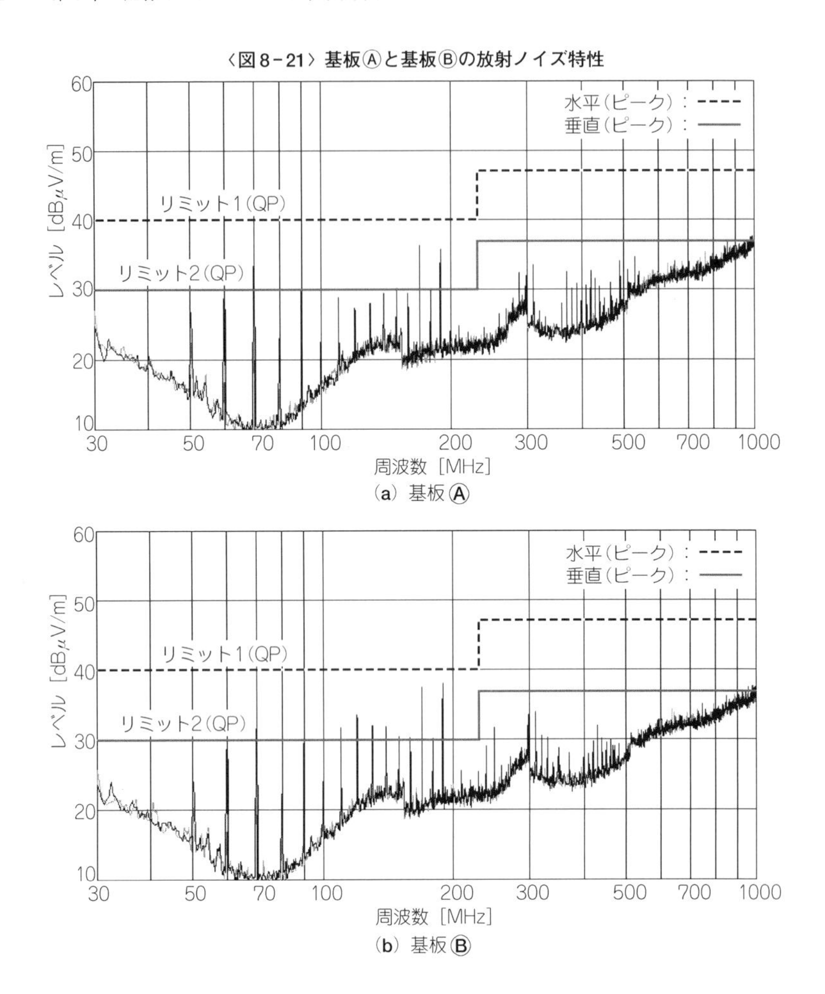

(a) 基板Ⓐ

(b) 基板Ⓑ

下がりが鋭く，高次の高調波を含んでいます．波形の下に示されている"fall time" を比べると，基板Ⓐは1.953 ns，基板Ⓑは1.900 nsです．ピーク電圧も基板Ⓑのほうが少し大きいようです．これは，基板Ⓐと基板Ⓑの実効インダクタンスの差によるものです．測定器のサンプリング帯域が500 MHzと狭く，入力容量も8 pFほどある通常のプローブなので，差が出にくいようです．

図8-21(b)と**図8-23(b)**を比較すると，100 M，120 M，140 MHzなど基本クロック10 MHzの偶数次高調波のレベルが約5 dBμV/m増大しています．偶数次高調波は，スイ

〈図8-22〉基板Ⓐと基板Ⓑ上にある74LV04の電源端子－グラウンド端子間の電圧変動（20 ns/div.）

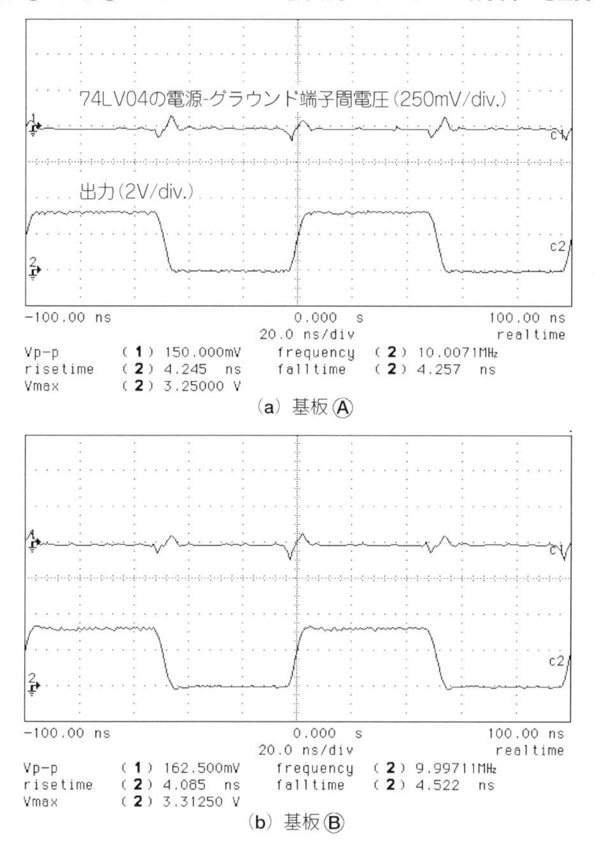

(a) 基板Ⓐ

(b) 基板Ⓑ

ッチング電流によって電源電圧が変動した結果，発生したノイズです．ICのスイッチング波形には，出力電圧の変化点が1周期当たり二つあるからです．

図8-24に示す基板Ⓐと基板Ⓑのデータを比較すると，300 MHz以上に基板Ⓑ特有のノイズ成分が存在しています．この結果から，ループ面積だけではなく給電部とIC間のプリント・パターンの実効インダクタンスが影響していることがわかります．

〈図8-23〉ICを駆動能力の高い74LVC04に変更したときの放射ノイズ

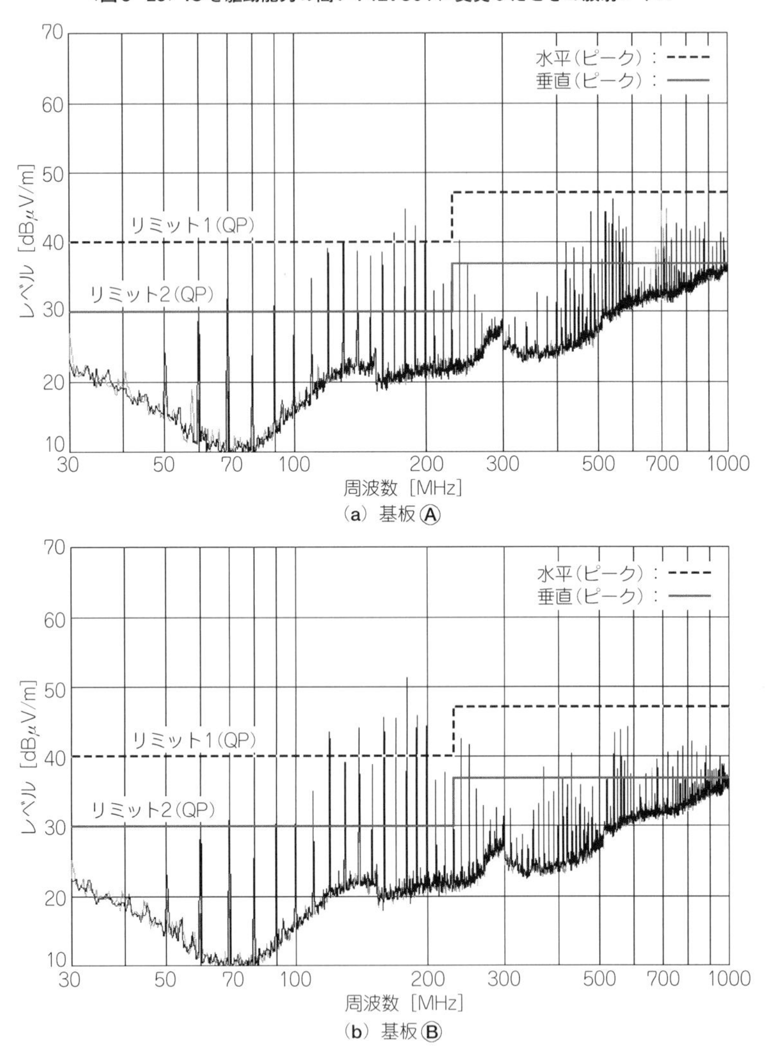

〈図8-24〉**74LVC04の電源端子-グラウンド端子間の電圧変動**(20 ns/div.)

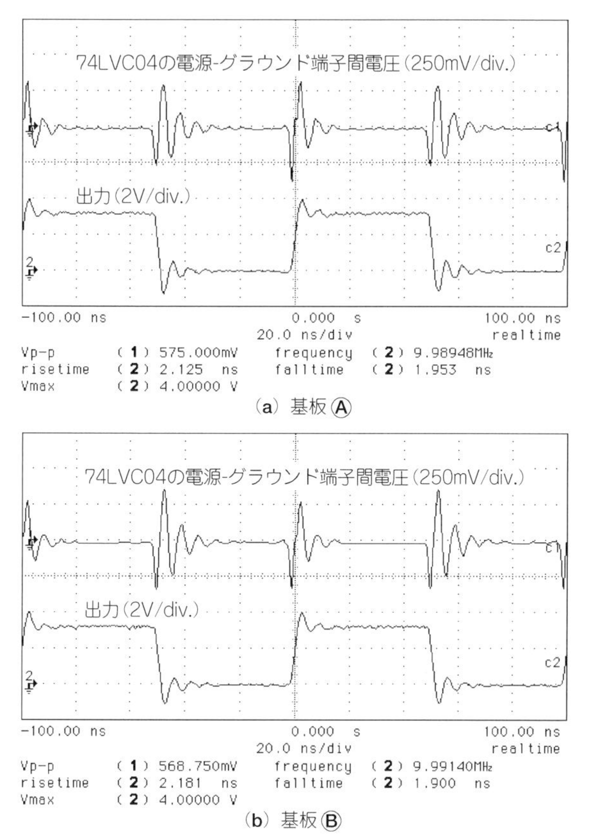

(a) 基板Ⓐ

(b) 基板Ⓑ

● まとめ

以上から，放射ノイズを小さくするためには，次の二つのことを守る必要があることがわかります．

(1) ICのすぐそばにパスコンを実装し，スイッチング電流の流れる経路のループ面積を最小にする必要がある．ただし，パスコンとIC間でスイッチング電流が効率良く流れ，給電部側に漏れないような配慮が必要である

(2) 片面基板や両面基板を使う場合は，電源やグラウンド・パターンをできるだけ近づけ，実効インダクタンスを下げる必要がある

第9章
伝送線路のインピーダンス整合
～信号エネルギを100％負荷に伝えるテクニック～

9.1 インピーダンス整合とは

● 水に喩えると…

図9-1に示すように，配線を伝播する信号は，パイプを流れる水に喩(たと)えられます．

図9-1(a)のように，太いパイプで大量に水を送ろうとしても，途中に細いパイプがあると，その先はそこを通過できる量より多くの水を流すことはできません．そして太さが変わるパイプの接続点で，一部は細いパイプに流れ込みますが，それ以外は反射して入力部に戻されます．戻りが多いということは，それだけロスが大きくなるということです．

しかし，**図9-1**(b)のように入力部で太いパイプの水量を蛇口で絞れば，水はよどみなく流れ，問題は解決します．回路においては，この蛇口の役目をダンピング抵抗が果たします．ドライブICの出力端子の近くにダンピング抵抗を入れるケースをよく見受けますが，これはIC自体の出力インピーダンスが配線に比べて低いので，ダンピング抵抗を使って配線のインピーダンスに合わせているわけです．これを「整合する」といいます．

それでは，負荷側の処理はどうしたらよいのでしょうか．**図9-1**(c)のように，先に流れる所がなくなってしまうと水は行き先を失い，入力された水はすべて戻ってきます．つまり，負荷に何も接続されていない開放された回路では，信号が100％反射して戻ります．配線インピーダンスと同じ負荷を接続すれば信号は戻ることはなく，エネルギが消費されます．

図9-1(d)は，負荷側がショートされている場合を示しています．負荷側で，水はパイプの外に押し出されて反射します．そして進行してくる水を打ち消しながら戻っていき

〈図9-1〉インピーダンス整合の説明

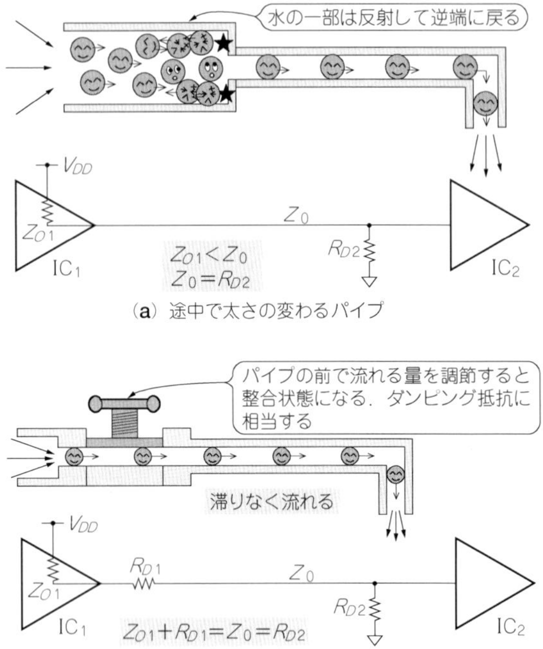

(a) 途中で太さの変わるパイプ

(b) 入力部に蛇口のあるパイプ(整合状態)

ます．

以上からわかるように，高速の信号を確実に負荷側に伝送するには，ドライブICと配線，配線と負荷間など，信号配線の継ぎ目に細心の注意を払って設計しなければなりません．

● 電気信号の流れで考えると…

終端すると波形の乱れが少なくなりますが，これはなぜでしょうか．

プリント基板における配線の等価回路は，一般に**図9-2**のようにインダクタンスと容量で表せます．抵抗ぶんは，インダクタンスや容量に比べて小さな値なのでここでは無視します．

さて，スイッチS_1を閉じると送端から受端側(終端抵抗R_2)に向かって進行波が伝わります．配線の特性インピーダンスと終端抵抗が同じ値になっており整合がとれていれば，進行波のエネルギはR_2で消費されて反射は生じません．しかし，R_2がなく開放されてい

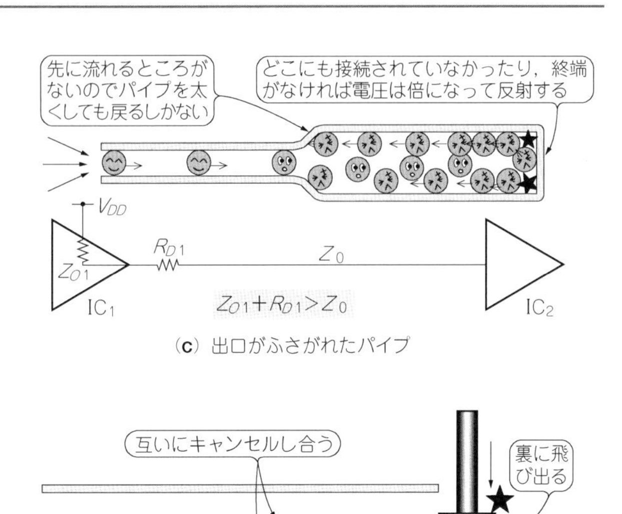

(c) 出口がふさがれたパイプ

(d) 負荷側がショートされている場合

〈図9-2〉プリント基板の配線の等価回路

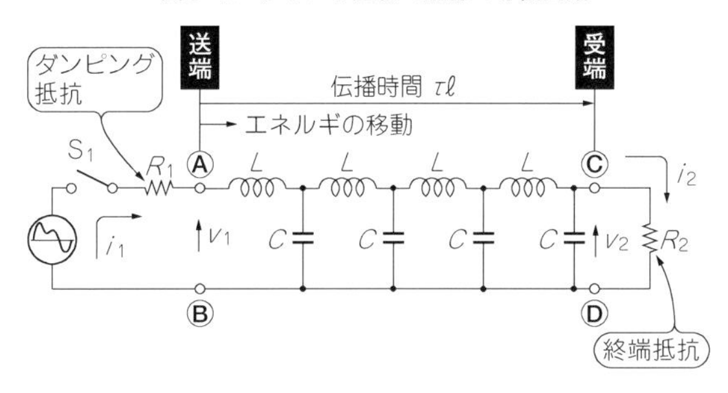

る場合，進行波はエネルギを保持したまま送端側へと戻りR_1で消費されます．さらに，R_1もなくS_1が開いている場合には，このエネルギは消費されることなくいつまでも送端と受端間を往復し，伝送線路上の波形が乱れます．したがって，回路を誤動作させないためには，受端側に終端抵抗を接続して，進行波のエネルギをすみやかに消費しなけれ

ばなりません.

● 終端の基本「テブナン終端」

ここではテブナン終端について解説しましょう.

テブナン終端とは，**図9-3**のように信号線と電源，グラウンド間に抵抗を接続して終端する方法で，プルアップ/プルダウン・タイプと呼ぶこともあります．IC_1の出力がハイ・インピーダンスのときに，IC_2の出力が“H”になるように抵抗値が決めます．電源は，グラウンドと同じくらいインピーダンスが低いので，交流信号に対してはグラウンドと考えても差し支えありません．したがって，R_1とR_2は信号とグラウンド間に並列接続されているのと等価です.

この場合の終端抵抗の合成値R_0［Ω］は,

$$R_0 = \frac{R_1 R_2}{R_1 + R_2} \qquad (9\text{-}1)$$

で算出され，電源電圧をV_{CC}とすると点Ⓐの電圧V_A［V］は,

$$V_A = \frac{R_2}{R_1 + R_2} V_{CC} \qquad (9\text{-}2)$$

です．たとえば，$V_{CC} = 3.3$ VでR_1=220 Ω，R_2=390 Ωとした場合,

$$R_0 = \frac{220 \times 390}{220 + 390} \fallingdotseq 141\ \Omega \qquad (9\text{-}3)$$

$$V_A = \frac{390}{220 + 390} \times 3.3 \fallingdotseq 2.1\ \mathrm{V} \qquad (9\text{-}4)$$

となります.

ドライバにSN74LVC240を使った場合，**表9-1(a)**に示す仕様から，$V_{OH} = 2.4$ V，$V_{OL} = 0.4$ Vですから，出力が“H”のとき電流はほとんど流れません．一方，“L”のときは,

〈図9-3〉テブナン終端

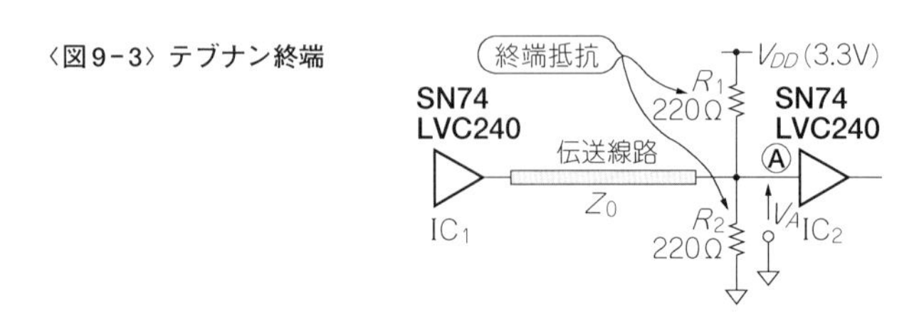

〈表9-1〉クロック・バッファ SN74LVC240Aの主な電気的特性

記号	条件	最小	標準	最大	単位
V_{OH}	$I_{OH}=-100\mu A$	$V_{CC}-0.2$	—	—	V
	$I_{OH}=-8mA$　$V_{CC}=3V$	2.4	—	—	
	$I_{OH}=-16mA$　$V_{CC}=4.5V$	3.6	—	—	
V_{OL}	$I_{OL}=100\mu A$	—	—	0.2	V
	$I_{OL}=8mA$　$V_{CC}=3V$	—	—	0.4	
	$I_{OL}=16mA$　$V_{CC}=4.5V$	—	—	0.05	

(a)出力電圧特性

項目		記号	最小	最大	記号
電源電圧		V_{CC}	2.7	3.6	V
"H"入力スレッショルド電圧	$V_{CC}=2.7\sim3.6V$	V_{IH}	2	—	V
"L"入力スレッショルド電圧	$V_{CC}=2.7\sim3.6V$	V_{IL}	—	0.8	V
最大出力電圧		V_I	0	5.5	V
"H"最大出力電流	$V_{CC}=2.7V$	I_{OH}	—	−12	mA
	$V_{CC}=3V$		—	−24	
"L"最大出力電流	$V_{CC}=2.7V$	I_{OL}	—	12	mA
	$V_{CC}=3V$		—	24	

(b)推奨動作条件

$$I_{OL}=\frac{V_A-V_{OL}}{R_0}=\frac{2.1-0.4}{141}\fallingdotseq 0.012A \cdots\cdots (9-5)$$

の電流が流れますが，SN74LVC240の“L”最大出力電流は**表9-1(b)**から24 mA_{max}ですから，十分引き込むことができます．ドライバによっては能力を越えることがあります．

テブナン終端のほかには，V_{IH}とV_{IL}の間にバイアス電圧を設定する方法もあります．なお，終端抵抗の合成値R_0が，特性インピーダンスに対して2〜3倍と大き目ですが，経験的に問題ありません．

9.2 ダンピング抵抗と終端抵抗の算出

● 反射係数を算出する

図9-4に示す回路で伝送線路における信号の流れについて考えてみましょう．信号は，発振器からダンピング抵抗R_{D1}と特性インピーダンスZ_0の配線を通り，負荷R_{D2}に到達し

〈図9-4〉伝送線路における進行波，反射波，透過波のようす

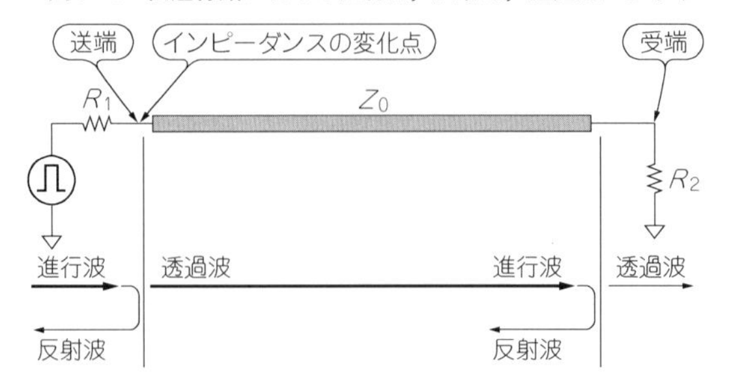

〈図9-5〉[28] 特性インピーダンスの異なる配線が接続された伝送線路

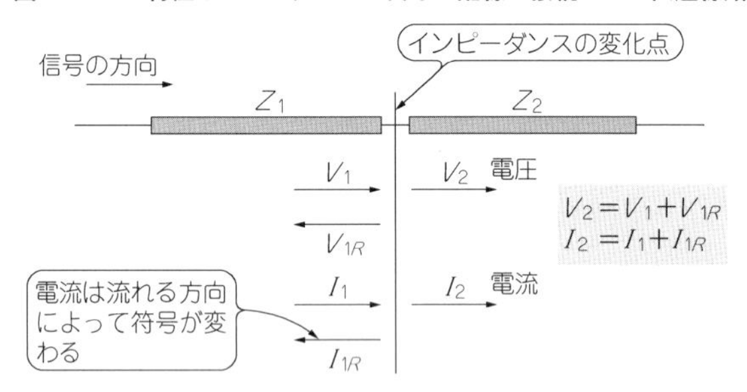

ます．ここで，ダンピング抵抗と配線の接続点を送端，配線と負荷の接続点を受端といい，インピーダンスの変化点になり得ます．

図に示すように，左から右に進む進行波は，インピーダンスの変化点で一部は通過し，残りは反射します．受端でも同じことが起こります．

ここで，**図9-5**に示す特性インピーダンスの異なる配線が接続された，伝送線路の反射係数，つまり進行波に対する反射波の割合を求めてみましょう．左側からその接続点に入る進行波の電圧と電流を V_1，I_1とし，この方向を正とします．また反射波，透過波の電圧，電流をそれぞれ，V_{1R}，I_{1R}，V_2，I_2とします．すると電圧と電流の関係は，

$$V_1 + V_{1R} = V_2 \quad \cdots\cdots (9\text{-}6)$$

$$I_1 + I_{1R} = I_2 \quad \cdots\cdots (9\text{-}7)$$

となります．また，特性インピーダンスと電圧，電流の関係は，次のように表されます．

$$I_1 = \frac{V_1}{Z_1} \quad \cdots\cdots (9\text{-}8)$$

$$I_2 = \frac{V_2}{Z_2} \quad \cdots\cdots (9\text{-}9)$$

$$-I_{1R} = \frac{V_{1R}}{Z_1} \quad \cdots\cdots (9\text{-}10)$$

ここで，I_{1R}は進行波と逆方向に流れるので，符合はマイナスです．反射係数は電圧比で表すので，式(9-8)～(9-10)を式(9-7)に代入して，

$$\frac{V_1}{Z_1} + \left(-\frac{V_{1R}}{Z_1}\right) = \frac{V_2}{Z_2} \quad \cdots\cdots (9\text{-}11)$$

式(9-11)と式(9-6)からV_{1R}を求めると，

$$V_{1R} = \frac{Z_2 - Z_1}{Z_2 + Z_1} V_1 \quad \cdots\cdots (9\text{-}12)$$

となります．したがって反射係数をγとすると，

$$\gamma = \frac{V_{1R}}{V_1} = \frac{Z_2 - Z_1}{Z_2 + Z_1} \quad \cdots\cdots (9\text{-}13)$$

と求まります[28]．

式(9-13)はいろいろなケースに使えます．ためしに**図9-4**に応用してみましょう．送端から受端方向をみると，配線のインピーダンスZ_0の先に負荷抵抗R_2があるので，式(9-13)のZ_1をZ_0，Z_2をR_2とおくと，受端側の反射係数γ_1は，

$$\gamma_1 = \frac{R_2 - Z_0}{R_2 + Z_0} \quad \cdots\cdots (9\text{-}14)$$

と表されます．同様に送端側の反射係数γ_2は，次のように表されます．

$$\gamma_2 = \frac{R_1 - Z_0}{R_1 + Z_0} \quad \cdots\cdots (9\text{-}15)$$

● 整合条件を満たすダンピング抵抗値と終端抵抗値を求める

▶ ダンピング抵抗値

図9-6に示す回路において，反射が発生しないときのダンピング抵抗値R_{D1}を求めてみましょう．

話を簡単にするために，負荷容量C_1とC_2を取り除いて考えます．配線のインピーダンスZ_0を75 Ω，クロック・ドライバIC_1の出力インピーダンスZ_Oをデータシートから25 Ωとすると，送端で反射がない状態，つまり反射係数を 0 にするには式(9-15)から，次式

〈図9-6〉クロック・バッファから終端抵抗までの回路

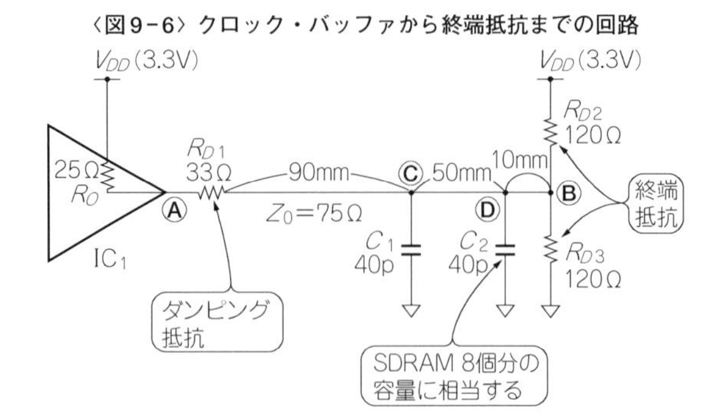

が成立する必要があります．

$$\gamma_2 = \frac{R_1 - Z_0}{R_1 + Z_0} = 0 \qquad \therefore R_1 = Z_0 \quad \cdots\cdots (9\text{-}16)$$

ここで，送端の全抵抗値つまりR_OとR_{D1}を加えたものをZ_Oとすると，式(9-16)が成り立つためには，R_{D1} = 50 Ωである必要があります．

ところが，この値は負荷側のテブナン終端の抵抗値によってはHレベルとLレベルが確保できなくなる可能性があるので，少し小さ目の33 Ωが適当です．なお，この分圧比はドライバのI_{OL}とI_{OH}の性能によって変わってきます．

▶ 終端抵抗値

あまり小さな値にすると，IC_1が駆動しきれなくなり，適正なロジック・レベルが確保できません．また，無信号時に常に電源からグラウンドに電流が流れて効率が悪化します．一般に，並列にした値が特性インピーダンスに等しくなるように，$R_{D2} = R_{D3}$ = 120 Ω程度が適当でしょう．経験的には配線の特性インピーダンスの2～3倍の値で問題ないようです．

9.3 インピーダンス整合の効果

■ モデル基板を作って検証する

● 基板の仕様

写真9-1は，第4章のDIMM基板とクロック・バッファを再現するために製作したモデル基板の外観です．**図9-7**はモデル基板の回路です．マザー基板と2枚のDIMM基板

特性インピーダンスの計算ツール

最近はずいぶん便利な情報を提供してくれるサイトがあるので助かります．

気楽に使えるサイトとして，http://www1.sphere.ne.jp/i-lab/ilab/index.htm（図9－A）がお勧めです．図9－Aの「ツール」をクリックすると，インピーダンス計算用の表（図9－B）が現れます．

あとは数値を入力するだけで特性インピーダンスが出てきたり，逆に特性インピーダンスから配線幅を計算したりと結構な優れものです．

マイクロストリップ線路やストリップ線路くらいならなんとか手計算できますが，配線が同一面にあるコプレーナ・ストリップや，その線路の下にグラウンドがあるモデルなど，複雑な線路のインピーダンスは簡単に算出できません．専門書などを見ると，いきなり「グリーン関数」などが出てきたりして笑うしかありません．そんな，小生にとってなんともありがたいホーム・ページです．

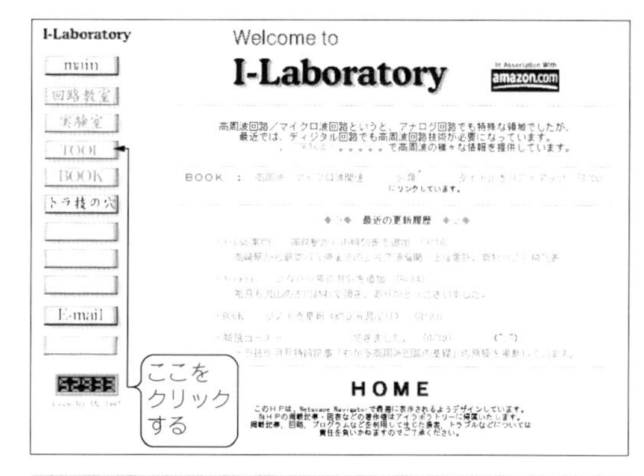

〈図9－A〉
無料の特性インピーダンス計算ツールが掲載されているホームページ

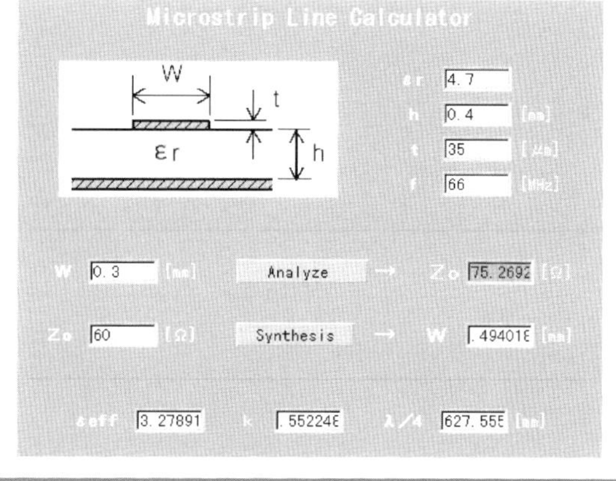

〈図9－B〉
計算ツールの画面

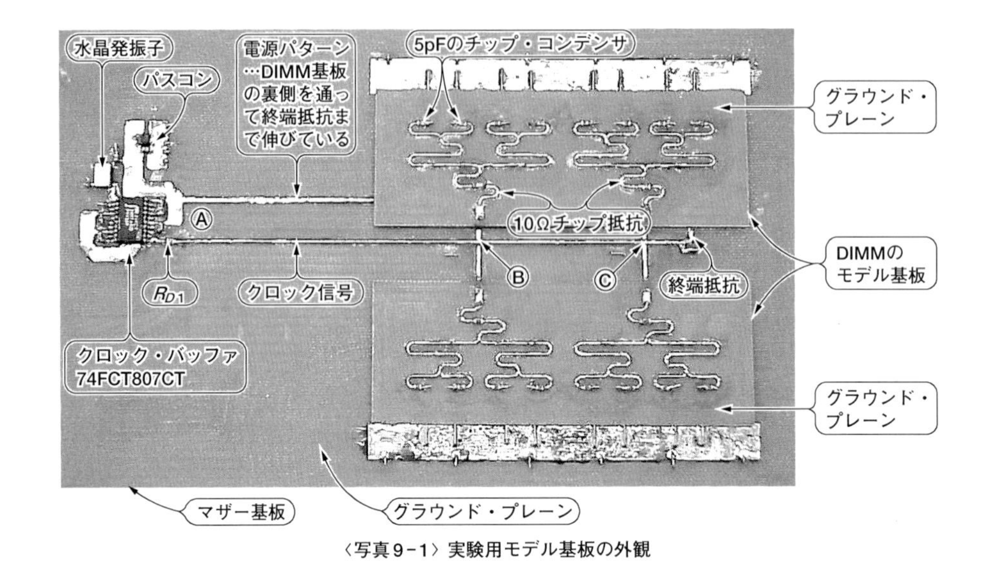

〈写真9-1〉実験用モデル基板の外観

〈図9-7〉実験用モデル基板の回路

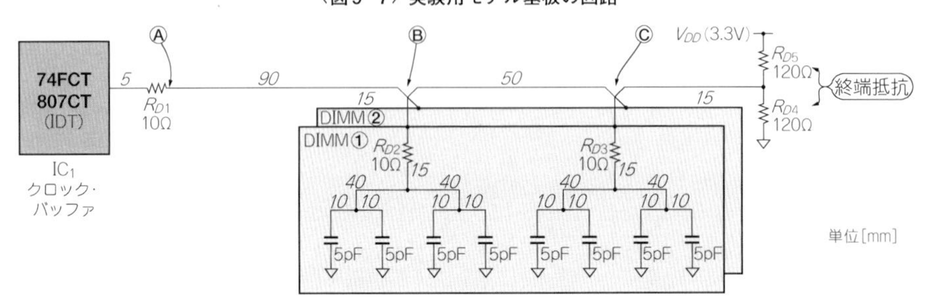

で構成されています．

▶ 基板

多層基板を外注して作るほどお金がないので，基板製作機で両面基板を作りました．基板製作機とは，ペンの代わりにドリル刃がついたX-Yプロッタのようなもので，必要なパターン以外の銅箔（はく）を削り取ることができるものです．スルー・ホールは，基板に穴を開けてリード線で表と裏のパターンをはんだ付けします．

写真9-1の大きな二つの基板はDIMMのモデル基板で，実際のDIMMの裏と表をそれぞれの別の基板で再現したものです．DIMM基板の配線端には，SDRAMの入力容量と

等価のチップ・コンデンサ(5 pF)を接続します．さらに，信号配線の一番右側に終端抵抗を接続します．

▶ クロック信号源

周波数のちょうど良い水晶振動子がなかったので，この実験は50 MHzで動作させます．クロック・ドライバにはPLL機能のない74FCT807CTを使います．

クロック信号は，ドライバからダンピング抵抗を経てまっすぐ右方向に伝播し，DIMMに供給されます．もう一つのパターンは，テブナン終端のバイアス用電源ラインです．

▶ プリント・パターンの特性インピーダンス

第3章の式(3-7)から，プリント・パターンの特性インピーダンスZ_0は次式で求まります．

$$Z_0 = \frac{87}{\sqrt{\varepsilon_r + 1.414}} \ln\left(\frac{5.98h}{0.8w + t}\right) \cdots\cdots (9\text{-}17)$$

ただし，$w/h \leqq 1$，ε_r：基板の比誘電率，h：配線とグラウンドの距離[mm]，w：配線幅[mm]，t：配線の仕上がり厚み[mm]

実験用モデル基板のプリント・パターンは，加工機の都合により配線幅と厚み以外の条件を実際の基板に合わせて，$\varepsilon_r = 4.7$，$h = 0.8$ mm，$w = 0.7$ mm，$t = 35\ \mu$mとしました．その結果，

$Z_0 \fallingdotseq 73.2\ \Omega$

となります．

■ ダンピング抵抗値が不適切なときの波形

DIMM基板をとりはずし，マザー基板だけで波形を観測し，容量の影響を見てみます．実験回路は**図9-7**に示したとおりです．

この状態でダンピング抵抗値などを調整し，その後DIMMモジュールを接続して確認します．

● 実験の条件と波形観測

$R_{D1} = 33\ \Omega$，$R_{D3} = R_{D4} = 120\ \Omega$としました．配線の途中にDIMMをイメージして40 pFのコンデンサC_1とC_2をR_{D1}から90 mmと150 mmの位置に接続します．クロック配線からDIMMへの分岐点(点Ⓐと点Ⓑ)には，入力容量は約5 pFのSDRAMが8個接続

されるのでC_1とC_2は40 pFとしました.

▶ C_1とC_2なしのときの波形

図9-8は，コンデンサC_1とC_2がないときの**図9-6**の送端と受端の実測波形です．受端波形(点Ⓑ)のLレベルは0.5～0.8 Vですが，SDRAMの動作は保証できないレベルです.

▶ C_1とC_2を追加したときの波形

図9-9は，C_1とC_2を追加したときの，**図9-6**の点Ⓒと点Ⓓの波形です．容量が配線に接続されたことにより，送端波形が大きく乱れるのがわかります.

＊

図9-9(b)を見てください．送端波形がとがっているところがクロックの立ち上がりです．立ち上がりの瞬間はまだ負荷容量の影響を受けないので，配線は純抵抗として見え，波形は急激に立ち上がります．R_{D1}から90 mm先にあるC_1が充電を開始するのは，この立ち上がり部から後です．この時点ではC_1に電荷がないのでショート状態(反射係数は－1)で，送端まで反射波が戻ります．送端波形が一度立ち上がったあとで，急激に下がるのはこの反射の影響です．その後，容量負荷は順調に電荷を蓄積しますが，途中で一度立ち上がりが平たんになります．これはR_{D1}から140 mmのところにあるC_2が充電を開始したことを示します.

このように，負荷が同一配線上に異なる位置に接続されると，充放電の時間的なずれによって，波形が大きくひずみます.

● 伝播遅延時間と特性インピーダンスの概算

前述の計算から，無負荷時の配線の特性インピーダンスZ_0を73.2 Ω，伝播遅延時間をt_{PD} = 0.056 ns/cmとすると，配線固有容量C_0は次のように求まります.

$$C_0 = \frac{t_{PD}}{Z_0} = \frac{0.056 \times 10^{-9}}{73.2} \fallingdotseq 0.765\ \mathrm{pF/cm} \quad \cdots\cdots (9\text{-}18)$$

t_{PD}の算出法は第3章を参照してください.

単位長さ当たりの分布負荷容量C_Dは，配線長140 mm，負荷容量を80 pFとして，

$$C_D = \frac{80}{14} \fallingdotseq 5.714\ \mathrm{pF/cm}$$

となります．負荷を接続したときの伝播遅延t_{PDa}と特性インピーダンスZ_{0a}は，

$$t_{PDa} = t_{PD}\sqrt{1 + \frac{C_D}{C_0}} = 0.056\sqrt{1 + \frac{5.714}{0.765}} \fallingdotseq 0.163\ \mathrm{ns/cm} \quad \cdots\cdots (9\text{-}19)$$

〈図9-8〉
図9-6において容量負荷C_1およびC_2がないときの送端と受端の波形（R_D = 33 Ω，終端抵抗120 Ω × 2，無負荷，1 V/div.，5 ns/div.）

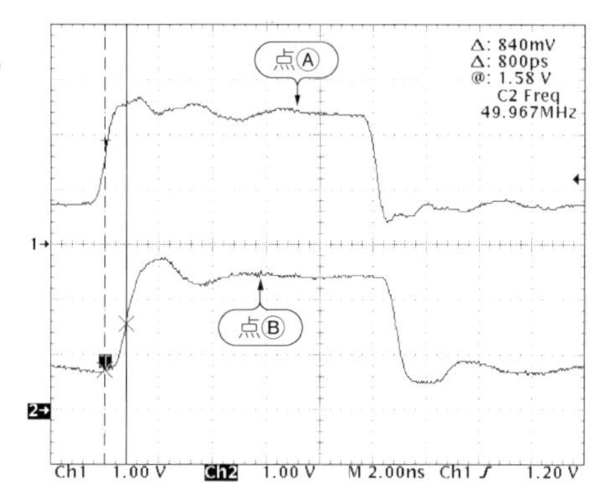

〈図9-9〉
図9-6において容量負荷C_1およびC_2があるときの送端と受端の波形
（R_D = 33 Ω，終端抵抗120 Ω × 2，無負荷，1 V/div.，5 ns/div.）

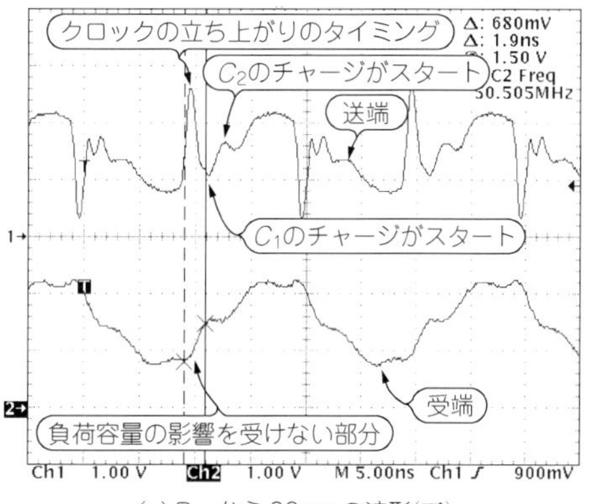

(**a**) R_{D1}から90mmの波形(下)

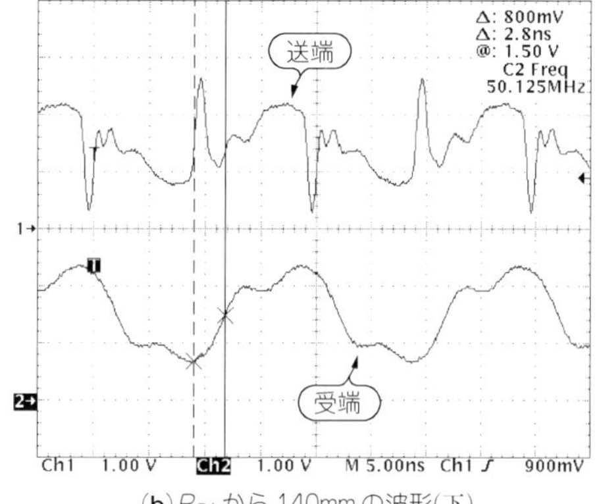

(**b**) R_{D1}から140mmの波形(下)

$$Z_{0a}=\frac{Z_0}{\sqrt{1+\dfrac{C_D}{C_0}}}=\frac{73.2}{\sqrt{1+\dfrac{5.714}{0.765}}}\fallingdotseq 25.15\ \Omega \quad\cdots\cdots(9\text{-}20)$$

と求まります．

この計算結果から，C_1とC_2を配線に接続すると，伝播遅延時間はほぼ3倍，実効的な特性インピーダンスは約1/3にまで低下することがわかります．

■ ダンピング抵抗値を合わせ込む

● 特性インピーダンスを測定する

図9-10は，TDR(Time Domain Reflectmetry)特性を測定した結果です．負荷容量が接続されている点は横軸の23 ns付近で，インピーダンスが急激に落ち込んでいるのがわかります．

TDRとは，伝送線路のインピーダンスの変化や不整合とともに，その位置関係も知ることができる測定法です．測定には専用の高速オシロスコープが必要です．オシロスコープに内蔵されたステップ・ジェネレータで発生した入射波を伝送線路に加え，伝送線路の伝播速度で負荷までステップ信号を送ります．そして，波が通過するポイントの入射電圧と反射した電圧を加えて管面に表示します．オシロスコープの横軸は時間軸なので，不整合があれば位置を特定することができます．

● Z_{0a}の値に合わせてダンピング抵抗値を調整

C_1とC_2が接続されたときの波形 **図9-9**において受端波形が1.4 V程度しか振幅していない理由は，IC_1(**図9-6**)のドライブ電流が不足しているからです．このレベルではDIMM上のメモリは安定に動作しません．

先ほど，ダンピング抵抗R_{D1}は33 Ωと小さめに設定しましたが，C_1とC_2を追加した影響で配線の実効的な特性インピーダンスも76 Ωから25.1 Ωまで下がっており，これはICの出力インピーダンスとほぼ等しい値です．ですから，本来はダンピング抵抗はなくても整合がとれるのですが，ここでは，とりあえず10 Ωを入れることにしました．これは，**図4-5**で取り上げたCPU基板のダンピング抵抗値とほぼ等しい値です．

図9-11は，R_D = 10 Ω，R_{D1} = 10 Ω，R_{D4} = R_{D5} = 120 Ω，C_1 = C_2 = 40 pFのときの送端と受端の波形です．受端の波形はなんとかメモリが動作しそうな形になってきました．

〈図9-10〉
図9-6のクロック配線のTDR特性

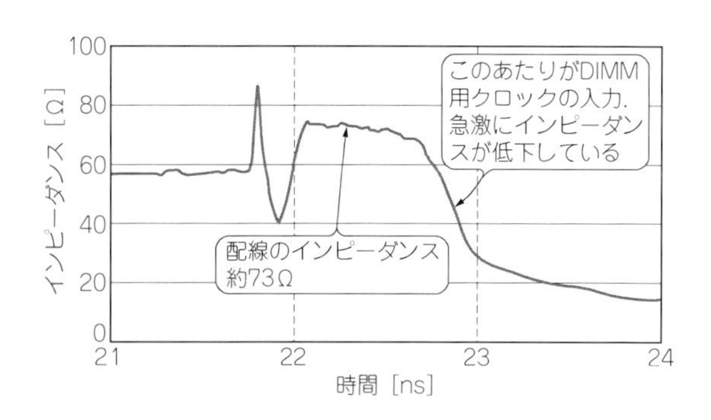

〈図9-11〉ダンピング抵抗調整後の図9-6の受端と送端の波形($C_1 = C_2 = 40$ pF, $R_D = 10\ \Omega$, 終端抵抗120 Ω × 2, 無負荷, 1 V/ div., 5 ns/div.)

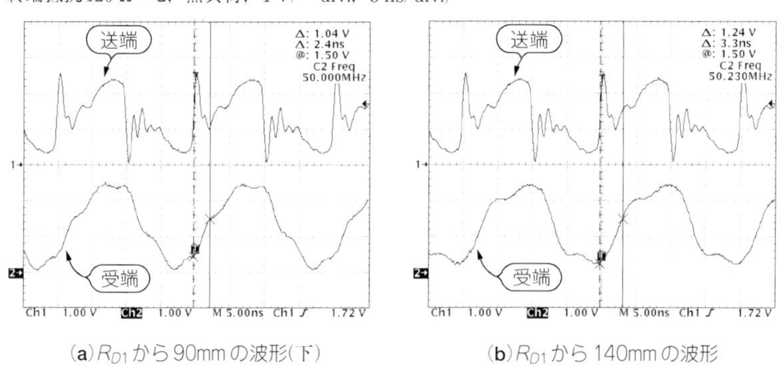

(a) R_{D1} から90mmの波形(下)　(b) R_{D1} から140mmの波形

〈図9-12〉DIMM基板を追加したときの送端と受端の波形

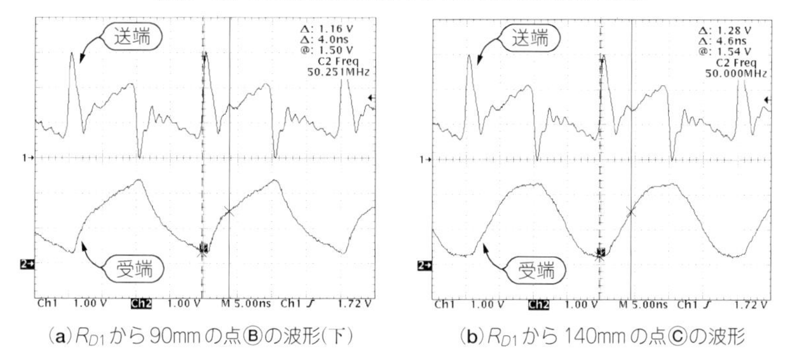

(a) R_{D1} から90mmの点Ⓑの波形(下)　(b) R_{D1} から140mmの点Ⓒの波形

〈図9-13〉部品配置を変えずにクロック波形をきれいにする方法

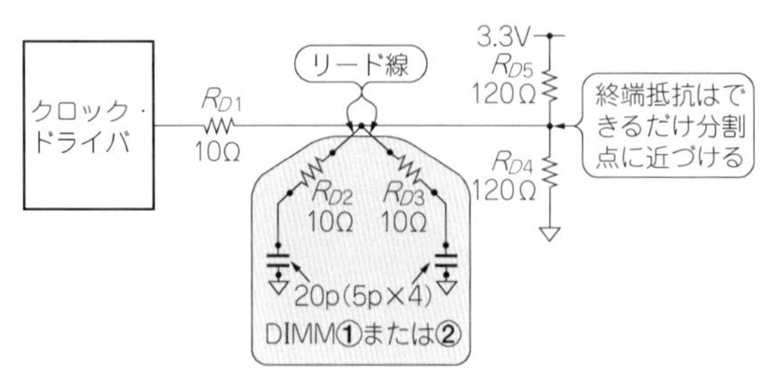

(a) 1点から等長で分割する

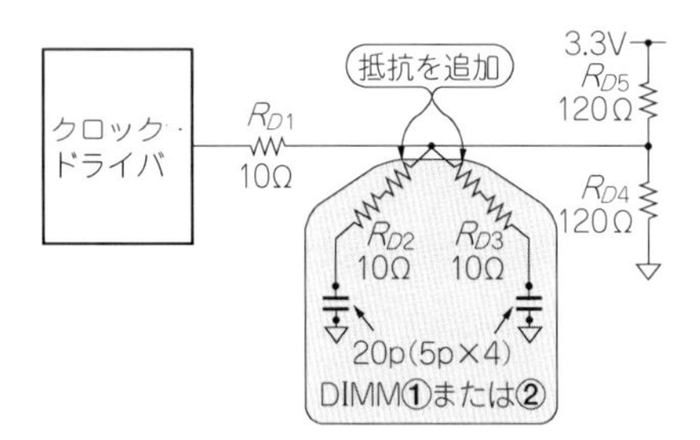

(b) 等長で分割し，10Ωのダンピング抵抗を追加挿入する

● DIMM基板を取り付けて最終チェック

図9-12は，DIMMモデルをマザー基板に接続し，R_{D1}から90 mmと140 mmの位置の電圧波形を測定したものです．**図9-12(a)**はやや三角形になっており，DIMMのクロック端子の位置の違いによる波形の変化を対策する必要があることがわかります．

■ DIMMのクロック端子の位置と信号波形

● 現状の部品配置のままで解決策はあるか

図9-13は，配線長を変えないで対策した例です．

図9-13(a)は，配線の途中(点Ⓑと点Ⓒの中央)とDIMM内の二つのダンピング抵抗の間に長さの等しいリード線を接続した例です．なおDIMMは2枚あるので，リード線は4本使用しています．**図9-13**は，**図9-13(a)**に10 Ωのダンピング抵抗を追加した例です．

図9-14は，**図9-13(b)**の対策をしたときの，DIMM内SDRAMのクロック入力端子の波形です．

〈図9-14〉図9-13の対策をしたときのDIMM内SDRAMのクロック入力端子の波形(1 V/div., 5 ns/div.)

(a)図9-13(a)の場合　　(b)図9-13(b)の場合

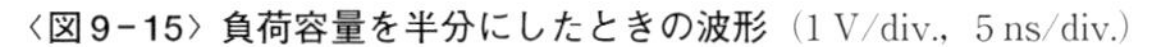
〈図9-15〉負荷容量を半分にしたときの波形 (1 V/div., 5 ns/div.)

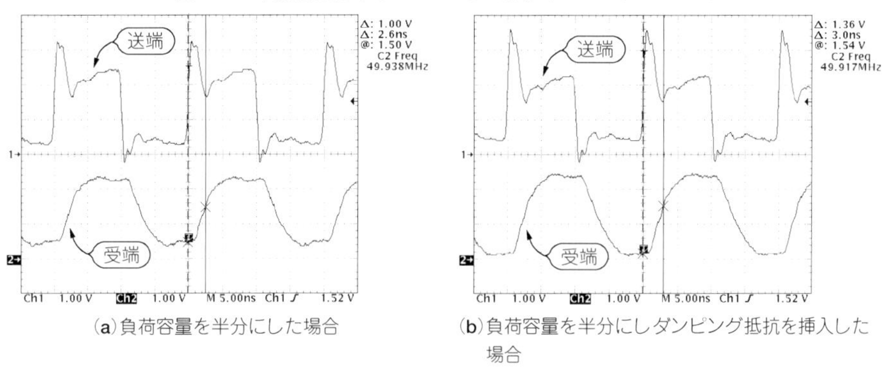

(a)負荷容量を半分にした場合　　(b)負荷容量を半分にしダンピング抵抗を挿入した場合

図からわかるように，等長配線にすると端子の位置による影響はほとんどなくなります．また，**図9-13(b)**のようにダンピング抵抗を追加すると振幅が大きくなります．

もし，クロック・ドライバの出力数に余裕があるならば，16個のSDRAMを同時に駆動せず，8個ずつに分けて駆動する方法も考えられます．**図9-15**は負荷容量を半分にしたときのクロック波形です．**図9-8**と比較すると波形が改善されていることがわかります．

以上の結果から，現状の部品配置で設計するなら，次のような点に注意することが重要です．

① メインの配線の途中にスタブを設ける

② スタブ上のメイン配線付近にダンピング抵抗を入れる

③ 負荷容量を小さくする

● 部品配置を変更できる場合

商品のデザイン上の制約がなく，クロック・ドライバに対してDIMMを直角に置くこ

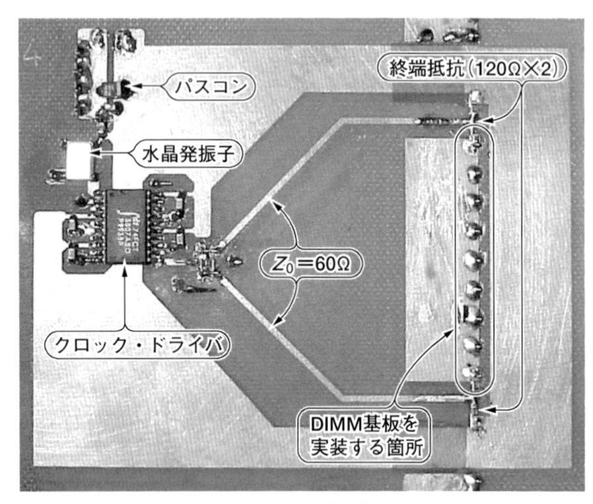

（a）マザー基板①

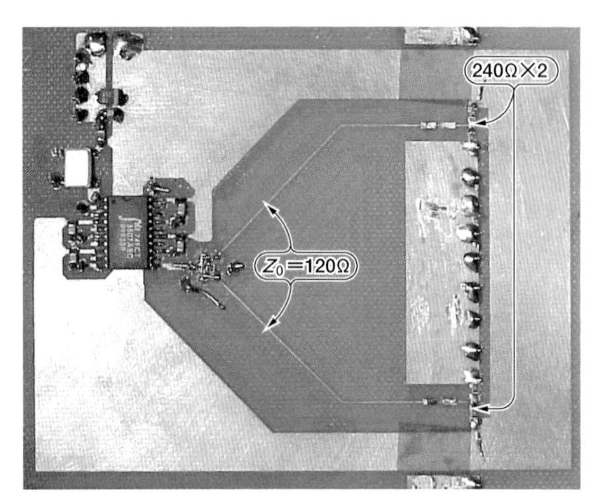

（b）マザー基板②

〈写真9-2〉クロック・ドライバとDIMM間のパターニングと波形の変化を調べるために製作した実験基板

とができれば，DIMMのクロック入力端子に信号を等長で配線できます．これが実現できたら送端と受端の波形はどこまで改善されるでしょうか．ここでは，クロック・ドライバからDIMMまでの配線の引き回しによって信号がどのような波形になるか見てみます．

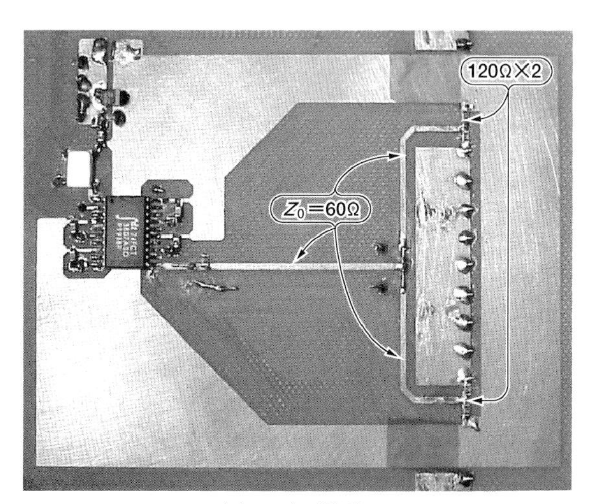

(c) マザー基板③

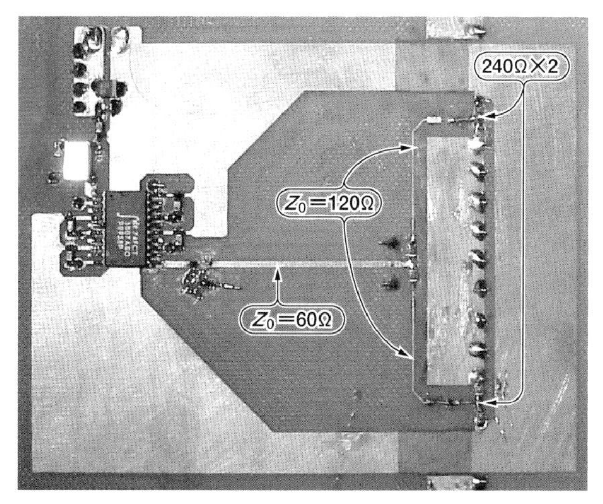

(d) マザー基板④

〈写真9-3〉
マザー基板にDIMMモデル基板を実装

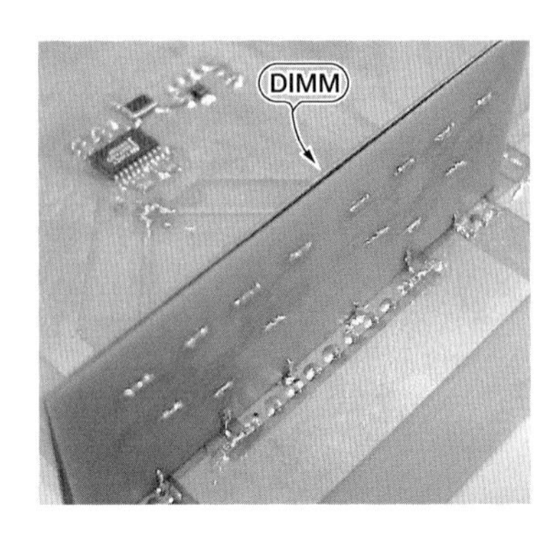

〈図9-16〉写真9-2の実験基板の送端と受端の波形(1 V/div., 5 ns/div.)

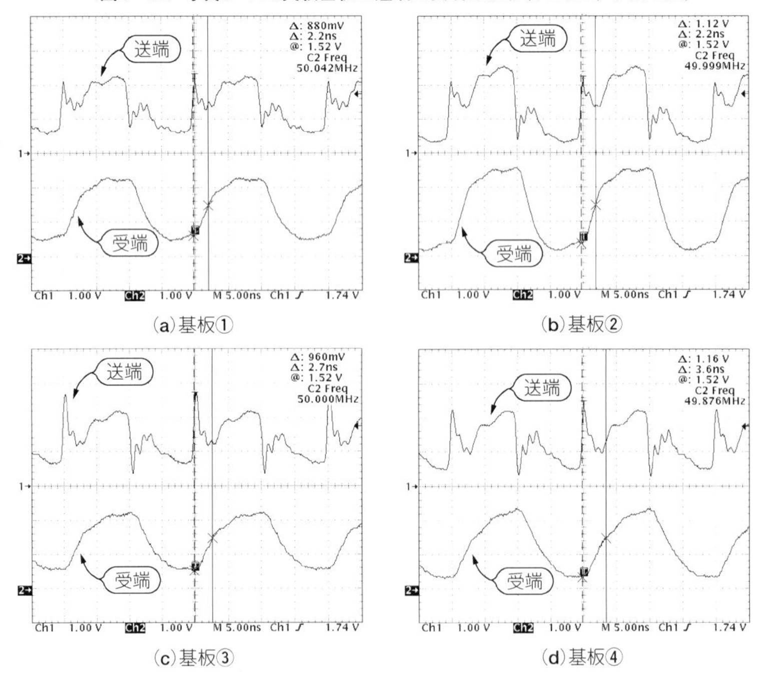

(a)基板①　(b)基板②
(c)基板③　(d)基板④

▶ 実験基板の説明

写真9-2は4種類のマザー基板の外観です．

基板①と②は，ダンピング抵抗の出力ですぐに分岐させています．基板①は分岐後の特性インピーダンスが60Ω，基板②は120Ωです．テブナン終端は①が120Ω×2，②は240Ω×2です．

基板③と④は，DIMMの近くまで特性インピーダンス60Ωで配線し，そこからT分岐で2本に分けています．違いは分岐後の配線幅です．実験基板③は分岐後60Ω，④は120Ωのままです．また，テブナン終端抵抗は③が120Ω×2，④が240Ω×2です．

写真9-3は，この実験基板にDIMMモデルを接続したところです．**図9-16**に送端と受端の波形を示します．送端波形に細かい波形が重畳しているのは，DIMMモデル基板のスタブの影響です．

この四つの波形を比較すると，基板②が最もきれいな波形が得られます．これは，配線の特性インピーダンスが高い状態のままDIMMまで配線され，しかも終端抵抗も240Ωと高く，同じ負荷でもICがドライブしやすいことが原因の一つと考えられます．また，特性インピーダンス60Ωの配線を引き回し，終端抵抗を120Ω×2とした基板①や③は波形振幅が狭く，Lレベル，Hレベルとも余裕がありません．これは，配線のインピーダンスと終端抵抗値が小さくバッファの負荷が重いからにほかなりません．

ただし，この結果を実際の基板設計にそのまま導入しようとすると，ドライバから負荷まで2倍の配線本数が必要ですから，現場ではできるだけ基板③や④の配線となるように心がけて，ダンピング抵抗や終端抵抗を調整することになります．この配線で気をつけなければならないのは，分岐後の配線長を等しくするということです．

第10章
プリント・パターンのインピーダンス設計
～特性インピーダンスと伝送速度の考察～

これまで述べてきたように，プリント・パターンで高速信号を伝送すると，ドライバの出力信号が立ち上がったのち，レシーバ側から反射波が戻り，波形の立ち上がり部が階段状になったり，オーバーシュートやアンダーシュートが生じます．高速信号を忠実にレシーバに伝えるには，配線長をできるだけ短くしたり，配線の特性インピーダンスをドライバの出力インピーダンス，レシーバの入力インピーダンスと整合させる必要があります．

この章では，高速信号を伝送するプリント基板を設計する際，必ず問題になる配線の特性インピーダンスや信号の伝播速度への影響について説明しましょう．

10.1　プリント・パターンのインピーダンス変化と反射

● パターンのインピーダンスは場所によってぜんぜん違う

アート・ワークするときは，まずクロックやバスを配線し，次にスピードの遅い信号，パスコンや電源の配線，そして最後に部品面やはんだ面の空いたスペースにグラウンドでベタ・グラウンドを付けるという手順が一般的です．

図10-1に実際の高速プリント基板のパターンのようすを示します．透視図なので各層の配線が交差して見えています．CPUからメモリ・モジュール間やCPU周辺に配線が集中しています．CPUはBGAパッケージ，矢印で示す大径の円は端子接続用のパッドです．パッドの横にある小径の穴は，層間の配線を接続するスルー・ホールです．バス信号の一部は，このスルー・ホールを通して，他層に配線されています．

これらの配線の特性インピーダンスは，その形状が同じであっても，表面層にあるか，層間にあるか，上下に電源やグラウンド層があるかなどで大きく変わります．空きスペースがあるからといって，無意識にベタ・グラウンドを入れると，下層の配線のインピーダ

〈図10-1〉高速プリント基板の配線の例

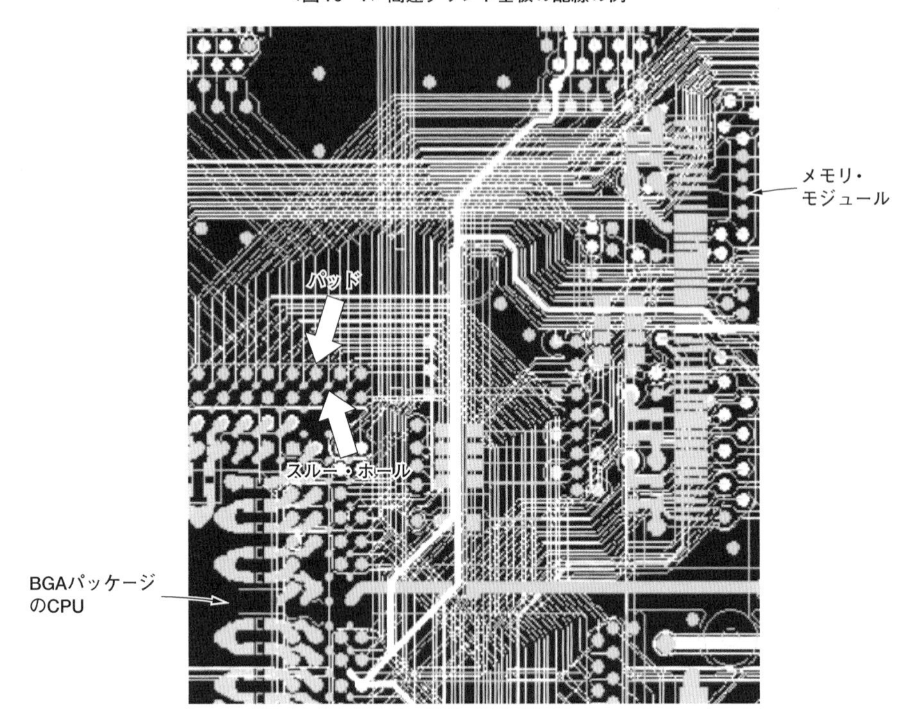

ンスが大きく変化します．

● シミュレーションでインピーダンスの変化を見てみよう

伝送線路シミュレータを使って，配線インピーダンスの変化のようすを確認してみます．

図10-2(a)に，表面の層にベタ・グラウンドがないプリント基板のモデルを示します．ドライバの出力信号は，ダンピング抵抗(33 Ω)を通ったあと，スルー・ホールを経てS_2層に入っています．このS_2層のパターンは，配線の両面が誘電体で覆われ，片側にグラウンド層があるエンベデッド・マイクロストリップ線路です．

図10-2(b)に示す伝送線路は，ドライバから中央部までは，エンベデッド・マイクロストリップ線路ですが，中央部とレシーバ(IC_2)間の伝送路は，上下がベタ・グラウンドで覆われています．

〈図10-2〉表面層のベタ・グラウンドが内層の配線インピーダンスに与える影響を調べるプリント基板モデル

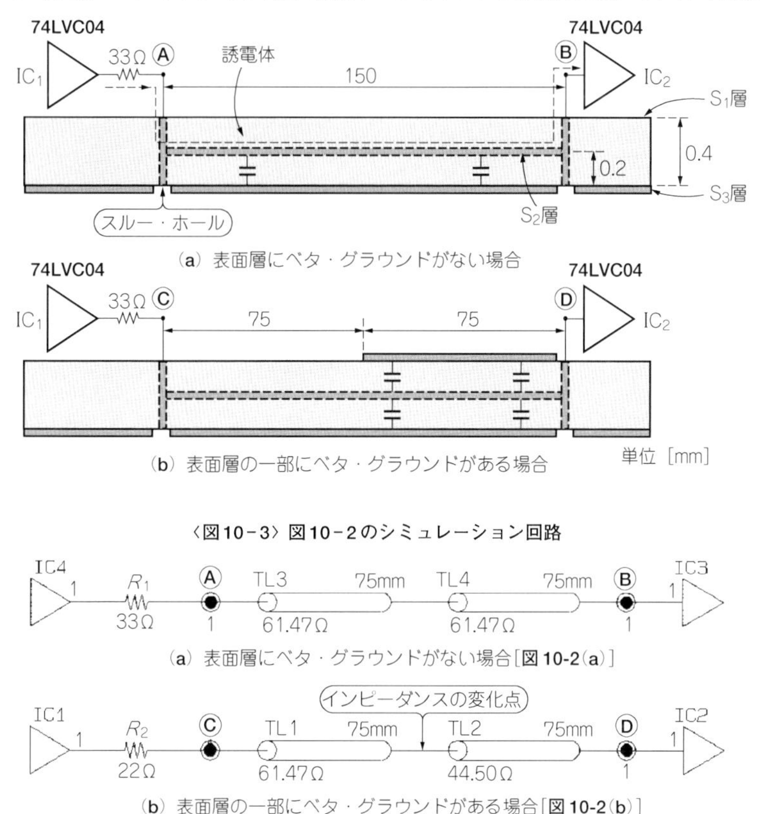

図10-3は，**図10-2**の基板のシミュレーション・モデルです．TL_2はストリップ線路，その他はエンベデッド・マイクロストリップ線路です．

図10-3(a)は，線路の途中にインピーダンスの変化点がないので反射は起きませんが，**図10-3(b)**は途中でインピーダンスが約15Ωほど下がっており，ここで反射が発生します．

図10-4に，シミュレーション結果を示します．実線はドライバ側，点線はレシーバ側の電圧波形です．**図10-4(b)**のほうが，オーバーシュート，アンダーシュートとも大き

〈図10－4〉図10－2の点Ⓐと点Ⓑの波形解析結果

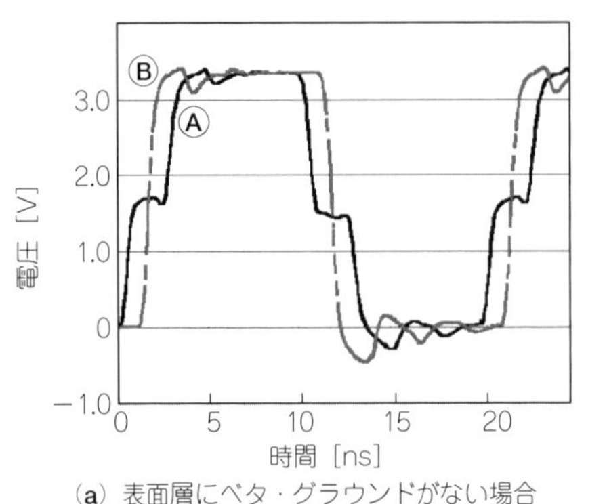

(a) 表面層にベタ・グラウンドがない場合［図10-2(a)］

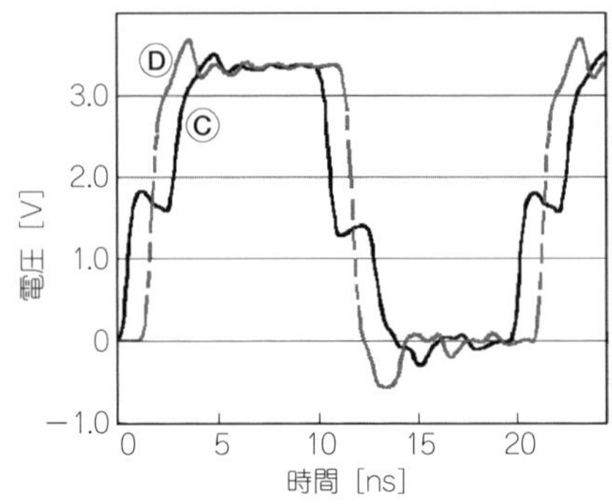

(b) 表面層の一部にベタ・グラウンドがある場合［図10-2(b)］

く，反射が大きいことを示しています．

この例のように，表面層に隣接した配線層は，ベタ・グラウンドの有無によって波形に影響を及ぼします．これと同様に，多層基板の層構成によっては，たとえ内層であってもベタ・グラウンドの有無が特性インピーダンスに影響を与えることがあります．

10.2　各種伝送線路の構造と特性インピーダンス

図10－5に示すのは6層基板の断面です．信号層S_1とS_2は隣接しており，S_2の配線の下の層にはグラウンド層があります．伝送線路の呼び名は，S_1層が信号線(または何もないか)かベタ・グラウンドかによって変わります．前者をエンベデッド・マイクロストリップ線路，後者をストリップ線路といいます．

ここでは，これらのパターンの特性インピーダンスの算出例をいくつか紹介しましょう．

● マイクロストリップ線路

図10－6(a)に示すのは，マイクロストリップ線路の断面です．誘電体上にストリップ線路があり，下面はグラウンド面です．

導体幅をw［mm］，導体厚をt［mm］，誘電体の厚みをh［mm］，基材の比誘電率ε_rとすると，線路の特性インピーダンスZ_0 Ωは，

〈図10-5〉6層基板の断面図

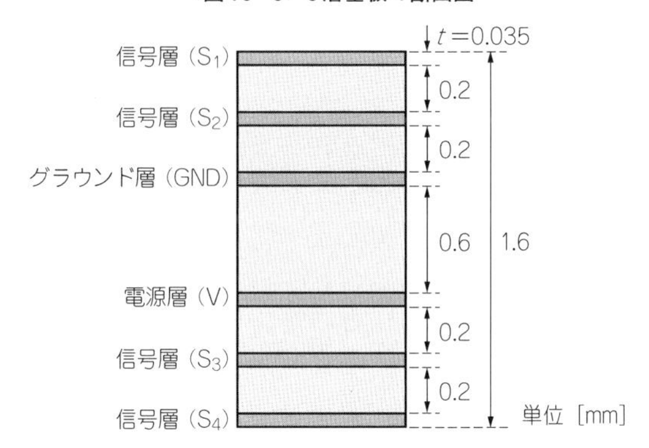

〈図10-6〉実際の多層基板に存在する各種の伝送線路

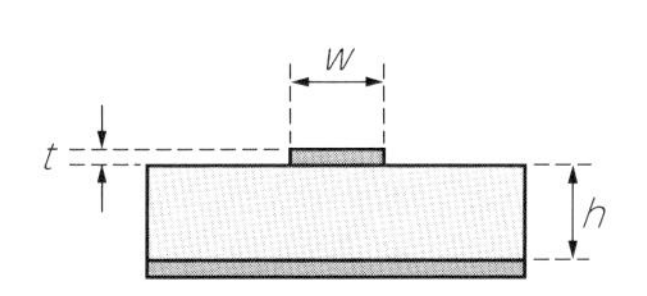

(a) マイクロストリップ線路

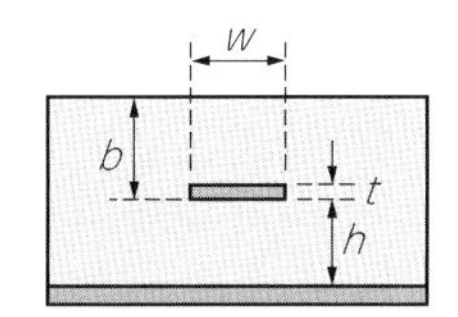

(b) エンベデッド・マイクロストリップ線路

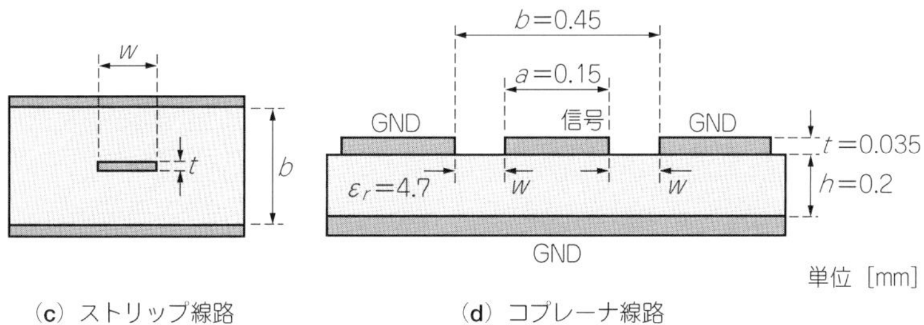

(c) ストリップ線路

(d) コプレーナ線路

$$Z_0=\frac{87}{\sqrt{\varepsilon_r+1.414}}\,ln\left(\frac{5.98h}{0.8w+t}\right)\quad\cdots\cdots(10\text{-}1)$$

で与えられます．例えば，w = 0.15 mm，t = 0.035 mm，h = 0.2 mm，ε_r = 4.7とすれば

$$Z_0=\frac{87}{\sqrt{4.7+1.414}}\,ln\left(\frac{5.98\times0.2}{0.8\times0.15+0.035}\right)=35.18\times2.04\fallingdotseq71.8\ \Omega\quad\cdots\cdots(10\text{-}2)$$

になります．マイクロストリップ線路の実効比誘電率 ε_{rma} は，

$$\varepsilon_{rma}=\frac{\varepsilon_r+1}{2}+\frac{\varepsilon_r-1}{2}\left(1+10\frac{h}{w}\right)^{-0.5} \quad \cdots\cdots (10\text{-}3)$$

で表されます．上記の例では3.3です．

● エンベデッド・マイクロストリップ線路

図10-6(b) にエンベデッド・マイクロストリップ線路の断面図を示します．配線の周りが誘電体で覆われ，一方の面だけがグラウンド層と対向しているので，このように呼ばれています．特性インピーダンス Z_{0B} [Ω]は，次のように求めます[29]．

まず，導体上の誘電体がない状態(高さ h のマイクロストリップ線路)での特性インピーダンス Z_{0M} と実効比誘電率 ε_{rma} を求めます．次に導体を誘電体で覆ったときの実効比誘電率 ε_{rBa} を算出し，Z_{0B} を求めます．

導体幅を w [mm]，導体厚を t [mm]，誘電体全体の厚みを b [mm]，導体からグラウンドまでの距離を h [mm]，基材の比誘電率を ε_r とすると，線路の特性インピーダンス Z_{0B} [Ω]は，

$$Z_{0B}=\frac{Z_{0M}\sqrt{\varepsilon_{rma}}}{\sqrt{\varepsilon_{rB}}} \quad \cdots\cdots (10\text{-}4)$$

$$\varepsilon_{rB}=\varepsilon_{rma}e^{\left(-2\frac{b}{h}\right)}+\varepsilon_r\left[1-e^{\left(-2\frac{b}{h}\right)}\right] \quad \cdots\cdots (10\text{-}5)$$

で求まります．

例えば，w = 0.15 mm，t = 0.035 mm，h = 0.2 mm，ε_r = 4.7の線路を考えてみましょう．誘電体で覆われていないマイクロストリップ線路の特性インピーダンスは，式(10-2)から71.8 Ω，実効比誘電率 ε_{rma} は式(10-3)から3.3と求められます．

一方，導体が誘電体で覆われているエンベデッド・マイクロストリップ線路の実効比誘電率は，式(10-5)から，

$$\varepsilon_{rB}=3.3e^{\left(-2\times\frac{0.2}{0.2}\right)}+\varepsilon_r\left\{1-e^{\left(-2\times\frac{0.2}{0.2}\right)}\right\}=3.3\times0.135+4.7(1.0-0.135)=4.5 \quad \cdots\cdots (10\text{-}6)$$

になります．この値を式(10-4)に代入すると，

$$Z_{0B}=\frac{Z_{0M}\sqrt{\varepsilon_{rma}}}{\sqrt{\varepsilon_{rB}}}=\frac{71.8\sqrt{3.3}}{\sqrt{4.5}}\fallingdotseq 61.5\ \Omega \quad \cdots\cdots (10\text{-}7)$$

と求まります．マイクロストリップ線路よりやや低い値です．

● ストリップ線路

図10-6(c)にストリップ線路の断面図を示します．このように，対向するグラウンド面の中間に位置するストリップ線路のことをセンタード・ストリップ線路(centered stripline)とも呼びます．

ストリップ線路は，両方のグラウンド面に対して容量をもつので，マイクロストリップ線路やエンベデッド・マイクロストリップ線路より特性インピーダンスは小さくなります．

特性インピーダンスZ_{0S}は，誘電体の厚みをb [mm]，導体幅をw [mm]，導体厚をt [mm]として，

$$Z_{0S}=\frac{60}{\sqrt{\varepsilon_r}}\,ln\left\{\frac{4b}{0.67\pi w(0.8+t/w)}\right\} \quad \cdots\cdots(10\text{-}8)$$

で与えられます．

$b=0.4$ mm，$w=0.15$ mm，$t=0.035$ mm，とすると，

$$Z_{0S}=\frac{60}{\sqrt{4.7}}\,ln\left\{\frac{4\times0.4}{0.67\pi\times0.15(0.8+0.035/0.15)}\right\}=27.68\,ln\,4.91=44.04\,\Omega \quad \cdots\cdots(10\text{-}9)$$

になります．

● コプレーナ線路

クロック信号ラインなどの高速信号の両脇に沿わせて描く配線は，ガーディングやベタ・グラウンドなどさまざまな名で呼ばれています．ここでは，**図10-6(d)**に示す下面にグラウンド層のある伝送線路について考えてみます．このような線路をコプレーナ線路と呼びます．グラウンドのパターンがなければマイクロストリップ線路と同じです．

このコプレーナ線路の特性インピーダンスZ_{0C}は，

$$Z_{0C}=\frac{377}{2.0\sqrt{\varepsilon_{r\beta}}}\left\{\frac{1}{K(k)/K(k_\alpha)+K(k_1)/K(k_{1\alpha})}\right\} \quad \cdots\cdots(10\text{-}10)$$

で求めることができます[(29)]．ただし，

$$k=a/b \quad \cdots\cdots(10\text{-}11)$$

$$k_\alpha=\sqrt{1-k^2} \quad \cdots\cdots(10\text{-}12)$$

$$k_{1\alpha}=\sqrt{1-k_1^2} \quad \cdots\cdots(10\text{-}13)$$

$$k_1 = \frac{\tanh\left(\frac{\pi a}{4h}\right)}{\tanh\left(\frac{\pi b}{4h}\right)} \quad \cdots\cdots (10-14)$$

$$\varepsilon_{r\beta} = \frac{1+\varepsilon_r \frac{K(k_a)}{K(k)} \frac{K(k_1)}{K(k_{1a})}}{1+\frac{K(k_a)}{K(k)} \frac{K(k_1)}{K(k_{1a})}} \quad \cdots\cdots (10-15)$$

です．面倒な関数がたくさん出てきましたが，順番に値を代入していけば問題なく計算できます．

$K(k)/K(k_a)$は次式で求まります．

$$\frac{K(k)}{K(k_a)} = \left\{\frac{1}{\pi} ln\left(2\frac{1+\sqrt{k_a}}{1-\sqrt{k_a}}\right)\right\}^{-1} \quad (0 \leqq k \leqq 0.7) \cdots\cdots (10-16)$$

$$\frac{K(k)}{K(k_a)} = \frac{1}{\pi} ln\left(2\frac{1+\sqrt{k}}{1-\sqrt{k}}\right) \quad (0.7 \leqq k \leqq 1) \cdots\cdots (10-17)$$

$$\tanh x = \frac{\sinh x}{\cosh x} = \frac{e^x - e^{-x}}{e^x + e^{-x}} \quad \cdots\cdots (10-18)$$

ここで，kの値によって式(10-16)，式(10-17)のどちらを使うか決めます．

例えば，**図10-6(d)**のようにa = 0.15 mm，b = 0.45 mm，t = 0.035mm，h = 0.2 mm，とすれば，線路のインピーダンスZ_{0C}は，次のように求めることができます。

$$k = a/b = 0.15/0.45 = 0.33$$

$$k_a = \sqrt{1-k^2} = \sqrt{1-0.33^2} \fallingdotseq 0.94$$

$$k_1 = \frac{\tanh\left(\frac{\pi a}{4h}\right)}{\tanh\left(\frac{\pi b}{4h}\right)} = \frac{\tanh(0.589)}{\tanh(1.766)} = \frac{0.529}{0.943} \fallingdotseq 0.561$$

$$k_{1a} = \sqrt{1-k_1^2} \fallingdotseq 0.828 \quad \cdots\cdots (10-19)$$

ここで，k = 0.33，k_1 = 0.561なので，

$$\frac{K(k)}{K(k_a)} = \left\{\frac{1}{\pi} ln\left(2\frac{1+\sqrt{k_a}}{1-\sqrt{k_a}}\right)\right\}^{-1} \fallingdotseq 0.64 \qquad \frac{K(k_1)}{K(k_{1a})} \fallingdotseq 0.84 \quad \cdots\cdots (10-20)$$

になります．実効比誘電率ε_{ra}は，

$$\varepsilon_{ra} = \frac{1+\varepsilon_r \frac{K(k_a)}{K(k)} \frac{K(k_1)}{K(k_{1a})}}{1+\frac{K(k_a)}{K(k)} \frac{K(k_1)}{K(k_{1a})}} \fallingdotseq \frac{1+4.7\times1.56\times0.84}{1+1.56\times0.84} = 3.1 \quad \cdots\cdots (10-21)$$

です．求める特性インピーダンスZ_{0C}［Ω］は，

$$Z_{0C}=\frac{377}{2\sqrt{\varepsilon_{ra}}}\frac{1}{\dfrac{K(k)}{K(k_a)}+\dfrac{K(k_1)}{K(k_{1a})}}=\frac{377}{2\times\sqrt{3.1}}\frac{1}{0.64+0.84}\fallingdotseq 72.3\ \Omega \quad\cdots\cdots(10\text{-}22)$$

になります．

〈図10-7〉コプレーナ伝送線路の特性インピーダンス算出結果

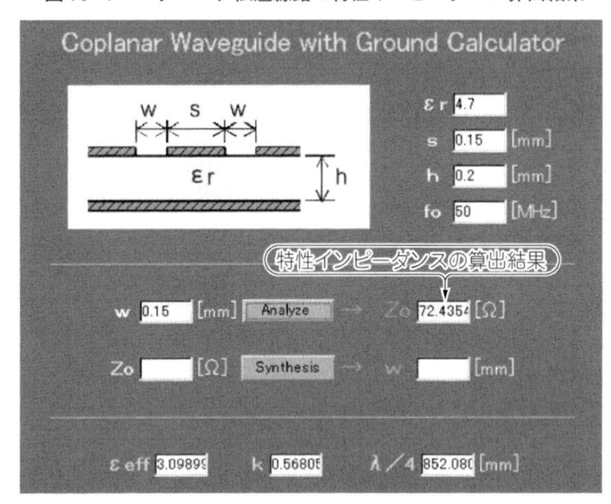

(a) $w=0.15$ mm

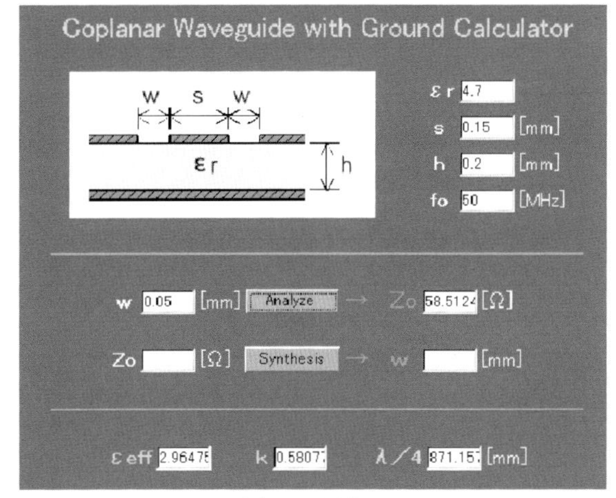

(b) $w=0.05$ mm

この値は，式(10-2)で得られたマイクロストリップ線路の特性インピーダンスとほとんど変わりませんが，グラウンド・パターンを線路に近づけるほど特性インピーダンスが低下します．

図10-7(a)は，このツールを利用した例です．先ほどの条件を入力してみました．特性インピーダンス72.43 Ωが得られており，上記の計算結果とよく合っています．**図10-7(b)**に示すのは，線路とグラウンド・パターンの間隔を0.05 mmまで狭くしたときの特性インピーダンスで，58.51 Ωまで低下しています．

10.3　バス信号の配線間スキューの問題

■ バス・ラインを配線するときの問題点

バス配線は，基板設計のなかで最も難しい部分であると言われています．

写真10-1に示すのは，ベタ・グラウンドのあるプリント基板の例です．バス・バッファは，ダンピング抵抗を介してメモリ・モジュールに信号を供給しています．

前出の**図10-5**が，この基板の断面図です．部品面からS_1，S_2，グラウンド，電源，S_3，S_4です．バスは，電源とグラウンド層以外のすべての信号層を使って配線されており，バス・ラインの一部は表面層で配線され，一部はスルー・ホールを通って別の層に移動しています．

同じようなルート，長さ，形状で，バス配線の1本1本を配線できれば，信号間のスキューの問題などに悩まされることは少なくなりますが，このケースのように実際にはそううまくはいきません．必ず，表面層や内層を通したり，ダンピング抵抗の直下を通します．

クロックのガーディングも，配線可能な部分だけ描き，不完全な状態になることがよくあります．バス信号の一部は，プリント・パターンの特性インピーダンスの変化点が多く，反射によって信号波形が崩れてしまいます．

■ 負荷の数が多いほど伝播速度は遅くなる

ICの入力は，容量性の負荷と考えることができます．配線の全容量は，この入力容量と配線固有の容量が加わった分布容量ですから，メモリやLSIが数多く接続されるバスの配線インピーダンスは低く，伝播速度が遅くなります．

無負荷時と容量負荷時の伝播遅延時間と特性インピーダンスを各々t_{PD}，Z_0，t_{PDa}，Z_{0a}とすると，

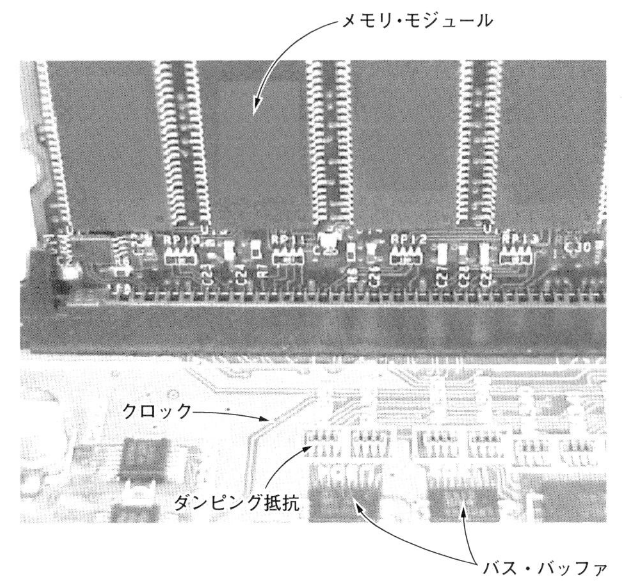

〈写真10-1〉実際のディジタル回路基板に見るベタ・グラウンドのようす

$$t_{PD\alpha}=t_{PD}\sqrt{1+C_d/C_0} \quad \cdots\cdots (10\text{-}23)$$

$$Z_{0\alpha}=\frac{Z_0}{\sqrt{1+C_d/C_0}} \quad \cdots\cdots (10\text{-}24)$$

$$C_0=\frac{t_{PD}}{Z_0} \quad \cdots\cdots (10\text{-}25)$$

ただし，C_0：配線固有の容量［F］，C_d：単位長さ当たりの分布負荷容量［F/m］になります．

バス・ライン上の信号伝播のようす

● シミュレーション・モデルの設定

図10-8に示すのはバス線路のモデルです．IC_1～IC_6はトランスミッタICです．IC_1はドライバ，IC_2～IC_6はレシーバとして機能しています．

このモデルは，伝送線路の特性インピーダンスとレシーバの入力インピーダンスが大きく異なっており，レシーバ入力にて全反射が起きる設定になっています．

プリント・パターンはマイクロストリップ線路で，特性インピーダンスは50 Ωです．配線長は，IC_1からIC_2までが75 mm，IC_2からIC_5までは各々20 mm，IC_6はIC_5から10 mmで全長145 mmです．各ICの入力容量は3 pFです．

マイクロストリップ線路の無負荷時の伝播遅延時間t_{PD}は0.06 ns/cmなので，配線固有容量C_0と分布負荷容量C_dは，

$$C_0=\frac{t_{PD}}{Z_0}=\frac{0.06\times10^{-9}}{50}=1.2\times10^{-12}\ \mathrm{F/cm}=1.2\ \mathrm{pF/cm} \quad\cdots\cdots(10\text{-}26)$$

$$C_d=\frac{3\times10^{-12}\times5}{14.5}=1.03\ \mathrm{pF/cm} \quad\cdots\cdots(10\text{-}27)$$

になります．

容量負荷時の実効的な特性インピーダンスZ_{0a}と伝播遅延時間t_{PDa}は，

$$Z_{0a}=\frac{Z_0}{\sqrt{1+C_d/C_0}}=\frac{50}{\sqrt{1+1.03/1.2}}\fallingdotseq36.7\ \Omega \quad\cdots\cdots(10\text{-}28)$$

$$t_{PDa}=t_{PD}\sqrt{1+C_d/C_0}=0.06\sqrt{1+1.03/1.2}\fallingdotseq0.082\ \mathrm{ns/cm} \quad\cdots\cdots(10\text{-}29)$$

になります．無負荷時と比較すると，特性インピーダンスは13.3 Ω低下し，伝播遅延時間も1 cm当たり0.021 ns遅れます．

● 末端のトランスミッタでバスを駆動する場合

図10-8に示すバス・ラインのシミュレーション回路で，各部の波形を見てみましょう．

図10-9に示すのは，**図10-8**の回路を50 MHzで動作させたときの，R_1のレシーバ側および各ICの入力部のシミュレーション波形です．レシーバの入力は，線路の特性イン

〈図10-8〉末端のトランスミッタで駆動されたバス配線

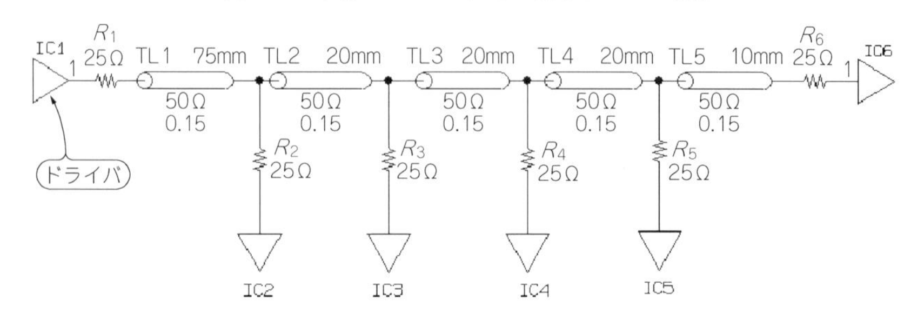

ピーダンスと整合がとれていないため，立ち上がりと立ち下がりの波形がなまっています．

図10-9(b)からわかるように，点ⒶまではIC_1に近いレシーバIC_2から順に立ち上がっていますが，点Ⓐを境にドライバから最も遠方にあるレシーバIC_6が早く立ち上がり，ドライバに近いIC_2は最後に立ち上がっています．つまり，遠方にあるレシーバから順にONします．

このように，伝送線路の特性インピーダンスとレシーバの入力インピーダンスが大きく異なると，ドライバ側の出力波形が立ち上がる前に，最も遠いレシーバまで信号が到達し，全反射によってIC_6，IC_5…の順に入力スレッショルド・レベルを越えます．

図10-9(b)の2Vに達するまでの時間を見てください．IC_6が最も短く，その約0.23 ns後にIC_4が，さらに約0.27 ns後にIC_2が2Vに到達しています．先ほどの計算では，伝播速度は0.082 ns/cmなので，IC_6からIC_4までの距離30 mmでは，計算上で0.24 ns，IC_4からIC_2までの40 mmで0.33 nsの遅れになります．

この遅延を減らすには，線路とレシーバ入力のインピーダンスを整合させるか，反射波がドライバに戻る時間よりドライバの立ち上がり時間を遅くする必要があります．

● 途中のトランスミッタでバスを駆動する場合

バス配線に接続するトランスミッタは，ドライバとして機能したり，レシーバとして機

〈図10-9〉図10-8の各部の電圧波形（シミュレーション）

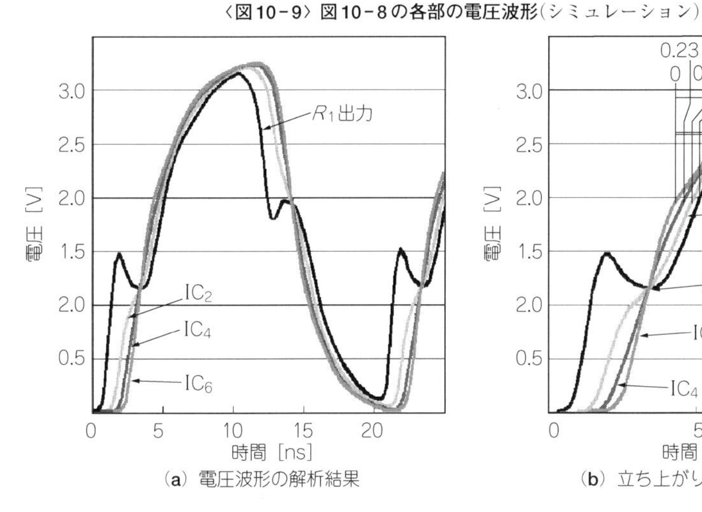

(a) 電圧波形の解析結果

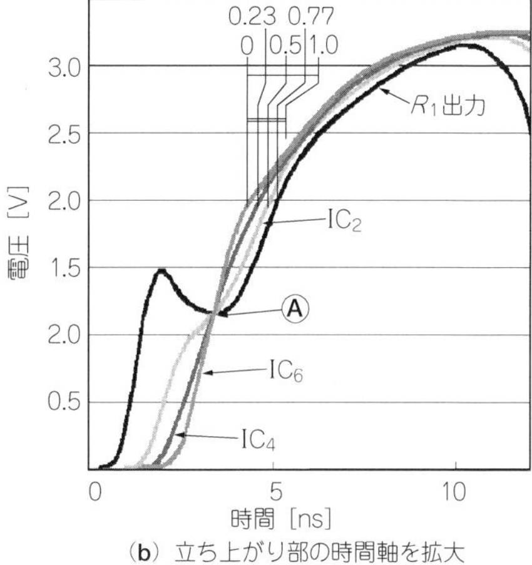

(b) 立ち上がり部の時間軸を拡大

能したりします．**図10-10**に示すのは，先ほどのIC_2の位置のトランスミッタがドライバとして機能した場合のシミュレーション・モデルです．

IC_1からバスを見ると，2本の等長配線に分岐しています．一方は，四つの容量負荷が接続され，他方は一つしか負荷がなく，実効的な特性インピーダンスは異なります．

図10-11に，シミュレーション波形を示します．1.5V付近まではIC_2が最も早く立ち上がります．これはIC_1とIC_2の間に負荷が一つしか接続されていないからです．1.5V以上の領域では，ほかのICより遅く立ち上がっていますが，これはもう一方の線路からの反射波がIC_2とほかのIC間を何度も往復しているからです．ただし，**図10-9(b)**の場合よりは，ドライバ側と各IC入力間の伝播遅延は小さくなっています．

〈図10-10〉途中のトランスミッタで駆動されたバス配線その①

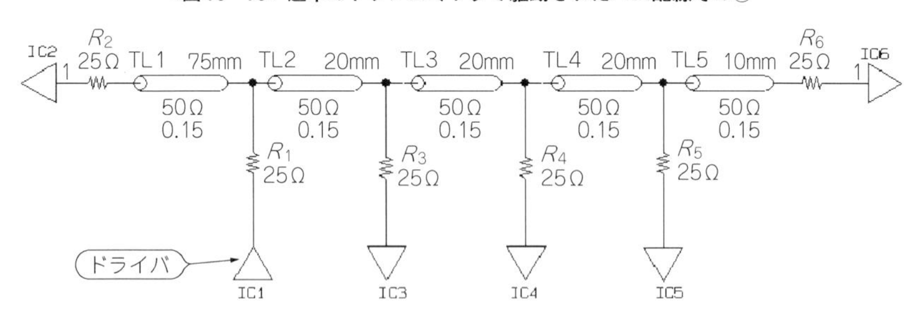

〈図10-11〉図10-10の各部の電圧波形
（シミュレーション）

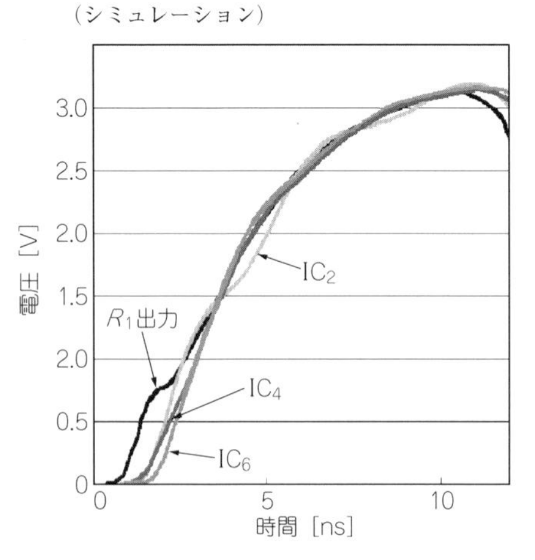

〈図10-13〉図10-12の各部の電圧波形
（シミュレーション）

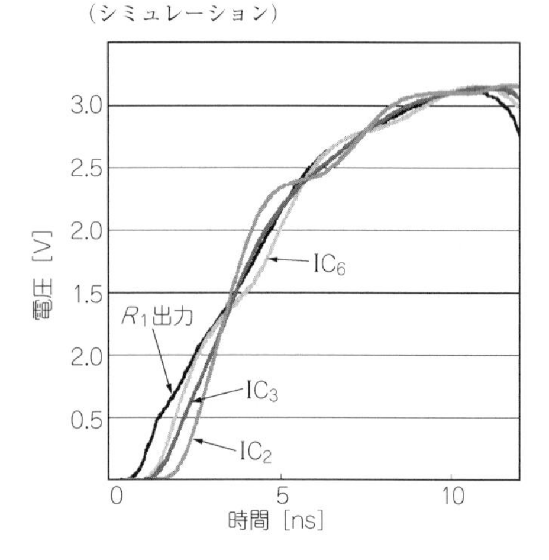

〈図10-12〉途中のトランスミッタで駆動されたバス配線その②

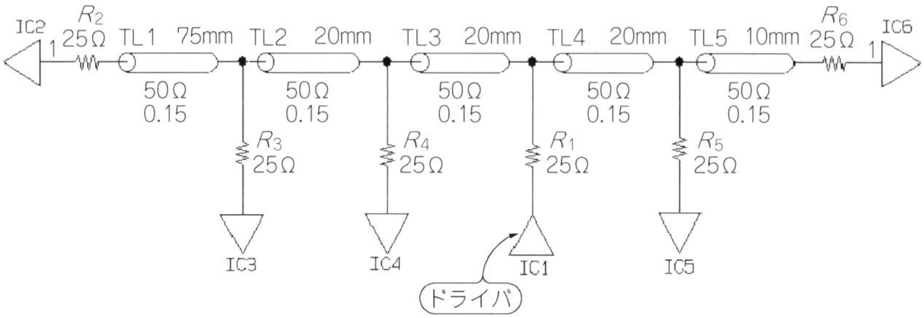

図10-12に示すのは，さらにレシーバ側のトランスミッタがドライバとして機能した場合のモデルです．**図10-13**にシミュレーション結果を示します．**図10-8**の場合と似て，最も遠いレシーバの入力電圧が先に立ち上がり，徐々にレベルが上がります．

10.4　配線構造と伝播速度/インピーダンス/信号波形

● 信号は1 nsでどのくらい進む？

道路を歩くとき，プールで水から上半身を出して歩くとき，水の中に潜って歩くときでは，体に働く水の抵抗はまったく異なり，前進する速度は異なります．プリント・パターンを伝送する信号の伝播もこれに似ています．信号の伝播速度は，ストリップ線路を囲む物質の比誘電率と，どのように囲まれているかによって変わります．

現場では，等長であることをかなり意識して配線するようになっていますが，表面層と内層のストリップ線路の信号伝播速度が異なるという認識は，まだまだ足りないように思います．

光の速度を v_P [m/s]，実効比誘電率 ε_{ra} とすると，伝播速度 v_P は，

$$v_P = \frac{C_0}{\sqrt{\varepsilon_{ra}}} \quad \cdots\cdots (10\text{-}30)$$

になります．

前出の各線路の実効比誘電率を式(10-9)に代入すると，マイクロストリップ線路($\varepsilon_r = 3.3$)では，

$$v_P = 1.65 \times 10^8 \text{ m/s} \quad \cdots\cdots (10\text{-}31)$$

ストリップ線路($\varepsilon_r = 4.7$)では，

$$v_P = 1.38 \times 10^8 \text{ m/s} \quad \cdots\cdots (10-32)$$

になります．

単位長さ当たりの遅延時間は，v_Pの逆数をとって，それぞれ6.06 ns/m，7.25 ns/mです．これを単位時間に信号が進む距離に換算すると,マイクロストリップ線路では165 mm/ns，ストリップ線路は139 mm/nsになります．

バス配線のなかに，マイクロストリップ線路とストリップ線路がある場合，マイクロストリップ線路はストリップ線路より短くしなければ，すべてのバス信号を同じタイミングで負荷に伝送できません．線路の構造を考慮しないで，配線長を等しくしただけでは目的は達成できないのです．

最近のCADは，線路構造を考慮しながら伝播時間を計算し，配線長をチェックしてくれます．

● 整合したマイクロストリップ線路の伝播速度

図10-14に示すのは，マイクロストリップ線路を使った伝送回路です．

図中の特性インピーダンス(74 Ω)はシミュレーションで得た値です．ドライバICは，出力インピーダンス16 Ωの74LVTH240，ダンピング抵抗R_Dは56 Ω，終端抵抗R_Lは74 Ωです．

図10-15に示すのは，この回路を100 MHzで動作させたときのダンピング抵抗R_Dの出力側(点Ⓐ)と負荷側(点Ⓑ)のシミュレーション波形です．

ドライバ側の波形は，反射の影響がないため一気に立ち上がります．前出のように，マイクロストリップ線路の伝播速度が165 mm/nsであることと，線路長が150 mmであることから，負荷側の入力波形は約1 ns後に立ち上がります．

図10-15(b)は，この回路から発生するノイズ・スペクトルです．基本周波数100 MHzの奇数次高調波になる300 MHz，500 MHzにピークがあります．

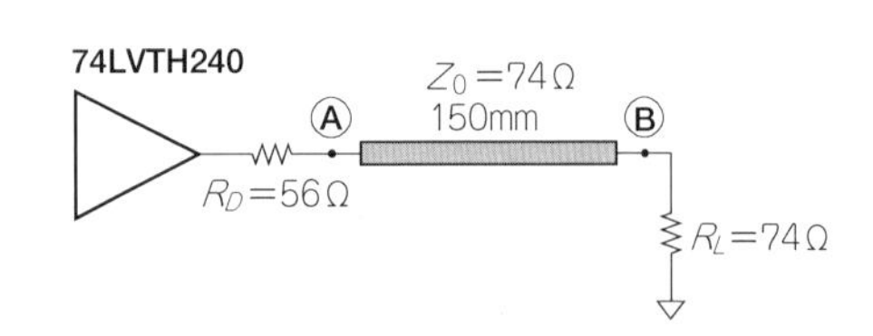

〈図10-14〉
整合されたマイクロストリップ線路の伝播のようすを調べる伝送回路

図10-15(c)に示すのは，線路とグラウンド層間(空間)の電気力線のようすです．マイクロストリップ線路の電気力線は，空間や誘電体内部で，ある広がりをもってグラウンド層に至ります．この結果からは，線路とグラウンド層の間隔を狭くするほど，電気力線は線路直下に集中することが推測できます．

空中に飛び出す電気力線の量からは，放射ノイズの大きさを推測できます．線路とグラウンド層間に電気力線が集中するほど，空中に飛び出す電気力線は減り，放射ノイズが減ります．

〈図10-15〉図10-14の伝送回路のシミュレーション結果

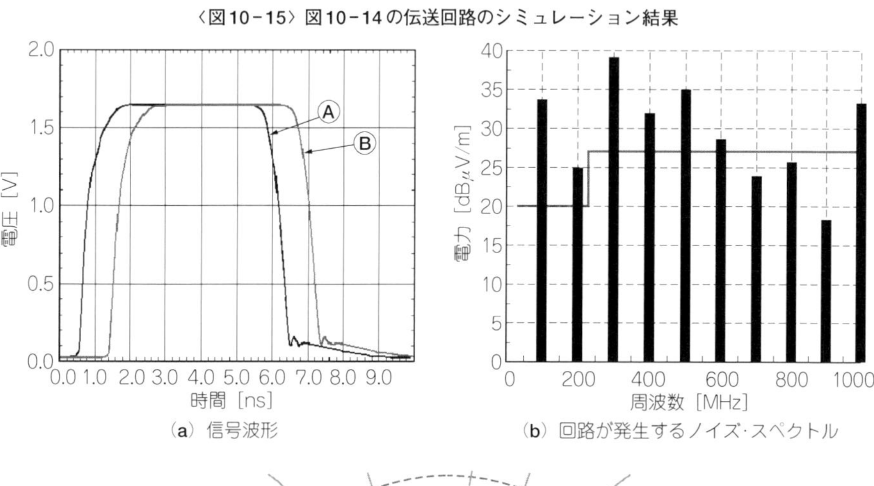

(a) 信号波形

(b) 回路が発生するノイズ・スペクトル

(c) 電気力線のようす

● コプレーナ線路の伝播速度

図10-16に示すように，**図10-14**のマイクロストリップ線路の両側にグラウンド・パターン（幅は考慮していない）を設けた場合の波形やノイズ・スペクトラムをシミュレーション解析してみます．

信号配線の幅は，**図10-6(d)**で使った値と同じ(0.15 mm)です．信号配線とグラウンド・パターン間は0.05 mmまたは0.15 mmです．

▶ 信号配線とグラウンド・パターン間が0.15 mmのとき

図10-17(a)に，信号配線とグラウンド・パターン間が0.15 mmのときのシミュレーション波形を示します．

配線の特性インピーダンスZ_0は，シミュレーションの結果66.43 Ωです．整合抵抗は，マイクロストリップ線路のときと同じ74 Ωです．整合がとれていないため，点Ⓐの立ち上がり波形は階段状です．立ち上がりから2 ns後に反射波が点Ⓐに戻り，振幅は最大になっています．

図10-17(b)に，この伝送線路のノイズ・スペクトルを示します．**図10-15(b)**とほとんど同じです．

図10-17(c)に示すのは，このコプレーナ線路の電気力線です．両側のグラウンド・パターンには，それほど電気力線は到達しないことがわかります．

▶ 信号配線とグラウンド・パターン間が0.05 mmのとき

図10-18(a)に，信号配線とグラウンド・パターン間が0.05 mmのときのシミュレーション波形を示します．

図10-17(a)と比べて，立ち上がり波形がより階段状になっています．線路の特性インピーダンスZ_0が58.5 Ωまで低下し，不整合による反射が増えたからです．

図10-18(b)に，この波形のスペクトルを示します．**図10-15(b)**と**図10-17(b)**と比

〈図10-16〉
図10-14のマイクロストリップ線路の両側にグラウンド・パターンがある場合
(信号配線-グラウンド・パターン間距離：0.15mm)

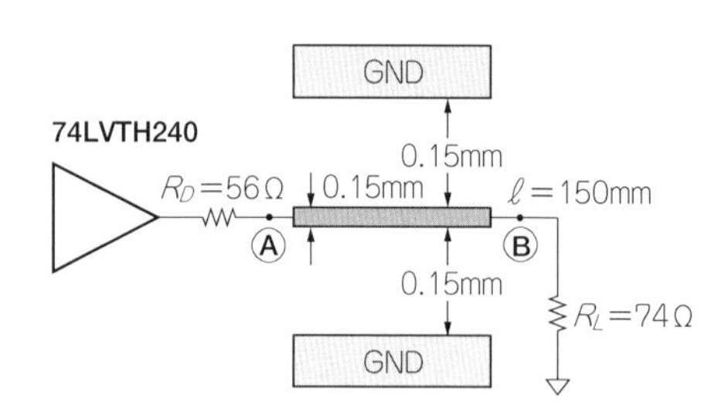

較すると，500 MHz 以下では 3～5 dB ほど低いですが，600 MHz 以上では逆にレベルが高くなっています．

図 10-18(c) に電気力線を示します．中心の線路とグラウンド間の力線の数が，0.15 mm のときと比較して大幅に増加しました．このように，線路とグラウンド間をどんどん狭くしていくと，隙間を横切る方向に電界が生じ，それを波源として，電磁界が放射されると考えられます．

＊

これらの結果より，高速信号配線にガーディングを入れる場合，線路とグラウンド・パターンの間隔を線路幅より短くしていくと，特性インピーダンスが低下することがわかり

〈図 10-17〉図 10-16 の伝送回路のシミュレーション結果

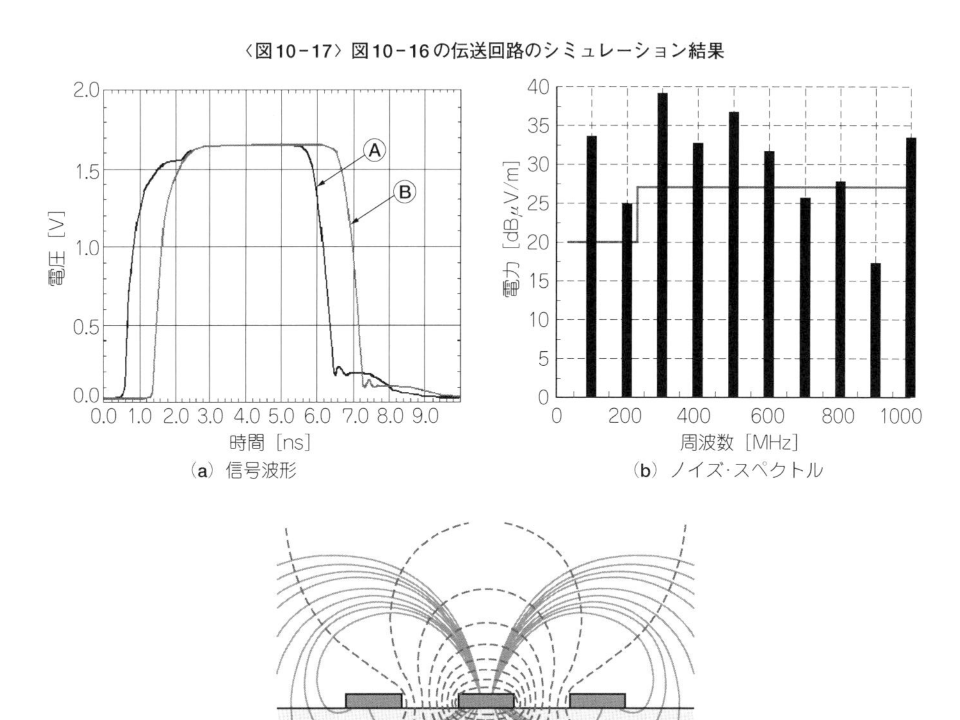

(a) 信号波形

(b) ノイズ·スペクトル

(c) 電気力線

〈図10-18〉図10-16の信号配線とグラウンド・パターン間距離を0.05 mmに縮めたときのシミュレーション結果

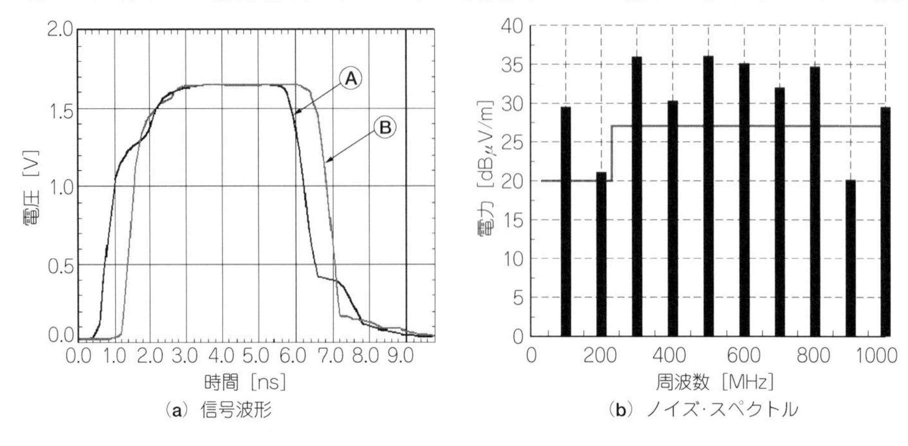

（a）信号波形

（b）ノイズ・スペクトル

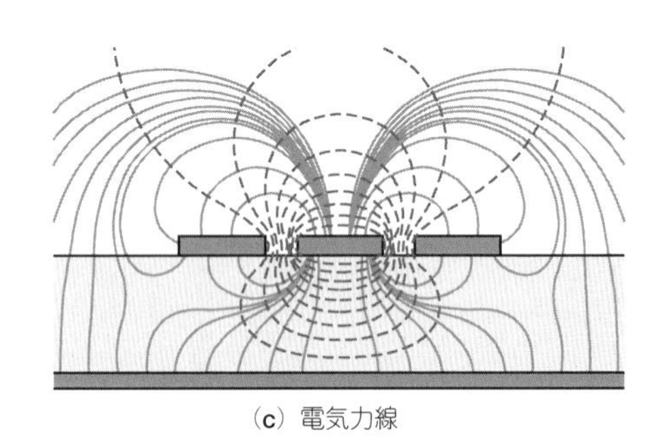

（c）電気力線

ます．ダンピング抵抗や整合抵抗を設計するときは，この低下ぶんを見込む必要があります．また，あまり間隔を狭めると高い周波数領域で問題が出ることもわかります．

10.5　2本の配線を伝播する電流の向きとインピーダンス変化

● プリント・パターンのインピーダンスは常に変化している

伝送線路に信号が伝播すると，近くの線路はその影響を受けて波形が乱れます．これをクロストークといいます．

図10-19に示すのは，2本の伝送線路を能動状態にしたとき，伝送線路にどのような影響が出るかを検討するためのシミュレーション用の回路です．**図10-14**に示したマイ

〈図10－19〉伝送線路に流れる電流の向きがインピーダンスに与える影響を調べる伝送回路

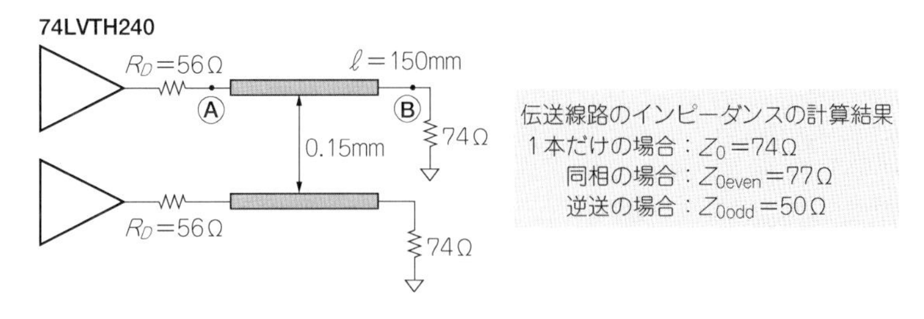

〈図10－20〉図10－19の伝送回路の電圧波形(シミュレーション)

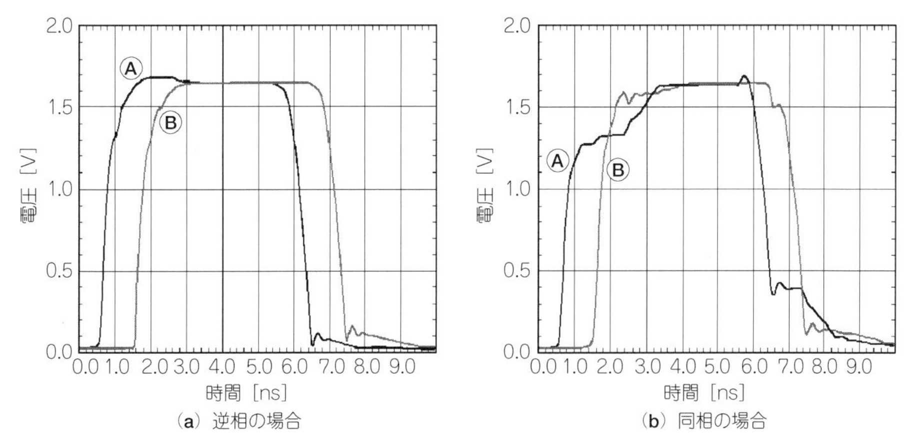

(a) 逆相の場合　(b) 同相の場合

クロストリップ線路を2本平行に配線したものと考えてください．

Z_0はマイクロストリップ線路1本のとき，Z_{0even}は2本の線路に伝播する信号が同位相のとき，Z_{0odd}は逆位相の信号が伝播するときの特性インピーダンスです．**図10－19**に示す計算結果から，同位相の場合は，ほとんど1本のマイクロストリップ線路と変わりませんが，逆位相になると，25Ω近く特性インピーダンスが低下することがわかります．

ドライブ電流が不足しているという理由で，バス配線のダンピング抵抗を当初の設計値より小さくしたことのある人も多いと思いますが，バスにはデータやアドレス・データが伝送されており，時間的に同位相になったり，逆位相になったりします．線路の実効的な特性インピーダンスは，常に変化していると考えてください．

これらの問題を軽減するには，線路間にグラウンド配線を入れて，お互いの影響を減ら

〈図10－21〉図10－19の伝送回路のノイズ・スペクトラム

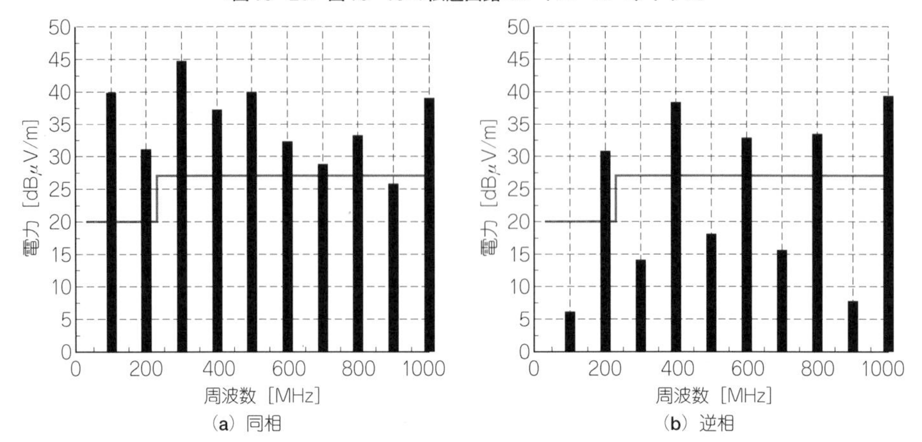

す必要があります．

● 同相と逆相の伝送波形の違い

図10－20に示すのは，同位相と逆位相のときのドライバ出力と負荷側の電圧波形です．

同位相の場合，特性インピーダンスは1本のときよりやや増加します．線路間には電位差がないので，電界は各線路とグラウンド層にだけ存在し，線路間は互いに影響を与えません．

逆位相の場合，電位の高い線路からグラウンド層と隣接配線に電界が発生します．線路は，片方のわきにグラウンド・パターンが，直下にグラウンド層があるモデルと考えることができます．特性インピーダンスは同位相のときより低くなります．

図10－21は，**図10－19**の伝送回路のノイズ・スペクトルです．同位相より逆位相のほうが，基本周波数および奇数次高調波が少ない結果になります．これは，2本の線路から発生する磁界が互いに打ち消し合っているからです．

第11章
ノイズを出さない高速回路設計
～ノイズ発生のしくみと高速ICの選び方～

11.1　クロック信号波形の理解を深める

● クロック信号は正弦波とその高周波で構成されている

図11-1は，正弦波と台形波に含まれる高調波の違いを示したものです．図からわかるように，正弦波のスペクトラムは1本ですが，台形波は基本周波数の奇数倍の高調波をたくさん含んでいます．

図11-2の破線で示した信号は，360°を1周期とする正弦波(基本波)と，その3倍の周波数(第3次高調波)を加えたものです．この図から，基本波に奇数次高調波を加えていくと台形波に近づくことがわかると思います．特に注目してほしいのは波形の立ち上がり

〈図11-1〉正弦波と方形波のスペクトラム

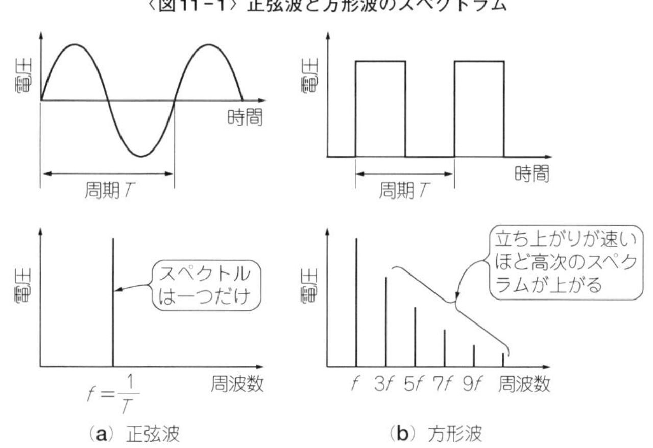

〈図11-2〉(30) 基本波に第3次高調波を加えた合成波

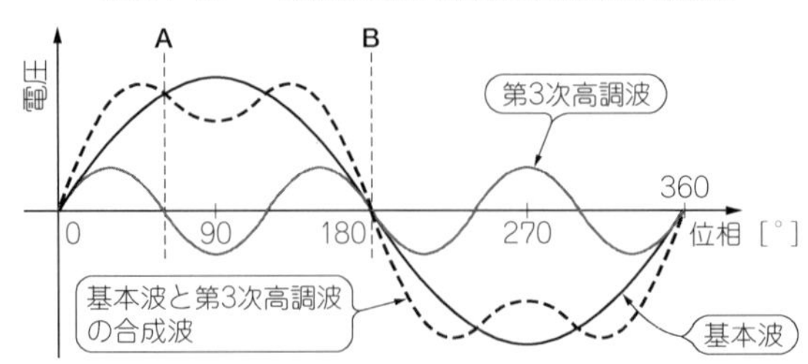

〈図11-3〉(30) 基本波に第2次高調波を加えた合成波

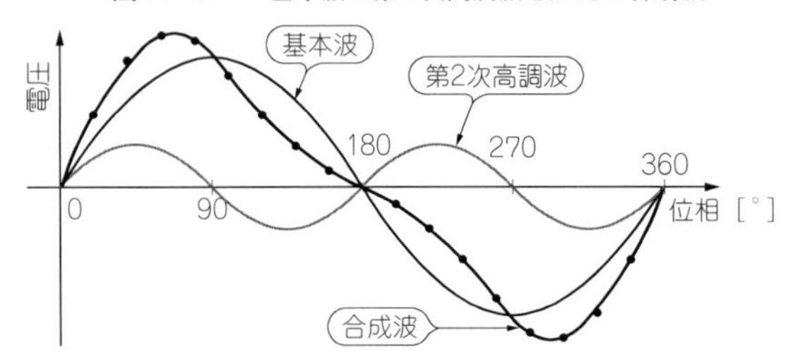

部です．合成波の立ち上がりは，基本波よりも第3次高調波よりも速くなっています．第5次高調波，第7次高調波と加えていくとさらに波形の立ち上がりが鋭くなっていくことは容易に推測できます．逆に，立ち上がりの速い信号はそれだけ多くの高調波成分を含んでいるということです．

図11-3は基本波とその2倍の高調波を加えた波形です．奇数次のときと異なって偶数次の高調波をいくら加えても台形波にはなりません．

以上から，クロック信号は基本波をベースにして3次，5次，7次…という奇数次高調波を加えていったものであることがわかります．

「放射ノイズで問題になるのは，だいたい50 MHz以上の回路だから，10 MHz程度の動作クロック周波数ならどんな部品を使っても大丈夫！」

「誤動作やノイズに気をつけてパターニングしなければならないのは，だいたい33 MHz以上からだから10 MHzなんてチョチョイのチョイですよ」

などと会話している人がいますが，ここで話題にしている周波数はクロック信号の基本波の周波数です．立ち上がり時間が1 nsのドライバから出力される基本波周波数10 MHz

〈図11-4〉繰り返し波形

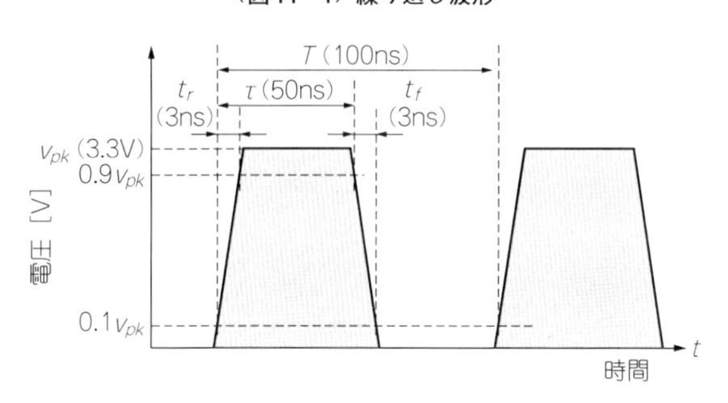

のクロック信号には，100 MHz以上の高調波がたくさん含まれているのです．

● 波形から周波数特性を導く

クロック信号のような周期的な信号は，1周期の整数倍の周波数の正弦波と余弦波の級数展開によって表せます．これをフーリエ級数展開といいます．

クロック信号の振幅を $y(t)$，n を正の整数とすると次のように表されます．

$$y(\omega t) = a_0 + \sum_{n=1}^{\infty} (a_n \sin n\omega t + b_n \cos n\omega t) \quad \cdots\cdots (11\text{-}1)$$

$\omega t = \theta$ とおくと次のようになります．

$$y(\theta) = a_0 + \sum_{n=1}^{\infty} (a_n \sin n\theta + b_n \cos n\theta) \quad \cdots\cdots (11\text{-}2)$$

ここで，a_0 は直流成分，$a_1 \sin\theta$ と $b_1 \cos\theta$ は基本波（$n = 1$），$a_n \sin n\theta$ と $b_n \cos n\theta$ は，n 次の高調波成分です．a_0 や a_n，b_n の値は $y(t)$ の波形によって異なります[(31)]．

図11-4 に示すのは，周期 T，パルス幅 τ，波形の立ち上がり時間 t_r，立ち下がり時間 t_f の台形波です．この波形の n 次高調波の振幅 v_{Cn} は，振幅のピークを v_{pk} とすると次式で表されます．

$$v_{Cn} = 2v_{pk}\frac{\tau}{T}\left|\frac{\sin\left(n\pi\frac{\tau}{T}\right)}{n\pi\frac{\tau}{T}}\right| \times \left|\frac{\sin\left(n\pi\frac{t_r}{T}\right)}{n\pi\frac{t_r}{T}}\right| \quad \cdots\cdots (11\text{-}3)$$

ただし，$n \neq 0$，$t_r \ll T$

ここで，$n\pi t_r/T$ が微小値なので，

$$\frac{\sin(n\pi t_r/T)}{n\pi t_r/T} \fallingdotseq 1 \quad \cdots\cdots (11\text{-}4)$$

と見なせ，式(11-3)は次のように簡略化できます[(32)].

$$v_{Cn} = 2v_{pk}\frac{\tau}{T}\left|\frac{\sin\left(n\pi\frac{\tau}{T}\right)}{n\pi\frac{\tau}{T}}\right| \quad \cdots\cdots (11\text{-}5)$$

ただし，$n \neq 0$

デューティ τ/T を0.5とすると，基本波と第2次高調波および第3次高調波の振幅 v_{C1}，v_{C2}，v_{C3} は次のように求まります．

$$v_{C1} = 0.637\ v_{pk} \quad \cdots\cdots (11\text{-}6)$$

$$v_{C2} = 0 \quad \cdots\cdots (11\text{-}7)$$

$$v_{C3} = 0.212\ v_{pk} \quad \cdots\cdots (11\text{-}8)$$

ただし，$n \neq 0$

第2次高調波の振幅 v_{C2} はゼロですが，第4次高調波，第6次高調波についても同じです．これはデューティ τ/T を0.5と仮定したからです．この条件が崩れ，例えば $\tau/T = 0.45$ とすると，次のように偶数次の高調波が出てきます．

$$v_{C2} = 0.099\ v_{pk} \quad \cdots\cdots (11\text{-}9)$$

スペクトラム・アナライザでクロック波形のスペクトラムを観測したとき，基本波以外の偶数次の高調波が現れた場合は，クロック信号のデューティ比が50％でないことが原因の一つです．

● 台形波の高調波スペクトラム

台形波の高調波の最大振幅は，次数(周波数)が高くなるとどのように変化するのでしょうか．

図11-5に示す太い線(―)は，高調波の振幅の最大値どうしを結んだ包絡線です．この包絡線を表す関数 $G(f)$ は，式(11-3)において $n/T = f$ とおいて，

$$G(f) = 20\log\left(2v_p\frac{\tau}{T}\left|\frac{\sin\pi\tau f}{\pi\tau f}\right| \times \left|\frac{\sin\pi t_r f}{\pi t_r f}\right|\right) \quad \cdots\cdots (11\text{-}10)$$

〈図11-5〉台形波のスペクトラム

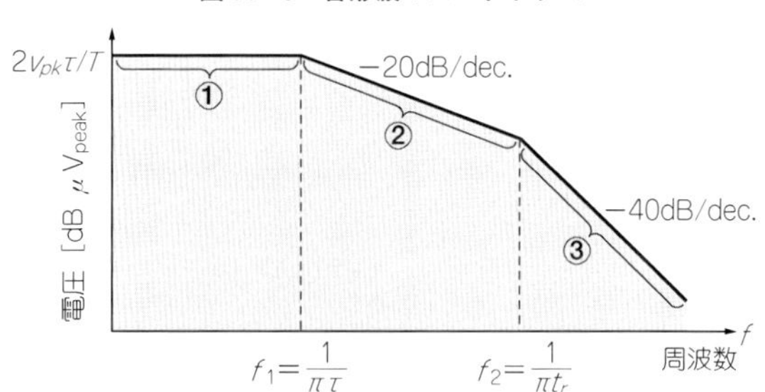

〈図11-6〉図11-4の周期信号のスペクトラムの包絡線

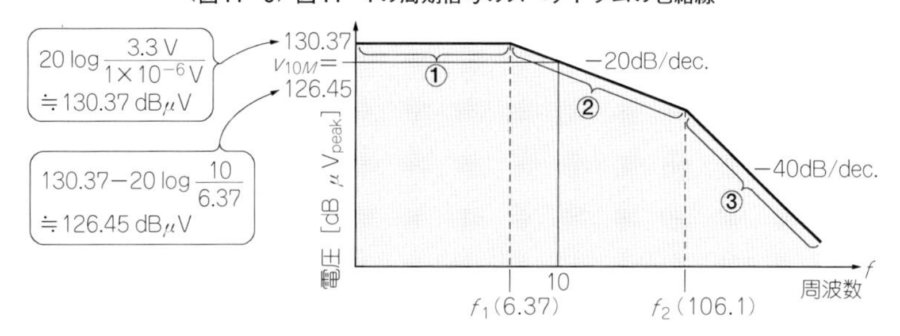

と表され，これは図に示すように次の三つの直線で構成されます．

①振幅$2\,v_{pk}\,\tau/T$の直線

②直線①と$f_1=1/(\pi\tau)$で交わる傾き−20 dBの直線

③直線②と$f_2=1/(\pi t_r)$で交わる傾き−40 dBの直線

図11-4に示す台形波周期信号のスペクトラムの包絡線関数$G(f)$を求めてみましょう．$T=100$ ns($f=10$ MHz)，$\tau=50$ ns，$t_r=3$ ns，$v_{pk}=3.3$ Vです．**図11-5**の直線①のレベルv_1は式(11-3)から次のように求まります．

$$v_1=2\,v_{pk}\frac{\tau}{T}=3.3\,\text{V}_{\text{peak}} \quad\cdots\cdots(11\text{-}11)$$

f_1とf_2は各々次のように求まります．

$$f_1=1/(\pi\tau)\fallingdotseq 6.37\text{ MHz} \quad\cdots\cdots(11\text{-}12)$$

$$f_2=1/(\pi t_r)\fallingdotseq 106.1\text{ MHz} \quad\cdots\cdots(11\text{-}13)$$

したがって，$G(f)$は**図11-6**に示すような関数になります．

〈図11-7〉両対数グラフに描かれた直線上の値を求める

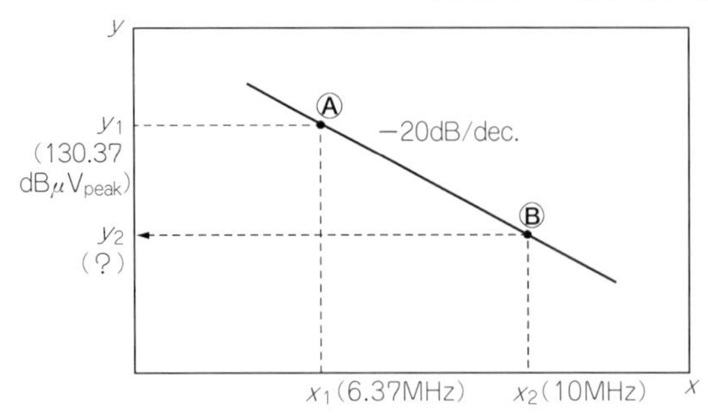

dec.(decade)には10個1組とか10年という意味がある．−20dB/dec.の直線上の点のレベルは，周波数が10倍になるごとに−20dB(=1/10)ずつ小さくなる

図11-7は両対数軸グラフに－20 dB/dec.の直線を描いたものです．この直線上の未知の値y_2は次式で求まります[32]．

$$y_2 = y_1 - 20\log\frac{x_2}{x_1} \quad \cdots\cdots (11\text{-}14)$$

例えば，**図11-6**において周波数10 MHzにおける電圧振幅v_{10M}を求めると，x_1 = 6.37 MHz，x_2 = 10 MHz，y_1 = 130.37 dBμVなので，126.45 dBμVと求まります．

11.2　理想的なクロック波形とは…

■ 駆動電流の大きいバッファICに要注意！

● 高出力バッファにはトゲがある

クロック信号は回路動作の基準信号ですから，誤動作させないためには，立ち上がりがシャープでリンギングのないきれいな方形波であるに越したことはありません．最近のCPUでは立ち上がりやデューティ比を細かく規定しているものも多くなってきました．しかし，これまで説明してきたように，クロック信号の波形は，プリント基板の配線長，負荷容量，反射などによって大きく変化します．

「終端抵抗を追加しても十分駆動電流を出力できるドライバを使って，クロック信号はできるだけ速く立ち上がらせましょう．そうすれば，CPU基板の拡張スロットにDIMM基板が追加されたって，どんなに抵抗値の小さい終端抵抗を追加したって，問題なく動作しますよ．第一，こんな簡単なことでトラブルを起こしたくないでしょ」と，言葉巧みにICメーカに言い寄られたらその気になっても仕方がありません．

〈図11－8〉[33] クロック・バッファICの駆動能力によるステップ応答の違い

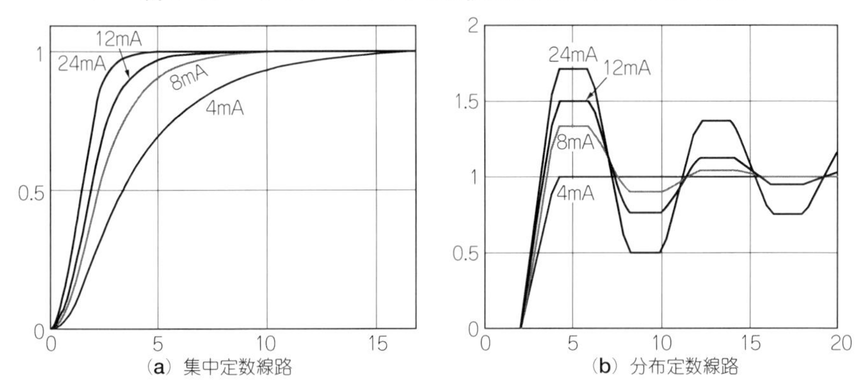

でも「きれいな女性にはトゲがある」と言うように，出力の大きなドライバにもトゲがあります．

● バッファICの駆動電流の大きさと波形

図11－8に示すのは，クロック・バッファICの出力波形で，(**a**)と(**b**)はそれぞれ集中定数線路と分布定数線路が接続された二つの場合の波形をそれぞれ示しています．

図11－8(**a**)では，駆動電流が大きいICほど高速に立ち上がっていますが，**図11－8**(**b**)では立ち上がりの差はほとんどなく，電流が大きくなるほど波形が乱れています．これは，分布定数線路では信号の立ち上がり時点では配線だけが負荷として見え，その先に接続されている終端抵抗などの影響はしばらく時間が経過してから現れるからです．つまり，分布定数線路の場合，立ち上がり時間は駆動電流の影響を受けないというわけです[33]．

もちろん，駆動電流が負荷に対して少な過ぎればV_{OH}やV_{OL}がICのスペックを満足しなくなるので，回路は動作に支障をきたします．配線や負荷の条件をよく考えたうえで，必要以上に駆動能力の高いICを使わない気配りが，誤動作を防いだり放射ノイズを低減することにつながります．

■ ドライバの駆動能力とクロック波形

ドライバIC SN74LV245とSN74LVC245を使って負荷容量を一定(51 pF)にしたときの信号電圧波形と電圧スペクトルの差を観測します．

● 実験条件

▶ ドライバIC周辺

図11－9に示すようにクロック・バッファにはSN74LV245とSN74LVC245を使います．

クロック波形の立ち上がり時間は，ドライバの駆動能力によって変化します．これは負荷である容量ぶんを充電するからです．**表11－1**に，負荷容量50 pFのときのLV245とLVC245のAC特性を示します．電源電圧が3.3 Vのときで比較すると，伝播遅延時間t_{PD}はLVCのほうが約2倍短く，高い駆動能力を示しています．

〈図11－9〉クロック・バッファの駆動能力がクロック波形に与える影響を調べる実験回路

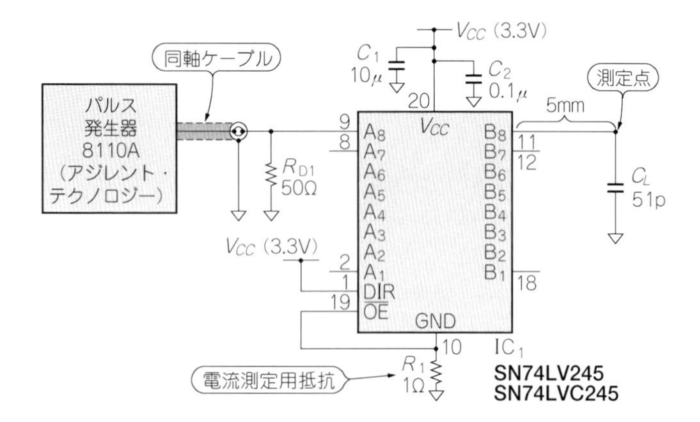

〈表11－1〉74LV245と74LVC245の主なAC特性

項目	記号	測定端子		V_{CC}＝5±0.5 V			V_{CC}＝3.3±0.3 V			V_{CC}＝2.7 V		単位
		入力	出力	最小	標準	最大	最小	標準	最大	最小	最大	
入出力間伝播遅延時間	t_{pd}	AまたはB	BまたはA	—	8	11	—	8	14	—	18	ns
イネーブル応答時間	t_{en}	$\overline{OE}$	AまたはB	—	6	14	—	12	21	—	25	ns
ディセーブル応答時間	t_{dis}	$\overline{OE}$	AまたはB	—	8	16	—	12	20	—	24	ns

（a）SN74LV245

項目	記号	測定端子		V_{CC}＝3.3±0.3 V			V_{CC}＝2.7 V		単位
		入力	出力	最小	標準	最大	最小	最大	
入出力間伝播遅延時間	t_{pd}	AまたはB	BまたはA	1.5	4	7	—	8	ns
イネーブル応答時間	t_{en}	$\overline{OE}$	AまたはB	1.5	4.5	9	—	10	ns
ディセーブル応答時間	t_{dis}	$\overline{OE}$	AまたはB	1.5	4.5	8	—	9	ns

（b）SN74LVC245

入力端子はA_8(9番ピン)，出力端子はB_8(11番ピン)です．これら以外の端子はすべて開放します．負荷容量C_Lは51 pFで，出力端子から負荷までの配線長は，信号波形への影響がないように5 mmとしました．電源電圧V_{CC}は3.3 Vとしました．

▶ 測定器類

観測用プローブは，入力容量1 pF未満のP6245(テクトロニクス)です．

パルス発生器は，最高周波数150 MHzの8110A(アジレント・テクノロジー)です．立ち上がり時間は最小2 nsまで調節できます．出力インピーダンスは50 Ωなので，同軸ケーブルの根本を50 Ω抵抗R_{D1}で終端します．この抵抗がないと，入力信号がドライバIC_1の入力部で反射して，入力電圧の2倍の電圧がIC_1の入力端子A_8に加わってしまいます．

測定箇所とスペクトラム・アナライザを同軸ケーブルで直接接続すると，スペクトラム・アナライザの入力インピーダンス(50 Ω)の影響で信号レベルが低下し，正確な測定ができませんでした．そこで，スペクトラムの測定に際しては，入力端子と直列に抵抗を挿入してインピーダンスを10倍に上げました．測定器には実際の出力電圧の1/10しか供給されず，測定値も20 dB低くなります．後出の**図11－10**(**b**)と**図11－11**(**b**)の電圧軸は，この20 dBぶんを補正しています．

スペクトラム・アナライザの表示はピーク値ではなく実効値ですから，計算結果と実験結果を比較するときには，3 dBμVを加味しておく必要があります．

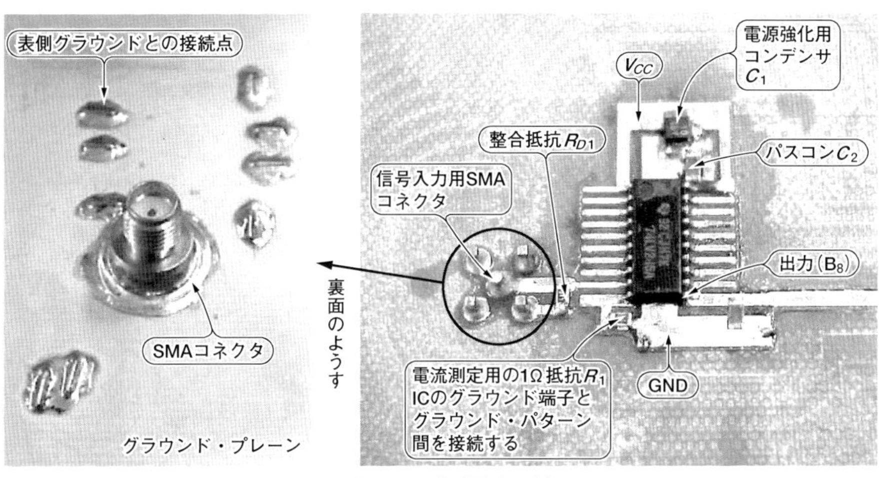

〈写真11－1〉実験回路の外観

▶ 基板

写真11-1は実験基板のようすです.

プリント基板のパターンは，エッチングではなく高速回転するドリルで加工して製作しました．スルー・ホールを作れないため，写真に示すように，基板に穴を開けてめっき線を差し込み，はんだ付けして，表面と裏面のパターンを電気的に接続しました.

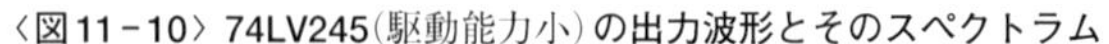
〈図11-10〉74LV245(駆動能力小)の出力波形とそのスペクトラム

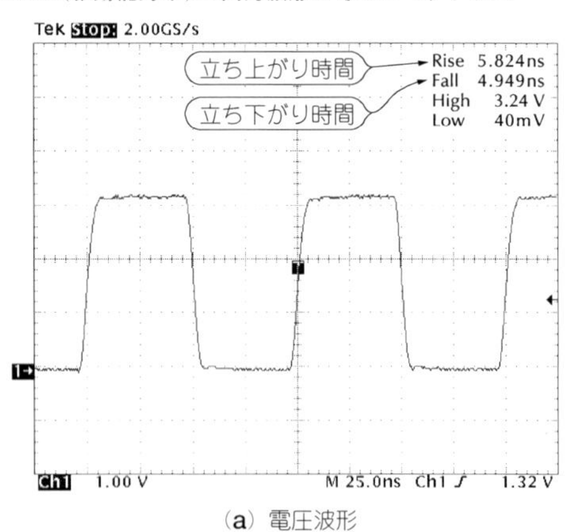

(a) 電圧波形

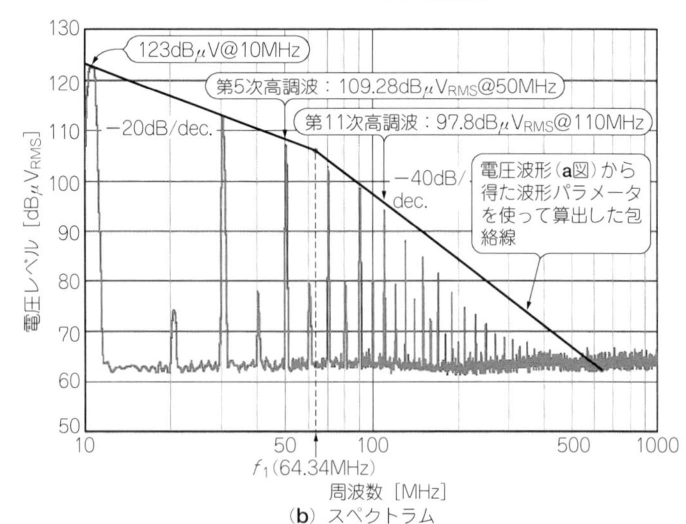

(b) スペクトラム

● 実験結果

この実験基板を使って，ドライバの出力電圧波形とスペクトルを測定します．

図11-10と**図11-11**に，74LV245と74LVC245を実装したときの電圧波形とスペクトラムを示します．

▶ 電圧波形の比較

立ち上がり時間より立ち下がり時間のほうが短いので，立ち下がり時間で比較します．

〈図11-11〉74LVC245(駆動能力大)の出力波形とそのスペクトラム

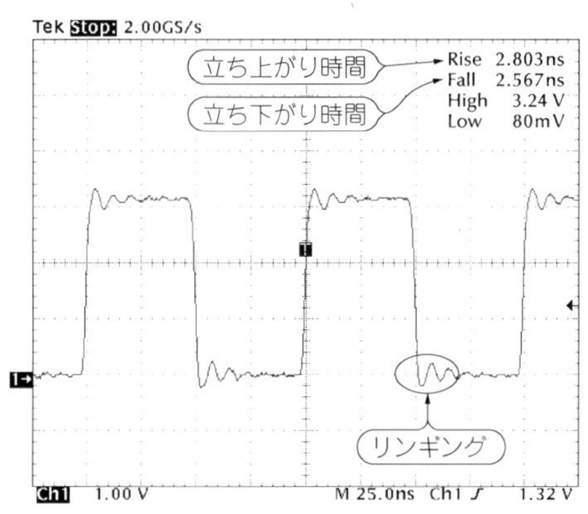

(a) 電圧波形

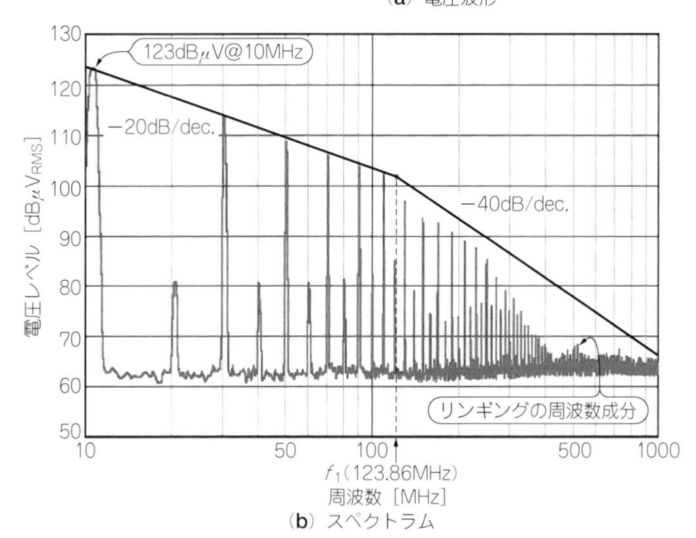

(b) スペクトラム

LV245の立ち下がり時間は4.949 ns，LVC245は2.567 nsです．

▶ 実測のスペクトラムと計算値の照合

式(11－11)～(11－14)を使って，電圧スペクトルを計算し，実測値とどの程度合っているか検討してみましょう．

図11－10(a)から繰り返し周期Tは100 ns(10 MHz)，パルス幅τは50 ns，立ち下がり時間t_fは4.95 ns，振幅のピーク値v_{pk}は3.25 Vと読み取れます．

したがって，式(11－11)から直線①の電圧v_1は，

$$v_1 = 3.25\ \mathrm{V}\ (= 130.24\ \mathrm{dB\mu V})$$

と求まります．また，式(11－12)(11－13)からf_1とf_2は，

$$f_1 = \frac{1}{\pi\tau} \fallingdotseq 6.37\ \mathrm{MHz}$$

$$f_2 = \frac{1}{\pi t_f} \fallingdotseq 64.34\ \mathrm{MHz}$$

と求まります．

式(11－14)から，周波数10 MHzの基本波の電圧v_{10M}は，

$$v_{10M} = 126.32\ \mathrm{dB\mu V_{peak}} = 123.32\ \mathrm{dB\mu V_{RMS}}$$

と求まります．

以上から包絡線は**図11－10(b)**の太い線のようになります．

図11－10(b)からわかるように，10 MHzの電圧レベルは約123 $\mathrm{dB\mu V_{RMS}}$で計算値とほぼ一致します．

式(11－14)を使って第5次高調波(50 MHz)と第11次高調波の電圧レベルを算出すると，109.28 $\mathrm{dB\mu V_{RMS}}$および97.8 $\mathrm{dB\mu V_{RMS}}$と求まり，**図11－10(b)**から計算値と実測値はほぼ一致することがわかります．

さらに高い周波数では計算結果と実測の乖離(かいり)が大きくなっています．これはLV245の出力インピーダンス(約40 Ω)と負荷容量(51 pF)がLPFとして働いていることが原因のようです．これは**図11－10(a)**の電圧波形で，2 Vを越えるあたりからなまりが生じていることからもわかります．

同様にLVC245のスペクトラムの包絡線を描くと**図11－11(b)**に示す太い線のようになります．

▶ スペクトラムの比較

図11－10(b)と**図11－11(b)**を見比べるとわかるように，LVCのスペクトラム包絡線

の－20 dB/dec.の領域はLVに比べて約2倍あります．例えば，110 MHzでの電圧レベルを比較すると，LVCのほうがLVよりも約7.5 dBμV高くなっています．

図11－11(b)からわかるように，LVCのスペクトラム包絡線は500 MHz付近でベースが盛り上がる部分があります．これは，**図11－11**(a)の電圧波形に観測されている繰り返し周期約2 nsのリンギングの成分です．

● できるだけ駆動力の小さいドライバを使う

以上から，クロック周波数が等しくてもICのドライブ能力が高いほど，高い周波数まで電圧レベルの高い高調波成分を含んだ波形を出力することがわかりました．またリンギングも生じやすくなります．

つまり，回路動作に支障をきたさない程度にドライブ能力の低いICを選択することが，誤動作を起こさないで放射ノイズを低減するためにとても重要なことなのです．

ロジックICの低電圧化とノイズ・レベル

図11－Aは，片面基板のループ線路が大きい実験で，散々悪者になっていた74LVC245の電源電圧を3.5 Vから2.5 Vに下げたときの放射ノイズ特性です．

周波数によっては20 dBμV/m以上も下がっています．この特性は，両面基板(マイクロストリップ・ライン)でどこまで改善できるかはわかりませんが，劇的な改善といえるのではないでしょうか．

〈図11－A〉放射ノイズ・レベルの低電圧動作による改善効果

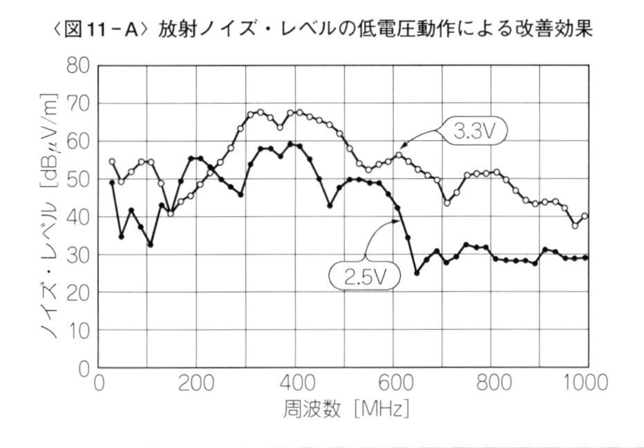

伝播遅延時間は必ずしも短くない74LV245ですが，負荷が軽い場合には立ち上がり時間が2 ns以下になり，高い周波数領域でノイズを発生させる可能性があります．このような場合は，さらにドライブ能力の低いICを選択しなければなりませんが，ほかに手段がなければ，出力の近くに小さな容量を追加するなどして，見かけ上の負荷を重くすると良いでしょう．ただし，これはクーラをつけながらヒータを焚(た)いているようなものですからお勧めはしません．

11.3　プリント基板から放射されるノイズの正体

実験に入る前に，電磁気学の基礎をおさらいしておきましょう．放射ノイズの振る舞いを理解するためには避けて通ることができません．

● 放射ノイズの正体は電磁界

図11－12に示すように放射ノイズは一種の電磁波で，磁界と電界から構成されています．

ある回路に電流が流れると，その方向に対して時計回りに磁界が発生します．磁界は，電流の時間的な変化と連動するので，周波数は電流と同じです．磁界が変化するとこれに連動した電界が発生し，再び磁界を誘起させます．このように，磁界と電界はともに絡み合った形で空中を伝播していきます

● 磁界

砂鉄を乗せた下敷きの裏側に永久磁石を置くと，砂鉄はきれいな縞模様になります．これは，砂鉄が永久磁石から発生する磁界 H［A/m］によって動かされているからです．

〈図11－12〉電磁波が空中を伝播するようす

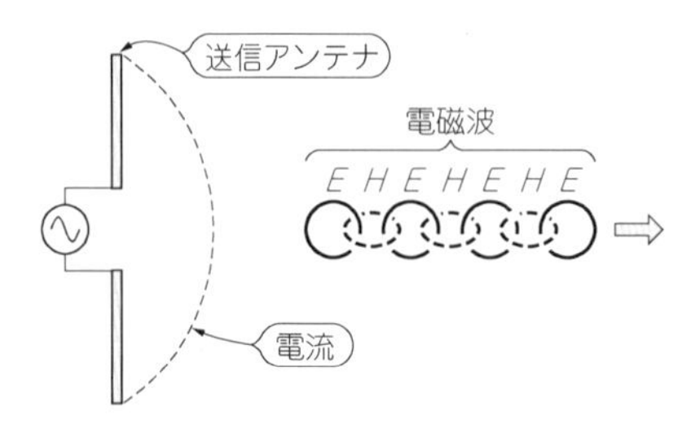

〈図11－13〉電流が流れる配線の周りには磁界が発生する

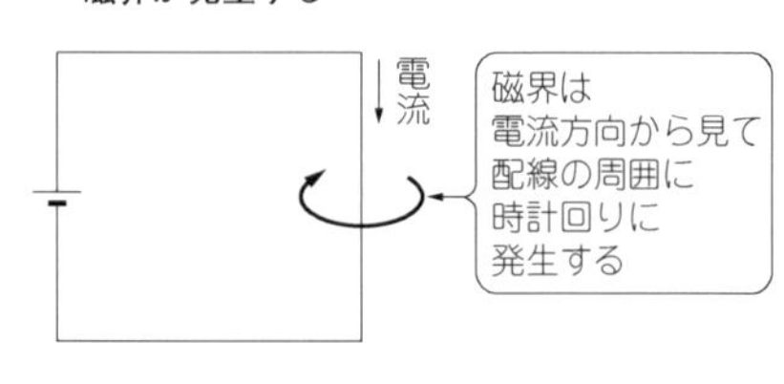

磁界の状態は磁力線で表現され，磁力線の方向が磁界の方向を，密度が磁界の強さを表しています．永久磁石の場合は，磁力線はN極からS極に向かっており，各極に近いほど密度が高くなります．

図11－13に示すように，磁界は配線に電流が流れるだけでも発生します．このとき，磁力線は配線を中心として同心円状になり，磁界の方向は右ねじの法則に従います．配線から距離r［m］だけ離れた位置における磁界Hは，配線に流れる電流をI［A］とすると，

$$H=\frac{I}{2\pi r} \qquad (11\text{-}15)$$

と表されます．

図11－14は，平行な配線に逆向きに等しい電流が流れているときの磁力線です．⊗印を通る配線の周囲には時計方向に磁力線が発生し，⊙側の配線には反時計方向に磁力線が発生します．このように磁界は電流の流れる方向と垂直に分布します．

● 電界

磁界中の砂鉄または方位磁石のように，空間にQ［C］の電荷を置くと，この電荷にF［N］の力が働きます．これは，電荷から発生する電界E［V/m］の影響です．電界の状態は電気力線で表され，電気力線の方向は電界の方向を，密度は磁界の強さを表します．

電界の強さは次式で表されます．

〈図11－14〉平行2線に逆方向に流れる電流と磁界の分布

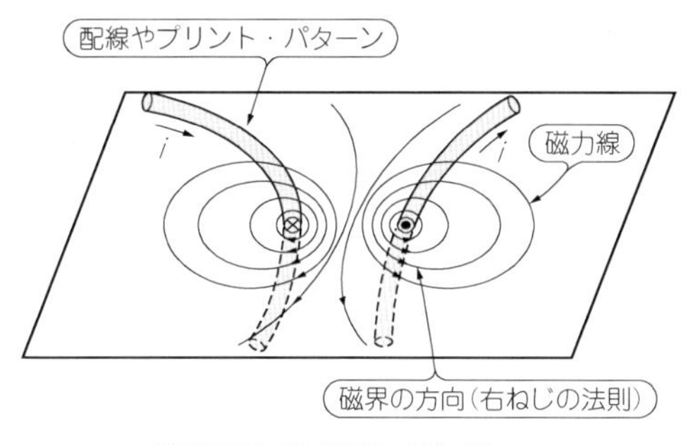

〈図11－15〉平行2線の電気力線

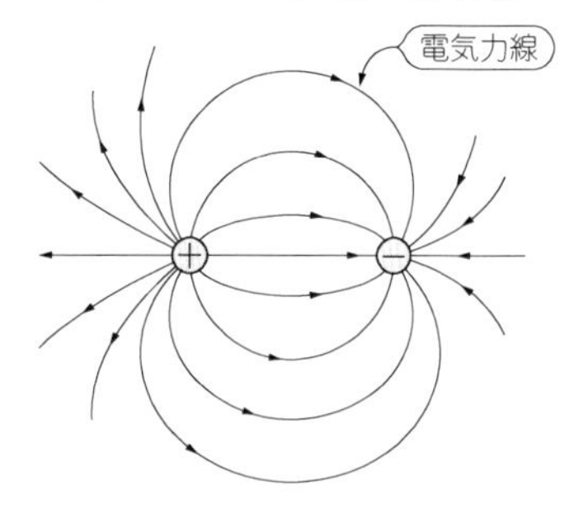

$$E = \frac{F}{Q} \quad \cdots\cdots (11\text{-}16)$$

図11-15に示すように，電界は正電荷と負電荷の間と無限遠方に発散するように分布します．

● 電界と磁界の関係

図11-16は，1/2波長ダイポール・アンテナに交流信号を供給したときのアンテナに流れる電流の分布を示したものです．信号波長をλ，ダイポール・アンテナの長さを2ℓとすると，

$$2\ell = \frac{\lambda}{2} \quad \cdots\cdots (11\text{-}17)$$

の関係が成り立つ周波数で共振します．電流の振幅は給電部で最大，アンテナ先端で最小になります．

図11-17は，ダイポール・アンテナから電界が発生し伝播していくようすを示したものです．①は上側のアンテナに正，下側に負の電圧が加えられた状態を表し，上に正，下

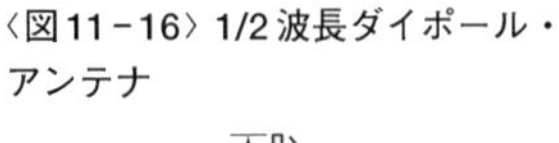

〈図11-16〉1/2波長ダイポール・アンテナ

〈図11-18〉ダイポール・アンテナから電磁波が飛び出すようす

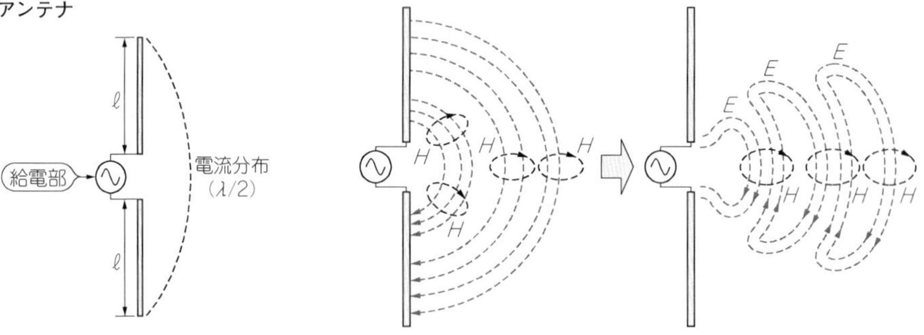

〈図11-17〉[34] ダイポール・アンテナから電界が飛び出すようす

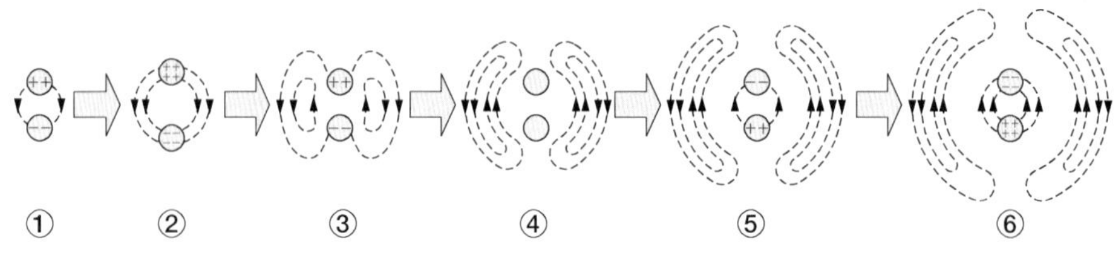

に負の電荷が誘起されます．この電圧によって上から下に電気力線が生じて電流が流れます．電流が流れれば右ねじの法則にしたがって磁力線が発生します．②は供給電圧が上昇したときのようすで，さらに多くの電荷が誘起されます．

電圧が低下していくと，③に示すように電気力線は①の状態には戻らず，誘起される電荷の減少によって正と負の電荷が結合し，一部の電気力線が上向きになるとともに，今までと逆向きの電流が流れ始めます．磁力線も逆向きになります．

④は，両極の電圧がゼロになったときのようすです．誘起される電荷はなく，電気力線はアンテナを離れていきます．

図11-18は，この繰り返しによって電界と磁界が絡み合いながらアンテナから放出されるようすを示したものです．

11.4　配線に流れる電流と放射ノイズのふるまい

■ 配線から電磁波が放射されるしくみ

プリント・パターンは，信号源のインピーダンスや負荷の特性によっては，ダイポール・アンテナやループ・アンテナと同様にふるまい，電磁波（ノイズ）を放射します．

ノイズがこれらの配線からどのように放出されるかを理解するには，難解なマクスウェルの方程式や，それを単純にした（私にはかえって複雑に見えますが）シェルクノフの公式などを理解しなければなりません．しかし，それら電磁気学の基礎を説明するのは目的ではありませんし，難解な計算を解いたところで実際のプリント基板設計に応用できるかどうかははなはだ疑問です．

〈図11-19〉プリント基板を側面から見たようす

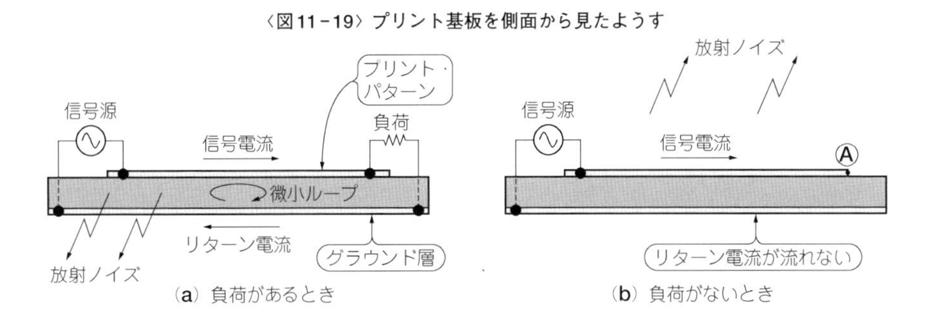

図11－19に，裏面がベタ・グラウンドの両面基板に作られたシンプルなプリント・パターンの例を示します．**図11－19(a)**は負荷が接続されている場合で，信号源から配線を通って負荷に信号電流が流れ，グラウンド層から信号源に戻ります．この場合，基板の側面方向で見ると，電流が作る微小ループはアンテナとして機能します．

図11－19(b)は無負荷の場合で，信号源から進んできた信号は，点Ⓐで反射して引き返し，進行波との間で定在波を作ります．これは，**図11－20**に示すモノポール・アンテナと同じように振る舞うはずです．

ただし，次の点でプリント・パターンは，前述のアンテナと異なるため，単純にアンテナとして計算できないことが多いのです．

①空中に存在するのではなく，誘電体や隣接配線または電源・グラウンドの影響を受ける

②分岐，一筆書きなど複雑な条件が多い

③他層の配線にスルー・ホールを通して接続する場合や内層配線の扱いなどがアンテナと異なる

④ICの入出力インピーダンスが非線形である

■ 電流経路と放射ノイズ量

回路間，プリント基板間または機器間で信号をやり取りするときは，最低2本の信号線

〈図11－20〉モノポール・アンテナ

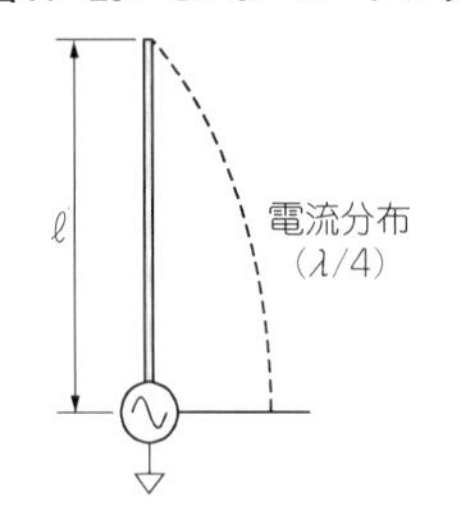

〈図11－21〉ノーマル・モード電流とコモン・モード電流

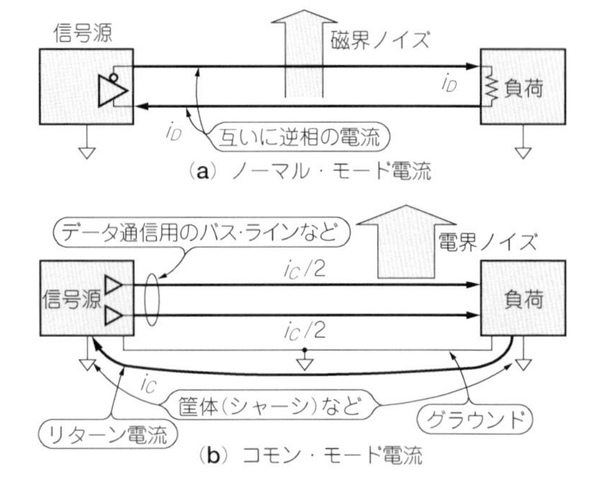

が必要です．

シンプルなシステム，例えば豆電球と電池を接続するときも正と負の2本の配線が使われます．少し複雑なシステムになってくると，信号線は何十本にもなり，すべての信号線の復路用の配線つまりグラウンド線を設けるのは大変です．そこで，何本かの信号線のリターンを1本(ベタ)のグラウンドで信号源に戻すという方法が現実的で，実際に行なわれています．

このように，プリント基板やシステムを流れるすべての電流は，

- 2本の配線の間で往復して流れるもの
- 複数の信号が往路，グラウンドを復路として流れるもの

の二つに大きく分けることができます．前者をノーマル・モード電流，後者をコモン・モード電流といいます．電磁波の放射レベルはこれらの電流モードや電流経路の面積の大小に大きく関わってきます．

● ノーマル・モード電流によるノイズ放射

図11-21(a)に示すように，信号源から負荷までの2本の線を往復する電流のことをノーマル・モード電流，またはディファレンシャル・モード電流といいます．

この2本の線には互いに逆相の電流が流れているので，層間の厚みを薄くするなど線間の結合を増やすことによって，電流の変化で発生する磁界がキャンセルできます．

周波数f［Hz］のノーマル・モード電流i_D［A］が面積S［m^2］のループ回路に流れるとき，基板からd［m］離れた距離における電界強度E_D［V/m］は，次式で求まります．

$$E_D = 1.316 \times 10^{-14} \times \frac{i_D f^2 S (K+1)}{d} \text{[V/m]} \quad \cdots\cdots (11\text{-}18)$$

ここで，Kは測定時の大地からの反射係数で，床に吸収体を設置している場合は$K=0$，そうでない場合は$K=1$とします．

例えば，クロックが66 MHzで1 cm^{2}のループ回路に，198 MHz(第3高調波)のノーマル・モード電流が流れているとき，この基板から3 m離れた位置で電界強度E_Dを40 dBμV/m(100 μV/m)以下にするためには，

$$100 \times 10^{-6} \geqq 1.316 \times 10^{-14} \times \frac{i_D (198 \times 10^6)^2 \times (1 \times 10^{-4}) \times (1+1)}{3} \quad \cdots\cdots (11\text{-}19)$$

から，$i_D \leqq 2.9$ mAを満足しなければなりません．

● コモン・モード電流によるノイズ放射

図11-21(b)に示すように，コモン・モード電流とは，複数の信号源からプリント・パターンを通って同一方向に流れ出し，電源やグラウンド層，あるいは筐体など複数の経路を通って信号源に戻るものをいいます．信号線の真下のグラウンド層または電源層に各々のリターン電流が流れる場合はノーマル・モード電流とみなします．

周波数f［Hz］のコモン・モード電流i_C［A］が長さℓ［m］の経路を流れるとき，基板からd［m］離れた距離の電界強度E_C［V/m］は次式で求まります．

$$E_C = 0.628 \times 10^{-6} \times \frac{i_C f \ell (K+1)}{d} [\mathrm{V/m}] \quad \cdots\cdots (11\text{-}20)$$

例えば，プリント基板に37 cmのケーブルを接続したとき，そこに198 MHzのコモン・モード電流が流れているとすると，3 mの距離で許容値40dBμ V/mを満足するには，

$$100 \times 10^{-6} \geqq 0.628 \times 10^{-6} \times \frac{i_C (198 \times 10^6) \times 0.37 \times (1+1)}{3} \quad \cdots\cdots (11\text{-}21)$$

から，$i_C \leqq 3.26\ \mu\mathrm{A}$(前述の計算例と同条件)を満足しなければなりません．これは，先ほど求めたノーマル・モード電流と比較して，ほぼ3桁小さな値で規制値ぎりぎりになることがわかります．

実際には，ノーマル・モード電流が流れる一対の配線は，グラウンドに隣接して配置されることが多いため，高周波では配線とグラウンド間の容量やインピーダンスの影響によって，グラウンドにも電流が流れるようになります．したがって，高周波領域では一対の配線とグラウンド(基準面)を含めた三つの経路に電流が流れると考えなければなりません．

11.5　放射ノイズの算出例

図11-22に示す実験回路で式(11-18)(11-20)から放射ノイズ・レベルを算出できるかどうか試してみましょう．実験基板は**写真11-1**です．実験基板は前出の**写真11-1**です．

同軸の受け側にある50 Ωの終端抵抗について少し補足説明します．

この終端抵抗がないと，第9章で説明した反射の影響で進行波と反射波が重なり，本来加えたい振幅(パルス発生器の表示値)の約2倍の電圧が入力されてしまいます．したがって許容電力にも注意が必要です．例えば，50 Ωの終端抵抗の両端の振幅が5 Vのとき，パルスのデューティ比を50％とすると，抵抗が消費する電力は，

〈図11-22〉バッファICの放射ノイズ特性を調べる実験回路

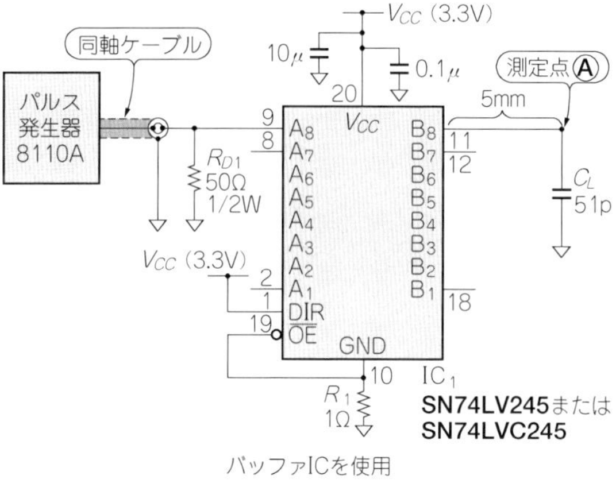

バッファICを使用

$$0.5\frac{V^2}{R}=\frac{5^2}{50}\times 0.5=0.25\ \mathrm{W} \quad \cdots\cdots (11-22)$$

となります．2倍以上のマージンを見て1/2W抵抗を使います．

● バッファ出力の配線インピーダンスの算出

式(11-18)と式(11-20)から放射ノイズを求めるには，回路に流れるある周波数の電流を求める必要があります．電圧は波形のスペクトラム値そのものですから，あとは配線，デバイス，負荷を含めた回路のインピーダンスを求めれば電流が求まります．

図11-22中の測定点Ⓐのインピーダンスの周波数特性を計算で求めてみましょう．測定点Ⓐのインピーダンスを決めるのは次の三つの要素です．

- 5 mmの配線
- 50 pFの容量
- IC内部の出力インピーダンス

図11-23は次の方法で求めたインピーダンスの周波数特性の図です．ここでは，これを「インピーダンス図」と呼びます．

▶ 抵抗成分を求める

測定点Ⓐの抵抗成分はICの出力インピーダンスで決まります．厳密には，バッファICの出力インピーダンスは抵抗だけでは表せませんが，チップ内部の配線インダクタンスや

〈図11-23〉実験回路(図10-11)の測定点Ⓐのインピーダンスの周波数特性「インピーダンス図」

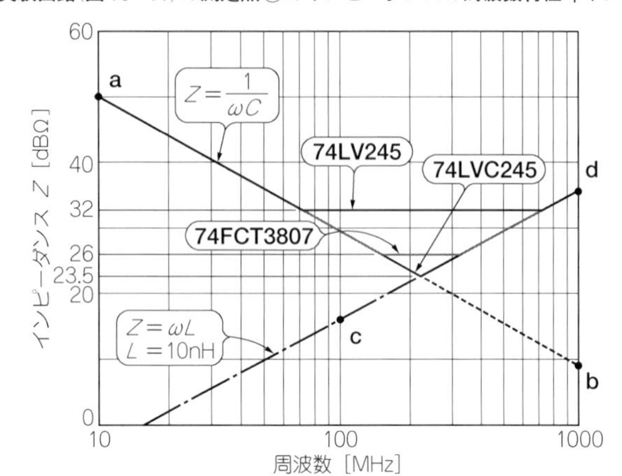

浮遊容量などはプリント基板と比べると非常に小さいので無視できます．

ICの出力が“H”のとき，LVシリーズの出力インピーダンスは約40 Ω(32 dBΩ)，LVCシリーズは約15 Ω(23.5 dBΩ)，クロック・ドライバは約20 Ω(26 dBΩ) です．抵抗値x［Ω］をデシベルy［dBΩ］に変換する式は次のとおりです．

$$y = 20 \log x \quad \cdots\cdots (11\text{-}23)$$

抵抗成分は周波数によって値が変化しないので，**図11-23**に示すように，横軸と平行に直線を描きます．厳密には抵抗内部のインダクタンスも考慮すべきでしょう．

▶ 容量成分を求める

測定点Ⓐの容量成分はC_Lで決まり，容量値は51 pFです．10 MHzのときのインピーダンスZ_Cは，

$$Z_C = \frac{1}{\omega C} = \frac{1}{2\pi(10\times10^6)(51\times10^{-12})}$$

$$\fallingdotseq 312.2\ \Omega \fallingdotseq 49.89\ \text{dB}\Omega \quad \cdots\cdots (11\text{-}24)$$

と求まります．同様に1 GHzのときは9.89 dBΩです．この2点(a，b)を直線で結びます．

▶ インダクタンス成分を求める

全インダクタンス成分Z_Lは，配線のインダクタンスを約5 nH/cmとすると，C_Lがはんだ付けされるパッドなども考慮して約10 nHです．

10 MHzで計算すると値が負になってしまうので，ここでは100 MHzで求めると，

$$Z_L = \omega L = 2\pi \times (100 \times 10^6)(10 \times 10^{-9})$$
$$\fallingdotseq 6.28\ \Omega \fallingdotseq 15.9\ \mathrm{dB\Omega} \quad \cdots\cdots (11\text{-}25)$$

となります．同様に1 GHzでは35.9 dBΩと求まります．これらの2点(c，d)を結ぶ直線を引きます．

*

図11－23からわかるように，74FCT3807では200 MHz付近まで$1/(\omega C)$の傾きでインピーダンスが低下し，それ以上の周波数では$Z = \omega L$の傾きで上昇します．74FCT3807では途中150 M～320 MHz付近が抵抗値で決まるというぐあいです．

● インピーダンス図と電圧スペクトルから電流値を算出する

図11－23のインピーダンス図と，**図11－10**で得た電圧スペクトルから，ある周波数の信号電流を求めることができます．両方とも対数ですから，電流は電圧スペクトルの読みからインピーダンス図の読みをそのまま差し引けば求まります．

74LV245の210 MHzのときの電圧スペクトルは約75dBμVです．**図11－23**から210 MHzにおける実験回路のインピーダンスは32 dBΩなので，電流は，

$$75 - 32 = 43\ \mathrm{dB\mu A} \fallingdotseq 141.3\ \mu\mathrm{A}$$

と求まります．

● 放射ノイズを算出する

実験回路で使ったプリント基板(**写真11－1**)は，厚さ0.8 mmの両面基板で片側はベタ・グラウンドとして使っています．電流モードは，リターン電流が配線の直下を流れるのでノーマル・モードです．したがって，式(11-18)を使って電界強度を算出できます．

周波数fを210 MHz，ノーマル・モード電流i_Dを141 μA，反射係数Kを0，配線長10 mmと基板厚0.8 mmとすると式(11-18)から，

$$S = 0.01 \times 0.008$$
$$E_D = 1.316 \times 10^{-14} \times \frac{i_D f^2 S (K+1)}{d}$$
$$= 2.18 \times 10^{-6}\ \mathrm{V/m} \fallingdotseq 6.78\ \mathrm{dB\mu\ V/m}$$

と求まります．

図11－24(a)に74LV245の放射ノイズ測定結果を示します．図から210 MHzの読み値は約25dBμV/mです．計算と実験では18 dBもの差があります．

〈図11-24〉バッファIC実験基板の放射ノイズ特性

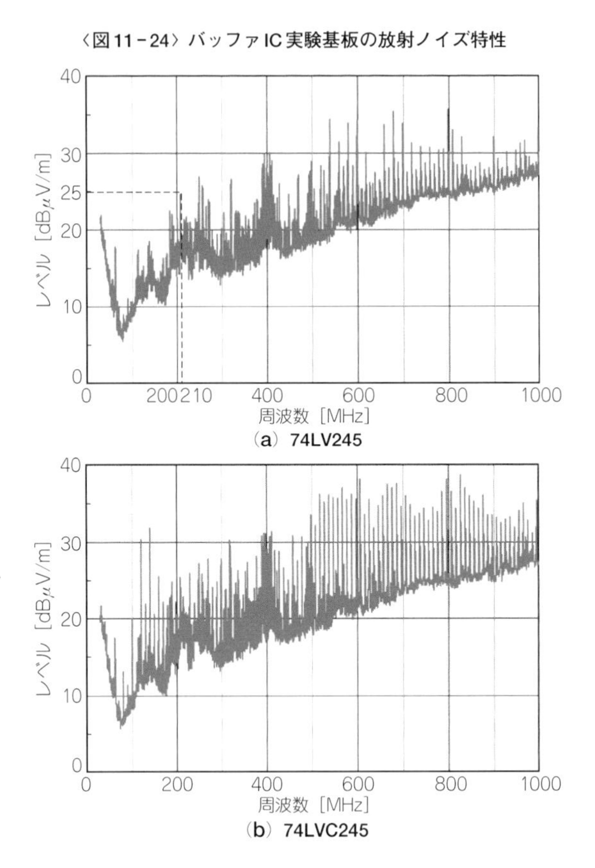

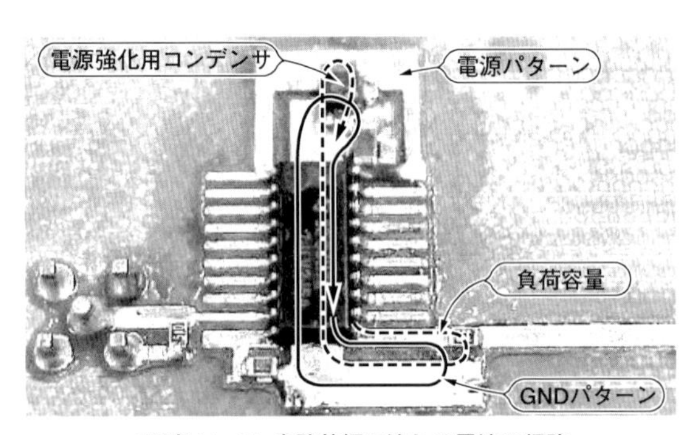

〈写真11-2〉実験基板に流れる電流の経路

なぜこのような差が出たのでしょうか．

写真11-2を見てください．信号電流はバッファICの出力端子から5 mmの配線を通って負荷容量へ，そしてすぐ横の太いグラウンドからバッファICの下を通って電源供給部のパスコンに至ります．先ほどの計算では，電流の流れる面積として出力の配線と基板の厚みしか考慮していませんでしたが，実際にはパスコンや電源端子などの位置も考慮しなければなりません．この面積を35 mm × 15 mm=525 mm^{2}として計算し直すと，

$$E_D \fallingdotseq 14.3 \times 10^{-6}\,\mathrm{V/m} \fallingdotseq 23.1\,\mathrm{dB}\mu\,\mathrm{V/m}$$

となります．実際には裏側のベタ・グラウンド層にも電流が流れているわけですから，その分も加えるとこの計算結果より少し値が大きくなることが考えられます．

放射ノイズは信号のスペクトルの問題だけでなく，電源やグラウンドの共振，電波室や測定装置の影響なども関わってくるので，計算によってすべてを求めるのは難しいのですが，この程度の単純な回路であれば測定結果と合うようです．

11.6　バッファICの動作速度と放射ノイズ・レベル

ノイズが放射する原理は理解できたでしょうか．それでは，本題に戻って信号の電圧スペクトルと放射ノイズの関係を簡単な実験回路で調べてみましょう．

■ 速いICほど放射ノイズが大きい

図11-24(b)は，**図11-22**のIC_1をLVC245に置き換えたときの放射ノイズです．

図11-11に示すバッファの出力スペクラムは100 MHzあたりから急激にレベルが下がり，400 MHzでノイズ・フロアに埋もれますが，**図11-24(b)**の放射ノイズは逆に500 MHzあたりから急にレベルが高くなります．この結果から判断すると両者に相関関係はなさそうです．これは後述のクロック・ドライバ 74FCT3807CTを使った実験でも同様の傾向が得られています．

ICの出力端子につながるプリント・パターンには500 MHz以上の周波数成分が確認できないのに，それより高い放射ノイズが基板から出るのは実に興味深い現象です．この実験基板は，プリント・パターンが短いのでその影響はほとんど無視できます．IC自体や電源とグラウンド間を行き来する電流がループ・アンテナになっているのかもしれません．

この原因については，改めて調査して結果を報告することとして，LV245とLVC245の放射ノイズを単純に比べてみましょう．

〈図11-25〉
クロック・ドライバの放射ノイズ特性を調べる実験回路

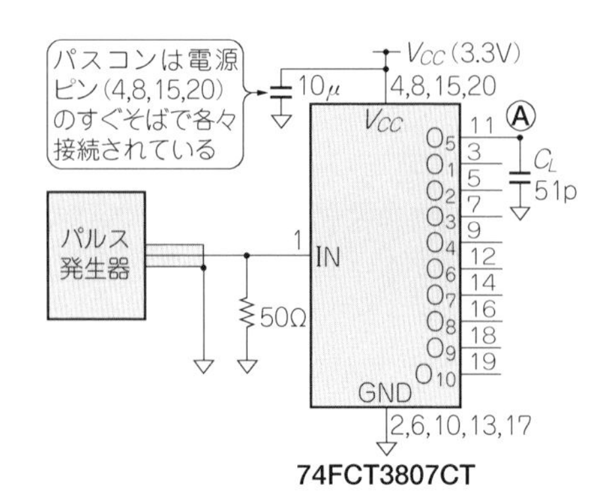

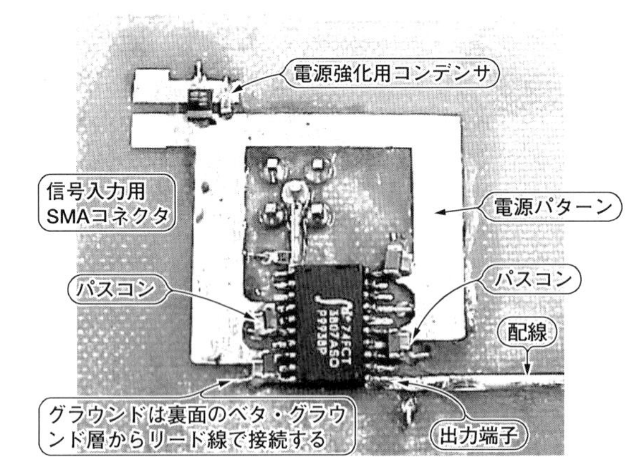

〈写真11-3〉クロック・ドライバの放射ノイズ特性を調べる実験基板

駆動能力の低いLVは，周波数全域にわたってLVCよりレベルが低くなっています．一方，LVCは100 MHzあたりからほとんどすべての周波数で，ノイズ・レベルがLVを5〜10 dB上回ります．特に30〜35 dBμV/mの範囲だけに着目すると，その差は歴然です．

この結果から，バッファICの立ち上がりが速いほど放射ノイズが大きくなることがわかります．試験基板は同じものを使い，部品だけを載せ替えているのですから，パスコンや配線，はんだの盛り付けなど組み立て上の問題は考えられません．高速のデバイスはノイズを出しやすいということがこれらの比較結果からわかりました．

■ 超高速クロック・ドライバの放射ノイズ

LV245やLVC245と比べて立ち上がり特性とドライブ能力が高いクロック・ドライバの

〈図11-26〉クロック・ドライバの出力波形(1 V/div.，25 ns/div.)

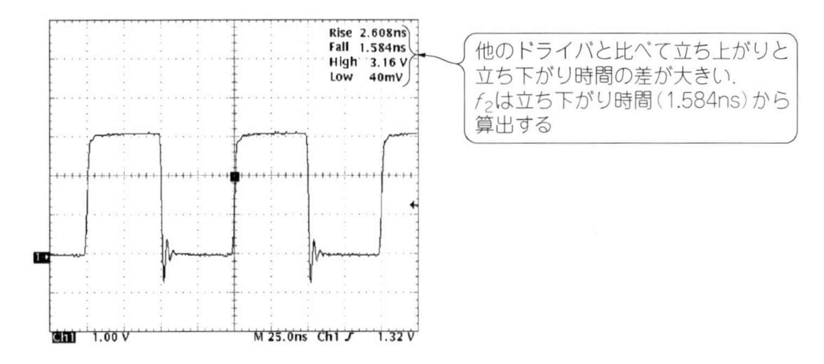

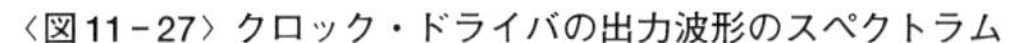
〈図11-27〉クロック・ドライバの出力波形のスペクトラム

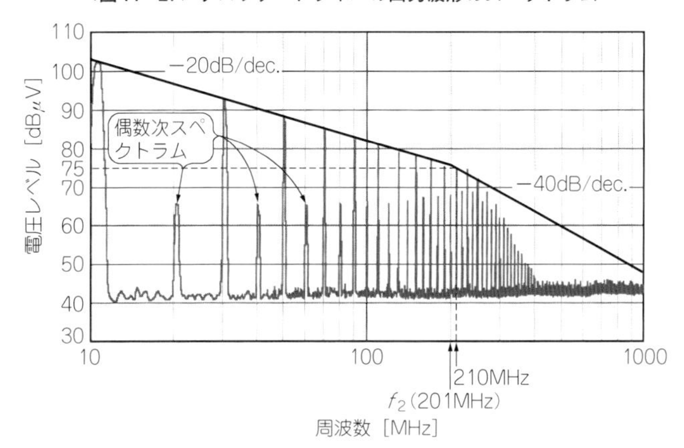

放射ノイズ・レベルも測定してみましょう.

● 実験回路と基板

図11-25は，**図11-22**のバッファICをクロック・ドライバ 74FCT3807CTに置き換えた実験回路です．出力は11ピンを除いてすべて開放します．四つの電源端子には各々0.1 μFのパスコンを入れます.

写真11-3に実験基板のようすを示します．太いパターンは電源で，容量の大きなコンデンサが入っています．SMAコネクタは基板の裏側から挿入し，コネクタの全周をはんだで接続します.

〈図11－28〉クロック・ドライバ実験基板の放射ノイズ特性

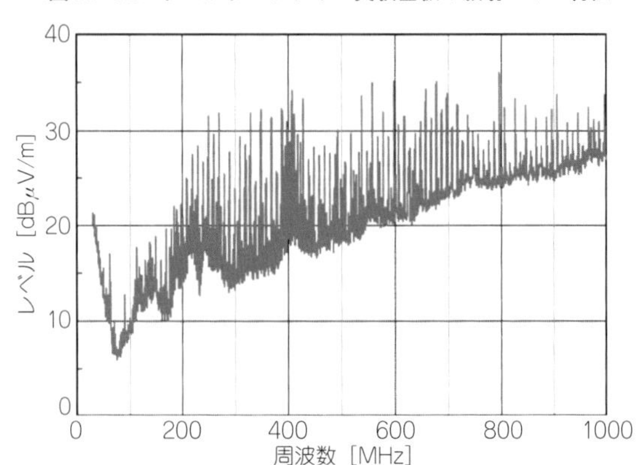

放射ノイズは，バッファICの動作速度，電源やグラウンドのプリント・パターン，基板の大きさ，配線の方法などによって大きく変化します．したがって，実験基板に電源を供給するケーブルやパルス発生器と基板間の同軸ケーブルの配線には細心の注意が必要です．測定したい基板で発生したノイズが，これらのケーブルからも放射されて，何を測定しているのかわからなくなってしまいます．

● 実験結果

図11－26に出力電圧波形を，**図11－27**に出力の方形波スペクトラムを，**図11－28**に放射ノイズ・レベルを示します．

図11－26に示すように立ち上がり時間t_rは2.608 ns，立ち下がり時間t_fは1.584 nsです．方形波スペクトラムのf_2は，t_rまたはt_fのどちらか速いほう，ここでは$t_f = 1.584$ nsを使って算出します．

$$f_2 = \frac{1}{\pi t_f} \fallingdotseq \frac{1}{3.14 \times 1.584 \times 10^{-9}} \fallingdotseq 201 \text{ MHz} \cdots\cdots (11\text{-}26)$$

210 MHz（第11次高調波）のスペクトラムは，74LV245が56dBμV［**図11－10(b)**］，74LVC245が69 dBμV［**図11－11(b)**］，74FCT3807が75dBμV（**図11－27**）と，クロック・ドライバが最も高いことがわかります．

● クロック・ドライバの使いこなし

図11－27からわかるように，クロック・ドライバは高域まで減衰しにくい特性をもっており，クロック配線の長さによっては放射ノイズの問題が発生する可能性があります．したがって，

①配線は必要以上に長くしない

②ダンピング抵抗を入れる

などの対応が必要です．

また，クロック・ドライバの出力スペクトラムは．低い周波数から偶数次の高調波レベルが高くなっています．これは立ち上がりと立ち下がりの変化点で，電源端子からグラウンド端子に貫通電流が流れていることを示しています．貫通電流はクロック1周期中に2回流れるからです．

貫通電流の影響を少なくするには，次のような対策が必要です．

①パスコンで電源とグラウンドのインピーダンスを下げる

②パスコンとIC端子間の配線をできるだけ短くする

③電源とグラウンドのパターンはできるだけベタにしてインピーダンスを下げる

図11－24や**図11－28**などの放射ノイズの実験結果を見ると，至る所で共振が出ているようです．これは，実験に使った基板が両面であること，電源と一部のグラウンドを線材を使って配線したこと，スルー・ホールの代わりにリード線を使ったことなどの影響でしょう．

第12章
ノイズを出さないプリント基板設計
～部品レイアウトとアートワークの心得～

12.1 プリント基板から放射されるノイズの原因と対策

● ループ面積を小さくしよう

図12-1(a)に示すように，信号源から負荷までの信号は，2本の線を往復する電流によって伝送されます．微小なループを形成する部品間を接続する配線は，高周波電流によって電磁ノイズを放射します．ここで周波数 f［Hz］のノーマル・モード電流 i_D［A］がループ面積 S［m^2］の回路に流れたとき，基板から距離 d［m］離れた場所における電界強度(放射ノイズ) E_D［V/m］は以下の式で求められます．

〈図12-1〉プリント基板を流れる二つの電流モード

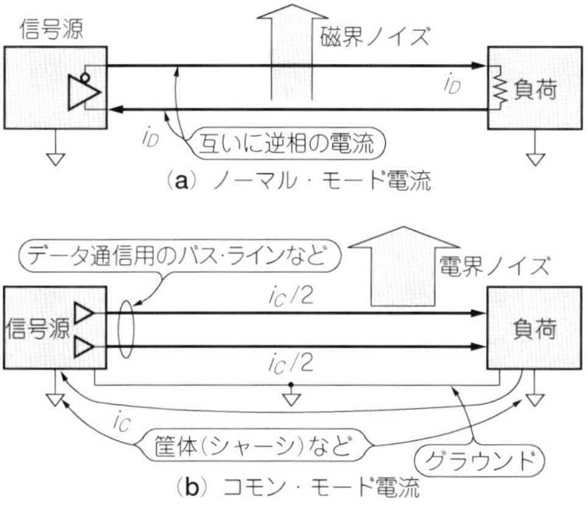

(a) ノーマル・モード電流

(b) コモン・モード電流

$$E_D \fallingdotseq 1.316 \times 10^{-14} \frac{i_D f^2 S}{d} \quad \cdots\cdots (12\text{-}1)$$

ただし，E_D：電界強度［V/m］，f：信号周波数［Hz］，i_D：ノーマル・モード電流［A］，S：ループ面積［m^2］，d：基板(ループ回路)からの距離［m］

ここで，式(12-1)は自由空間での放射式であり，実際には大地からの反射を考慮して，

$$E_D \fallingdotseq 1.316 \times 10^{-14} \frac{i_D f^2 S(K+1)}{d} \quad \cdots\cdots (12\text{-}2)$$

ただし，K：大地からの反射係数

という式で求められます．なお，以下の例では$K=1$とします．

例えば，クロック周波数66 MHzにおいて1 cm^2のループ回路に第3高調波である198 MHzのノーマル・モード電流が流れていると仮定します．このとき，ループ回路から3 mの距離での許容値40 dBμV/m@66 MHz(VCCIクラスB)以内にするためには，

$$100 \times 10^{-6} \geqq 1.316 \times \frac{i_D\,(198 \times 10^6)^2\,(1 \times 10^{-4})}{3} \times (1+1) \quad \cdots\cdots (12\text{-}3)$$

から，$i_D \leqq 2.9$ mAのノーマル・モード電流にしなければなりません．

もし，回路の制約などでこの電流値を小さくできないときは，式(12-2)からループ面積を小さくすれば電界強度を小さくできます．すなわち，2本の線に流れるノーマル・モード電流は，互いに位相が逆なので，電流の往路と帰路を接近させて，ループ面積を縮小させることにより，ループ回路から外部に出る磁束がキャンセルされるのです．

部品配置や配線によってノイズ・レベルが変わるのは主にノーマル・モード電流の影響です．したがって，どれだけループの面積を小さくできるかが実装設計者の腕の見せどころです．

● ノイズ低減のかぎはコモン・モード電流の抑制

ノーマル・モード電流以外にノイズに関係する重要な電流があります．

それは，信号源から負荷につながる2線上で同一方向に向かい，プリント基板の電源/グラウンド層や筐体金属など基準となる接地部を流れて戻る電流です(**図12-1**)．つまり，コモン・モード電流です．

最近のプリント基板には，信号線の数が64本や128本というバス・ラインがあり，これらのリターン電流は，グラウンド層や直近の筐体(きょうたい)を通って信号源に戻っていきます(**写真12-1**)．バス・ラインの信号線の増加は，コモン・モード電流の増加につながります．

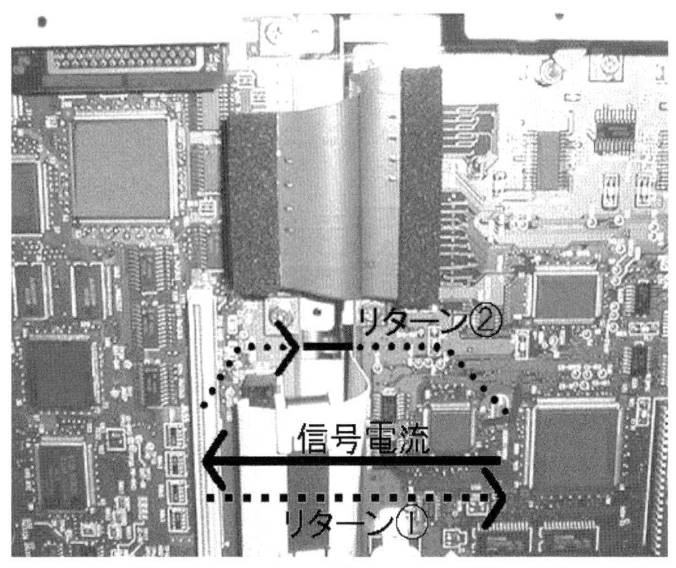

〈写真12-1〉バス・ラインを流れるリターン電流のようす

周波数fのコモン・モード電流i_Cが長さlの経路を流れているとき，基板から距離d離れた場所における電界強度E_Cは，

$$E_C = 2\pi \times 10^{-7} \frac{i_C f l}{d} (1 + K) \quad \cdots\cdots (12\text{-}4)$$

ただし，E_C：電界強度［V/m］，f：信号周波数［Hz］，i_C：コモン・モード電流［A］，l：電流経路長［m］，d：基板（ループ回路）からの距離［m］，K：反射係数（=1）

で求められます．

例えば，小さなプリント基板に長さ37 cmのケーブルが接続されており，そこに198 MHzのコモン・モード電流が流れたとしましょう．すると，3 mの距離での許容値40 dBμV/m@66 MHz（VCCIクラスB）以内にするためには，

$$100 \times 10^{-6} \geqq 2\pi \times 10^{-7} \frac{i_C (198 \times 10^6)(0.37)(1+1)}{3} \quad \cdots\cdots (12\text{-}5)$$

から，$i_C \leqq 3.26\ \mu A$である必要があります．

以上から，コモン・モード電流はノーマル・モード電流と比較して，とても小さな電流で規制値ぎりぎりになることがわかります．つまり，コモン・モード電流の抑制がノイズ

〈図12－2〉実験回路

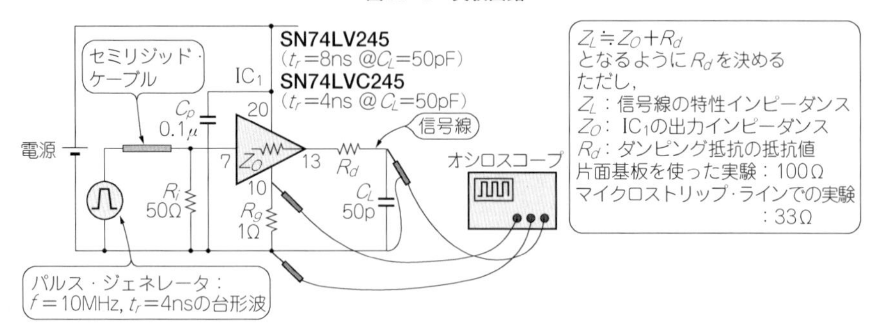

〈図12－3〉ループ線路が小さい実験基板

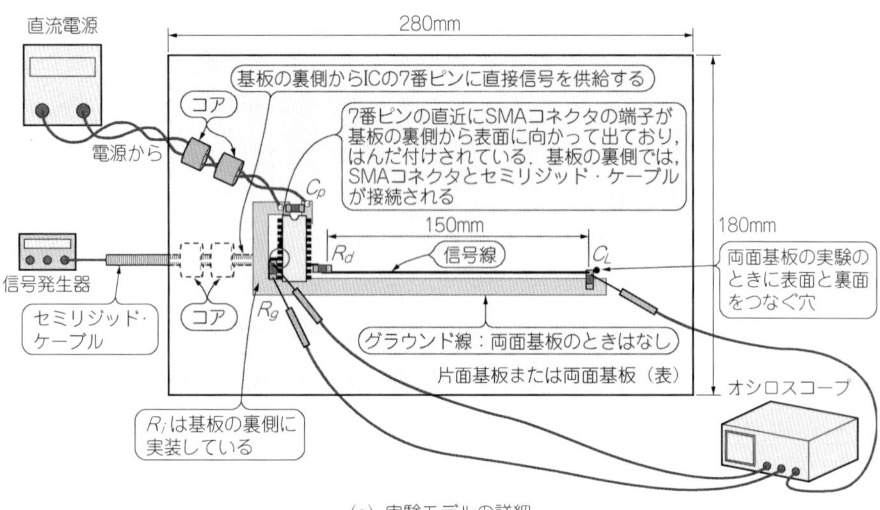

(a) 実験モデルの詳細

(b) 試作基板の外観

低減の鍵なのです．

12.2 ループ線路から発生する放射ノイズ

● ループの大きさと放射ノイズ

配線のループの大きさによって放射ノイズがどのように変化するか，実際に基板を製作

〈図12-4〉ループ線路が大きい実験基板

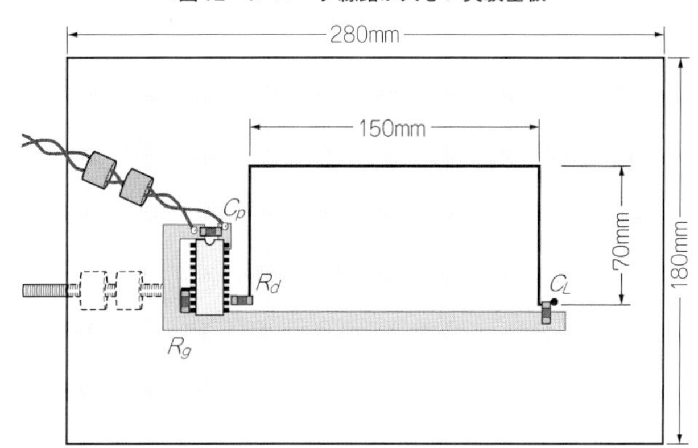

(a) 実験モデルの詳細

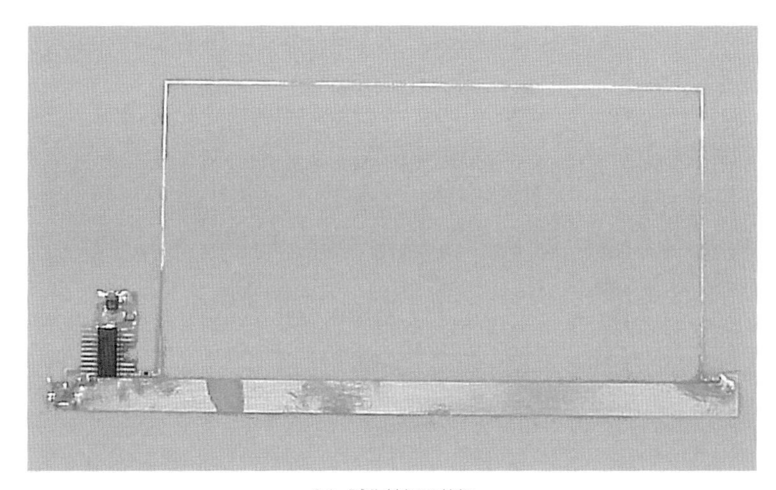

(b) 試作基板の外観

〈図12-5〉測定のようす

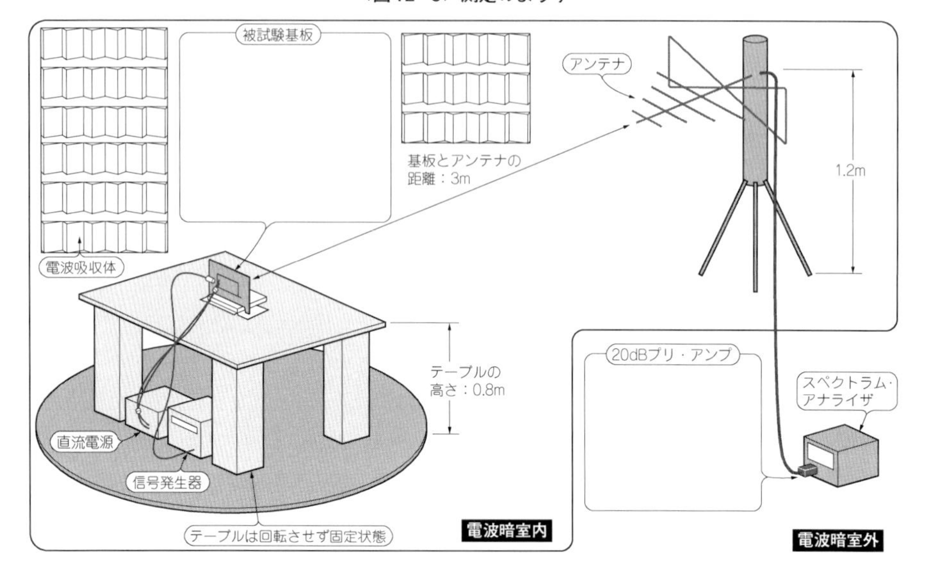

して実験で見てみましょう．

図12-2は実験用の回路，**図12-3**と**図12-4**は基板のようすです．**図12-5**は放射ノイズを測定するときの電波暗室内外のようすです．

ドライバICからグラウンドに沿って最短距離で負荷に至る配線(**図12-3**)と，グラウンドから70 mm離れて150 mm平行に進み，再びグラウンドわきの負荷に戻る配線(**図12-4**)から出るノイズを比較します．また，**図12-3**のリターン線(グラウンド)を取り除き，裏面を全面べたのグラウンドとした両面基板も準備して，片面基板との放射ノイズ・レベルの差も比較します．

信号の立ち上がり，または立ち下がりによる放射ノイズに対する影響を見るため，ドライブ用ICには，スイッチング特性の異なる二つのオクタル・バス・トランシーバのSN74LV245とSN74LVC245(テキサス・インスツルメンツ)を使いました．

負荷容量50 pFのときの74LV245のt_rは8 ns，74LVC245のt_rは4 nsです．いずれもカタログ値です．**図12-6**は245の内部等価回路です．

ロジックICへの入力信号は，$t_r = 4$ ns，周波数10 MHzの台形波で，パルス・ジェネレータで供給します．パルス・ジェネレータからは，セミリジッド・ケーブルを使って，ア

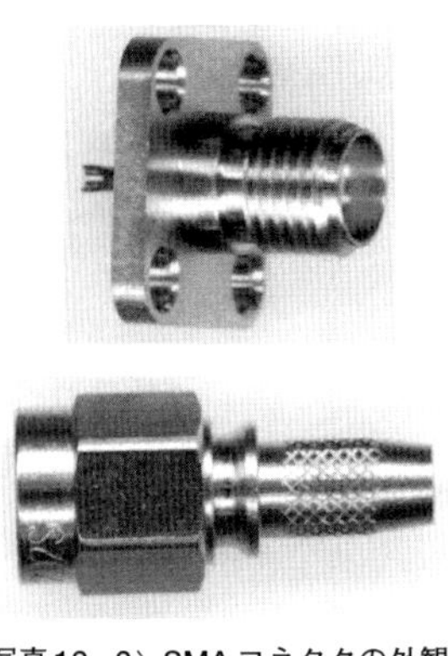

〈写真12-2〉SMAコネクタの外観[1]

〈図12-6〉245の内部等価回路

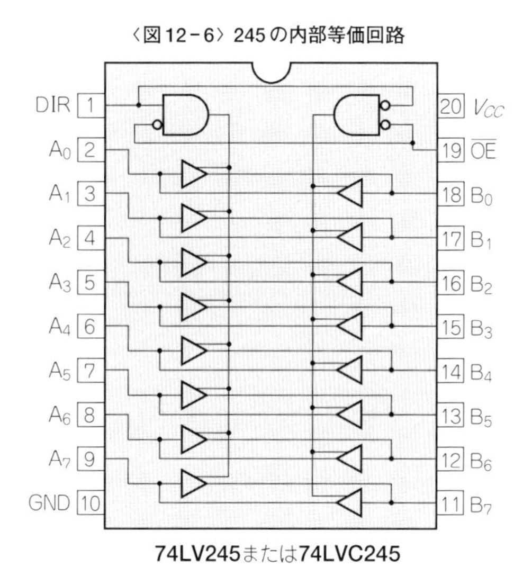

ンテナと反対方向の基板裏面でSMAコネクタ(**写真12-2**)に接続し，R_i(50 Ω)で終端します．

ICの出力ラインには，電圧波形がひずまないようにダンピング抵抗R_d(100 Ω)を挿入します．本来ダンピング抵抗の値は，配線の特性インピーダンスとICの出力インピーダンスを考慮して算出しますが，このモデルは基準となるグラウンドがないため，簡単ではありません．ここでは，出力電圧波形を見ながら試行錯誤で決めました．負荷容量C_Lは50 pFです．

電源は電圧可変型の外部電源で，ノイズを発生しにくいシリーズ・レギュレータ・タイプです．

本来なら，測定データが同軸ケーブルや電源ケーブルからの放射ノイズの影響を受けないように，ロジックIC入力部に発振回路を設けて直接信号を入力し，電源もバッテリ出力を3端子レギュレータで安定化して供給して…といきたいところでした．しかし，試験基板に発振回路をのせてしまうと,その回路から発生するノイズ対策が複雑になります．また，バッテリ駆動は測定中の電圧降下が心配です．

結局，**図12-5**に示すような測定条件となりました．ただし，念のため電源ケーブルはツイスト・ペア線を使い，IC給電部と電源側に各々コアを入れるとともに，同軸にもコ

〈**図12-7**〉**ループの大小と放射ノイズ・レベル**(片面基板，IC_1：74LVC245)

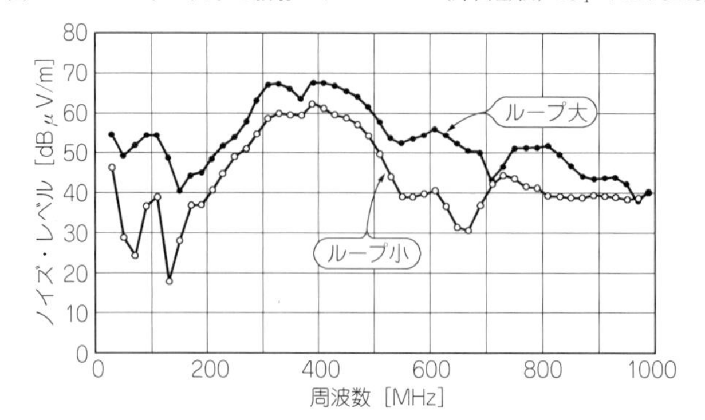

アを入れています．

プリント基板は，片面タイプと両面タイプの二つ準備し，ノイズの放射レベルを比較します．材料はガラス・エポキシで，外形は280×180 mm，厚さは0.8 mmです．

プリント基板の種類やアンテナ角度，テーブルを回転させた場合など組み合わせはいろいろありますが，ここでは，**図12-5**に示すように，プリント基板を垂直に立てて，アンテナ方向に部品や配線を向けた状態とし，アンテナを水平にしてテーブルを固定した状態としました．

特に両面基板はノイズ・レベルが低く，ロジックICの特性差による違いを検出しにくいため，片面，両面ともプリアンプ(HP87405)を入れて測定しました．

電圧波形の観測は，負荷容量C_Lの両端をプローブで観測し，デバイスからグラウンドに流れる電流は，デバイスの直近に1 Ωの抵抗R_gを入れ，両端の電圧差から読み取ることにします．

図12-7は，ループ線路の小さい片面基板(**図12-3**)と大きい片面基板(**図12-4**)で測定した放射ノイズ特性です．図からループの大きいほうがノイズが大きいことがわかります．

● シミュレータで見るプリント基板上のノイズのふるまい

写真12-3に示す，プリント基板の電界・磁界成分を測定する装置を使って，ループ線路から発生する磁界を測定し，ノイズのふるまいを見てみました．**図12-8**に，ノイズ観測装置の放射レベルの測定原理を示します．

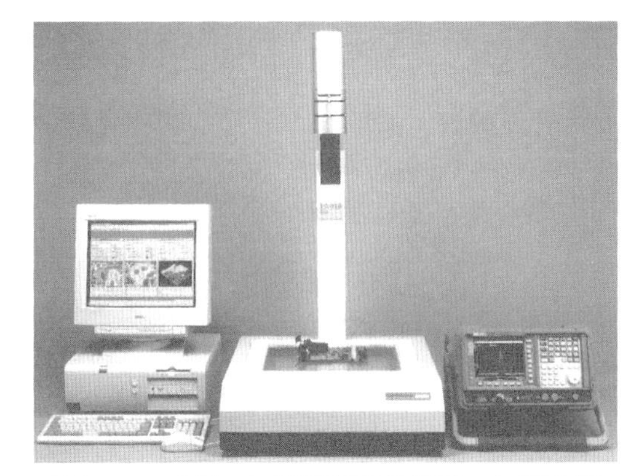

〈写真12-3〉放射ノイズ観測装置の外観［㈱ノイズ研究所］

〈図12-8〉ノイズ観測装置の構造

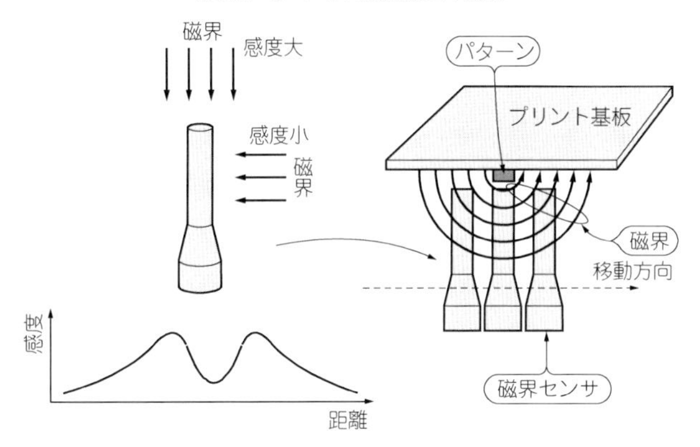

図12-9に結果を示します．図からわかるように，ノイズの50 MHz成分(第5次高調波)は，ループ全体にほぼ一様に分布していますが，310 MHz成分(第31次高調波)は線路中に細かいピークや節が見えます．

基板から放射される磁界の波長λは，次式で算出できます．

$$\lambda = \frac{300}{f\sqrt{\varepsilon_r}} \qquad (12\text{-}6)$$

ただし，f：ノイズ(磁界)の周波数［MHz］，λ：ノイズ(磁界)の波長［m］，ε_r：基板の比誘電率

〈図12-9〉裏面にグラウンドのないプリント基板のループ線路の電流分布

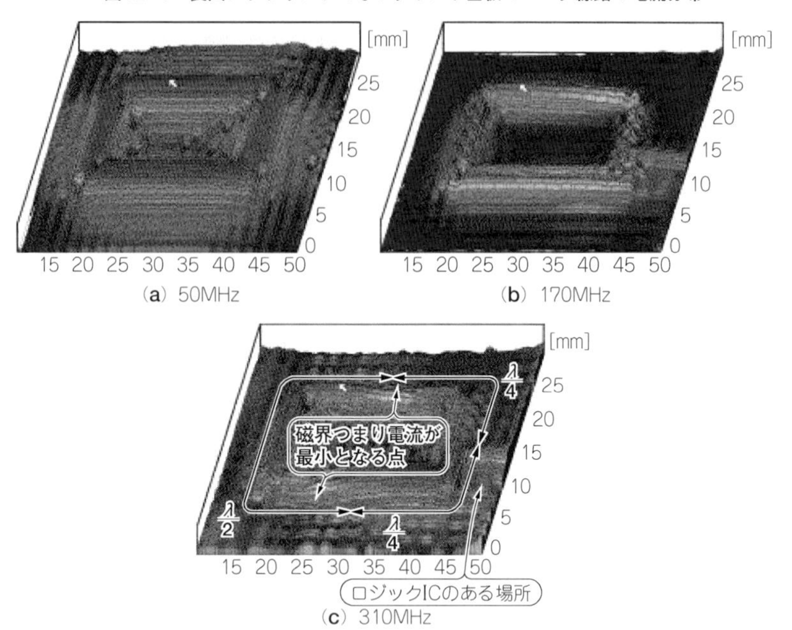

ここで，上式に周波数310 MHz，$\varepsilon_r = 4.7$を入れると波長は44.6 cmになります．ループの長さはグラウンドを含めて合計で44 cmですから，ループ線路の全長はちょうど1波長です．

図12-9(c)では見えにくいですが，ICの出力端で磁界（電流）は最大になり，出力端から$\lambda/4$(11 cm)で最小になるようすがうかがえます．そして，出力端から$\lambda/2$進んだところにもう一つ最小になる点があります．

12.3　ベタ・グラウンドのノイズ低減効果

● 実験で検証する

▶ 使用するプリント基板

先ほど実験で使った基板（**図12-3**）の太いグラウンド配線を取り除き，裏面をべたグラウンドにしたプリント基板を使って同様の実験をします．このプリント・パターンは，マイクロストリップ・ラインです．

▶ ダンピング抵抗

実験回路のダンピング抵抗R_dを決めるため，プリント基板の特性インピーダンスを式(3-7)から算出します．

今回実験で使う基板は$h = 0.8$ mm，$w = 0.6$ mmとして，

$$Z_P \fallingdotseq 78.4\ \Omega$$

となります．

一般的な多層基板の誘電体厚みは0.2～0.4 mm，導体幅は0.12～0.18 mm程度で，特性インピーダンスは75～110 Ω程度です．

IC出力を整合するためには，基板の特性インピーダンスZ_Pを，ICの出力インピーダンスZ_Oとダンピング抵抗値R_Dを加えたもの(Z_O+R_D)と等しくする必要があります．

この実験では，データシートの仕様からLVの出力インピーダンスを約50 Ω，LVCを約35 Ωとして，ダンピング抵抗を33 Ωとしました．

● 低域で30～40dB，高域で10～20dB改善される

図12-10(a)に放射ノイズの測定結果を示します．**図12-10**(b)に示すグラウンド面のないプリント基板と比べて，低い周波数で30～40 dB，高いほうで10～20 dBの差が出ました．

これは，信号線の下にリターン電流が流れて，磁界が打ち消されるからです．

図12-11は，このときのC_L両端とR_g両端の電圧波形です．この実験でもスピードの速いLVCのほうが電流は約3倍流れており，立ち上がりも急峻です．

● 計算で求める放射ノイズ・レベルの精度

図12-11(b)の実測結果から$t_r = 5$ns，基本周波数f_{in}を10 MHzと代入すると，

$$f_1 = \frac{1}{\pi\tau} = 10\ \text{MHz},\quad f_2 = \frac{1}{\pi_{tr}} = 63.7\ \text{MHz}$$

が得られ，DCから6.37 MHzまでは0 dB，10 MHzから63.7 MHzまで－20 dB/dec.，それ以上の周波数では－40 dB/dec.で減衰します．f_1とf_2については第11章の**図11-5**を参照して下さい．

振幅Aの台形波の基本波の電圧レベルは，

$$V_{DC} = 2A/\pi$$

〈図12-10〉基板のノイズ放射特性

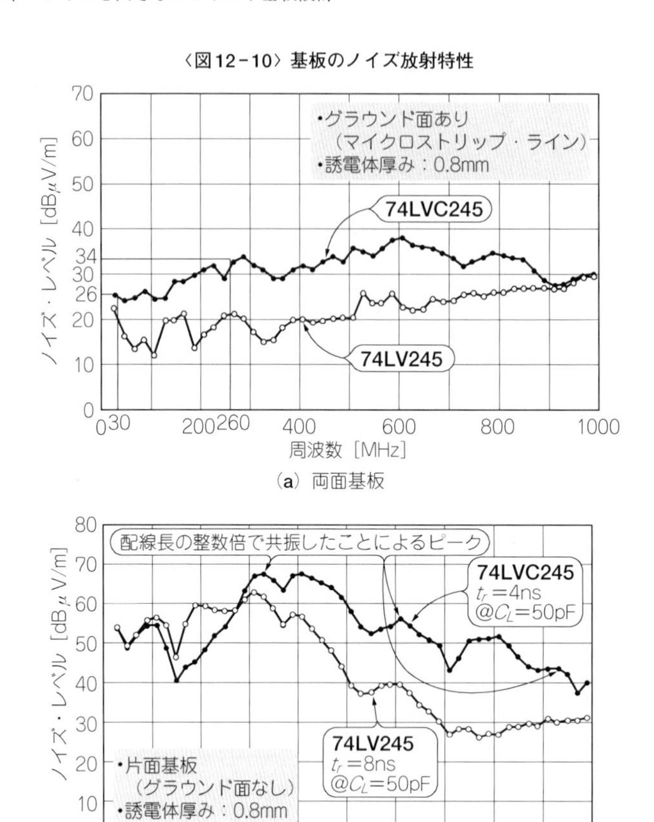

ただし，V_{DC}：基本波の電圧レベル［V］，A：台形波の振幅［V］

実効値 V_{DCR} は，

$$V_{DCR} = \frac{2A}{\sqrt{2\pi}} \fallingdotseq 0.45\,A$$

ただし，V_{DCR}：基本波の実効電圧レベル［V］

となります．例えば，$A = 3.3$ V の基本波の実効電圧レベルは，

$$V_{DCR} = 0.45 \times 3.3 = 1.485\ \text{V}$$

となります．

〈図12-11〉両面基板の C_l 両端の波形と R_g 両端の波形

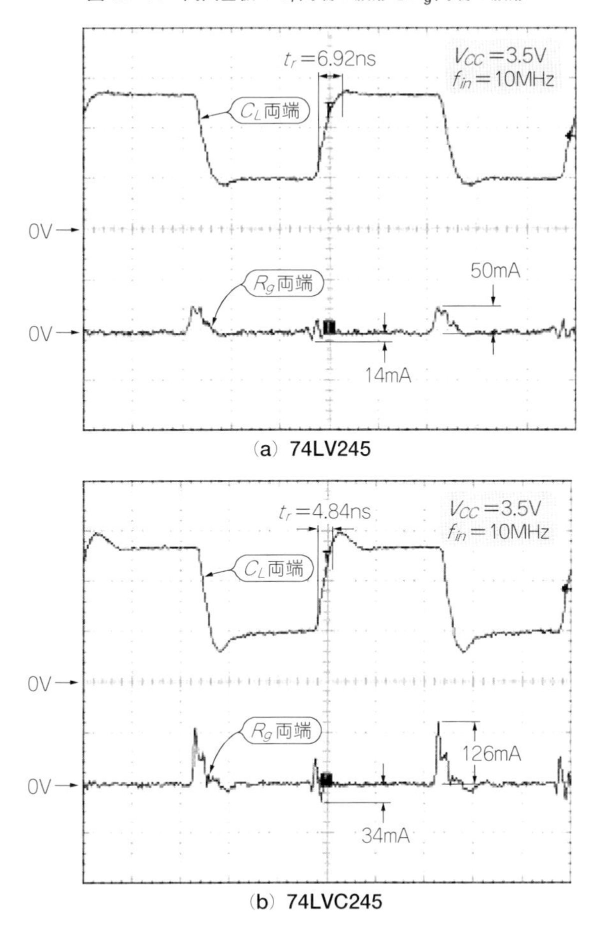

(a) 74LV245

(b) 74LVC245

ここで，**図12-11**(**b**)の実測波形とほぼ等しい条件 f_{in} = 10 MHz，t_r = 5 ns，V_{DCR} = 1.485 V(123.4 dBμV)の台形波の30 MHzにおける電圧 V_{30M} を計算してみます．30 MHzは－20 dB/dec.で減衰する f_1 ～ f_2 の間にあり，

$$V_{30M} = 20 \log(1.485) - 20 \log(30/10)$$
$$\fallingdotseq 123.4 - 9.54 = 113.9 \text{ dBV}$$

と求まります．

図12-12は，74LVC245出力の実測の電圧スペクトラムで，30 MHzにおける電圧レベ

〈図12-12〉74LVC245出力のスペクトラム(両面基板)

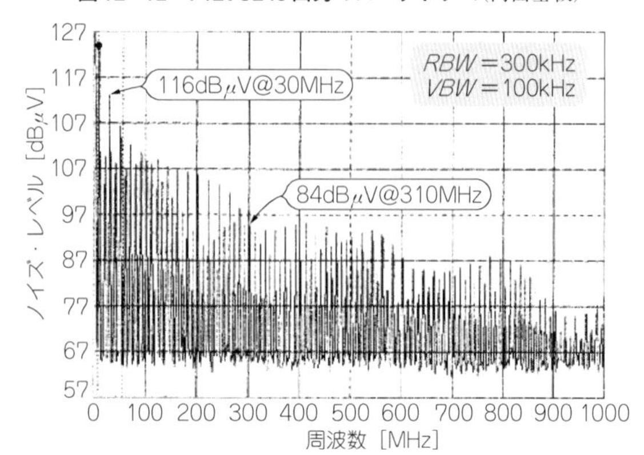

ルは約116 dBμVでした．実測と計算値はほぼ一致しています．

12.4 プリント基板からの距離と電界強度

● マイクロストリップ線路に流れる電流の算出

上記と同様に，第31次高調波である310 MHzの電圧レベルV_{310M}も求めてみましょう．310 MHzは－40 dB/dec.の範囲にあることに気を付けて計算すると，

$$V_{310M} = 20\log 1.485 - 20\log(63.7/10) - 40\log(310/63.7)$$

$$\fallingdotseq 79.8\ \mathrm{dB\mu V}\ (9.82\ \mathrm{mV_{RMS}})$$

と求まります．**図12-12**の310 MHzの電圧を読むと，84 dBμVです．計算値との差は約4 dBです．

この結果から，実験基板のマイクロストリップ・ラインを流れる310 MHzの電流値I_{310M}を計算で求めてみます．

図12-13は，伝送線路シミュレーションで求めたデバイスの出力モデルを含むマイクロストリップ・ラインのインピーダンス特性です．図からわかるとおり，310 MHz付近のインピーダンスは約300 Ωです．したがって，9.82 $\mathrm{mV_{RMS}}$の出力電圧では，

$$I_{310M} = 9.82 \times 10^{-3}/300 = 3.27 \times 10^{-5}\ \mathrm{A}$$

の電流が流れます．

〈図12-13〉実験用両面基板のマイクロストリップ・ライン全体のインピーダンス特性

74LVC245
Z_O R_d 100Ω
C_L
Z_L
線路インピーダンス Z_L [Ω]
1000 800 600 400 300 200 100 80 60 40 20 10
0 200 310 400 600 800 1000
周波数 [MHz]

● 基板から3 m離れた位置での電界強度を算出する

マイクロストリップ・ラインを流れる310 MHzの電流は3.27×10^{-5} Aと求まりました．これは，ノーマル・モード電流です．

基板の厚みは0.8 mm，線路長は0.29 mなので，式(12-2)から，

$$E_{d310} = 1.316 \times 10^{-14} \frac{3.27 \times (310 \times 10^{6})^{2} (0.29 \times 0.008)}{3} \times 2$$

$$\fallingdotseq 63.9 \text{ V/m} (36.1 \text{ dB}\mu\text{V/m})$$

と求まります．**図12-10(a)**の74LVC245の結果から，E_{d310} = 34 dBμV/mですから，計算値との差は約2 dBです．

先ほどの30 MHzの場合も同様に計算すると，**図12-13**から線路インピーダンスは270 Ωなので

$$E_{d30} = 30.3 \text{ dB}\mu\text{V/m}$$

を得ます．

図12-10(a)の74LVC245の結果から，E_{d30} = 26 dBμV/mですから，計算値は約4 dB高くなります．

本実験で使ったプリント基板は，簡単なモデルですが，基板全体で見ればノーマル・モード電流だけが流れているわけではないので，この程度の差は許される範囲だと思います．

＊

以上のように，動作周波数と使おうとしているデバイスのt_rまたはt_fおよび線路インピーダンスがわかれば，特定の周波数における電界を算出できます．

● マイクロストリップ線路の電流分布

図12-14は，実験に使用した両面基板の電流分布です．**図12-9**に示した裏面にグラウンドがない基板の電流分布と比較して，この基板ではループ状の電流分布は観測されていません．

配線部分を磁界プローブで測定しているので，配線上の電流だけでなく誘電体を通して基板の裏面のグラウンドに流れる電流も観測されてもよさそうですが，結果は見えませんでした．

これは，**図12-14**(c)に示すように周波数が高くなるにしたがい(1 MHz以上で)リターン電流が信号線の直下を戻るからです．**図12-14**(a)の50 MHzの電流分布を見ると，信号線内部に電流が流れてグラウンドが少し暴れているのが観測されます．また，310 MHz

〈図12-14〉裏面がベタ・グラウンドの両面基板に流れる電流の分布

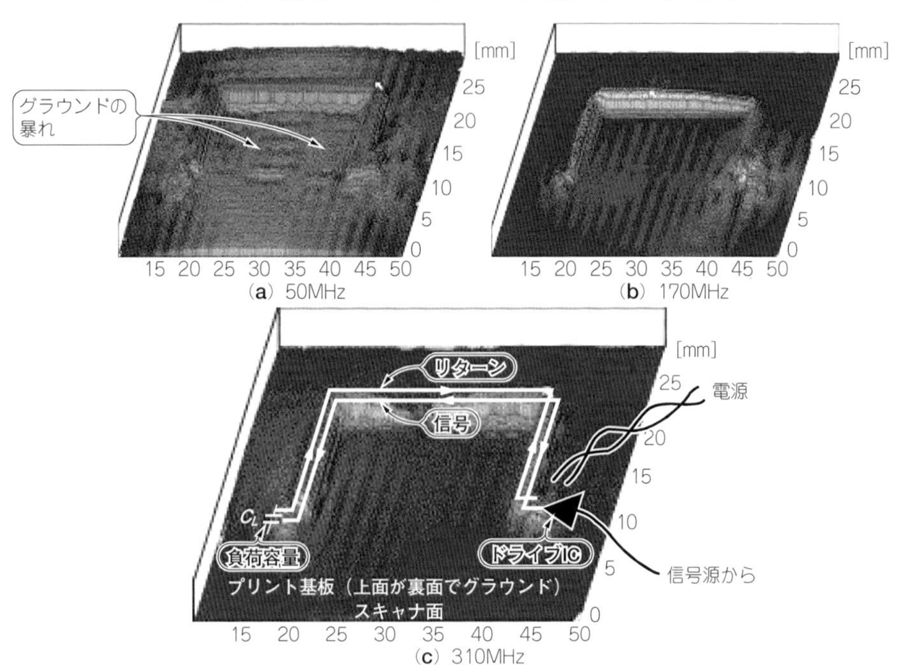

では先ほど説明した電流の節が見えています.

＊

実際にはこのような単純な基板はありませんが，信号電流とリターン電流間の誘電体の厚みを薄くし，電流の通り道を確保することによって，式(12-2)の面積 S を小さくでき，結果としてノイズを低減できます.

12.5　実際の基板の部品レイアウトと放射ノイズ

ノイズの出ないプリント基板を設計するためには，部品配置や配線設計がたいへん重要です．このことを理解してもらうために，まず，CPU 基板を事例に良いレイアウトと悪

〈図12-15〉部品レイアウト最適化前のノイズ放射のようす

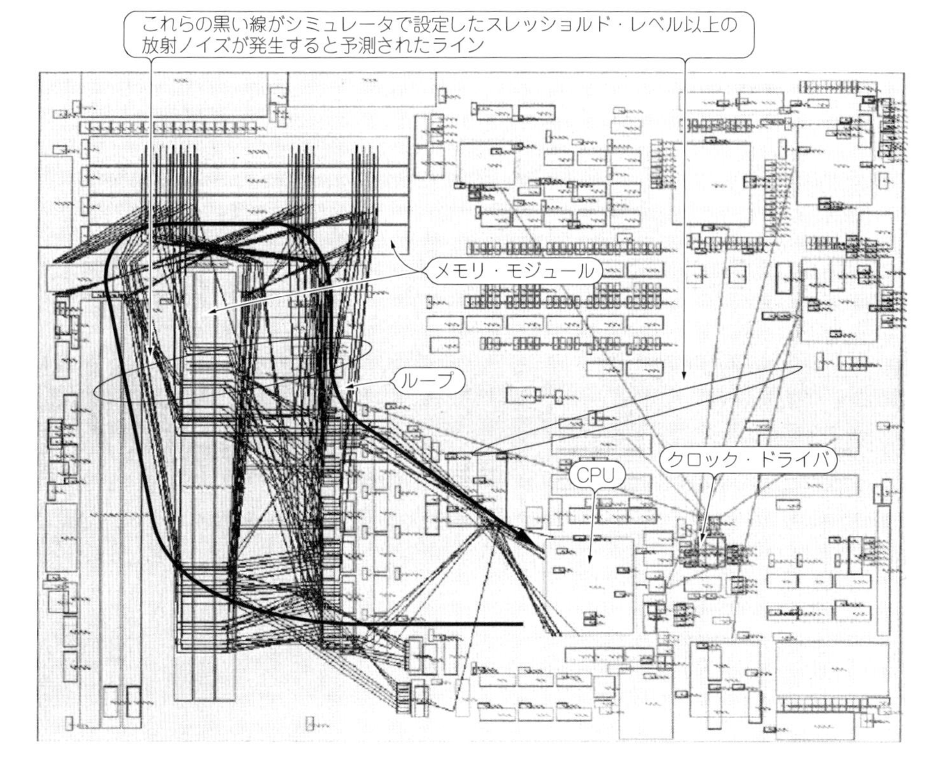

〈図12-16〉部品レイアウト最適化後のノイズ放射のようす

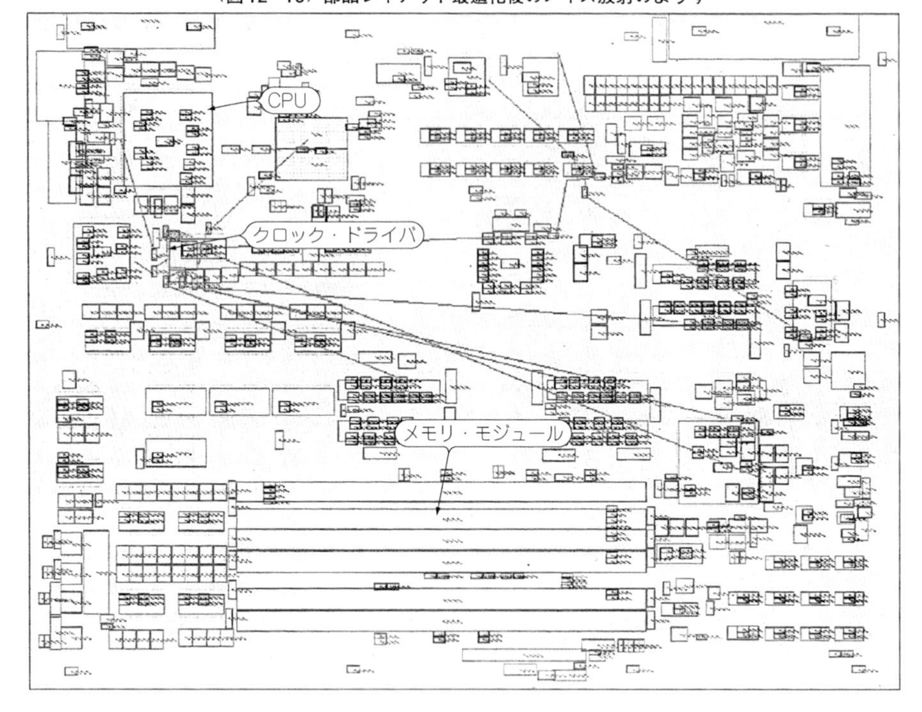

いレイアウトでどのくらい放射ノイズが違うかを見てみます．

● 部品レイアウト変更前のノイズ・シミュレーション

最近，プリント基板設計用CAD上で，部品をレイアウトしただけで配線する前に放射ノイズのようすを示してくれるシミュレータがあります．個々の配線の周波数，立ち上がり，電流などの情報から簡易的に放射ノイズを計算してくれます．

図12-15は，部品レイアウトを最適化する前のシミュレーション結果です．黒っぽい線は，放射ノイズが高くなることが予想される配線を示しています．

図12-15に示す基板の部品レイアウトは，左半分がメモリ・エリア，中央にCPU，そしてその横にクロック・ドライバです．メモリ・モジュール周辺のデータ・バス，アドレス・バスから放射するノイズは，レベルは低いものの問題であることを示しています．それらの配線はループ状になっています．

〈図12-17〉配線終了後のノイズ放射のようす

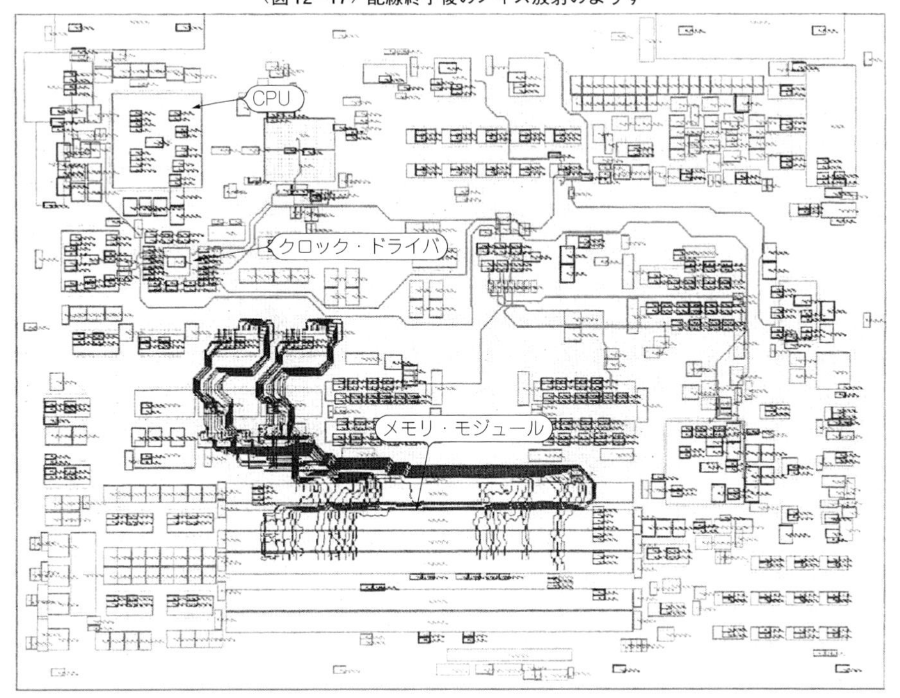

このメモリ・モジュール周辺の電源やグラウンドはスルー・ホールによって接続されており，安定な動作状態とはいえません．

● 部品レイアウト変更後のノイズ・シミュレーション

リターン電流の経路を確保するためにメモリ・モジュールの位置変更などいろいろ試みましたが，限られた基板スペースの中で対応するには無理がありました．結局モジュール1個当たりのメモリ容量を増やして部品を減らすことにしました．

図12-16は，レイアウト変更後のシミュレーション結果です．メモリ・モジュール周辺で問題となっていた，ノイズ放射の大きい配線は見当たらなくなりました．また，クロック・スピードの速い配線ほど，部品間距離が短くなるようにCPUやクロック・ドライバの配置を変更しています．

〈図12-18〉実測の放射ノイズ特性

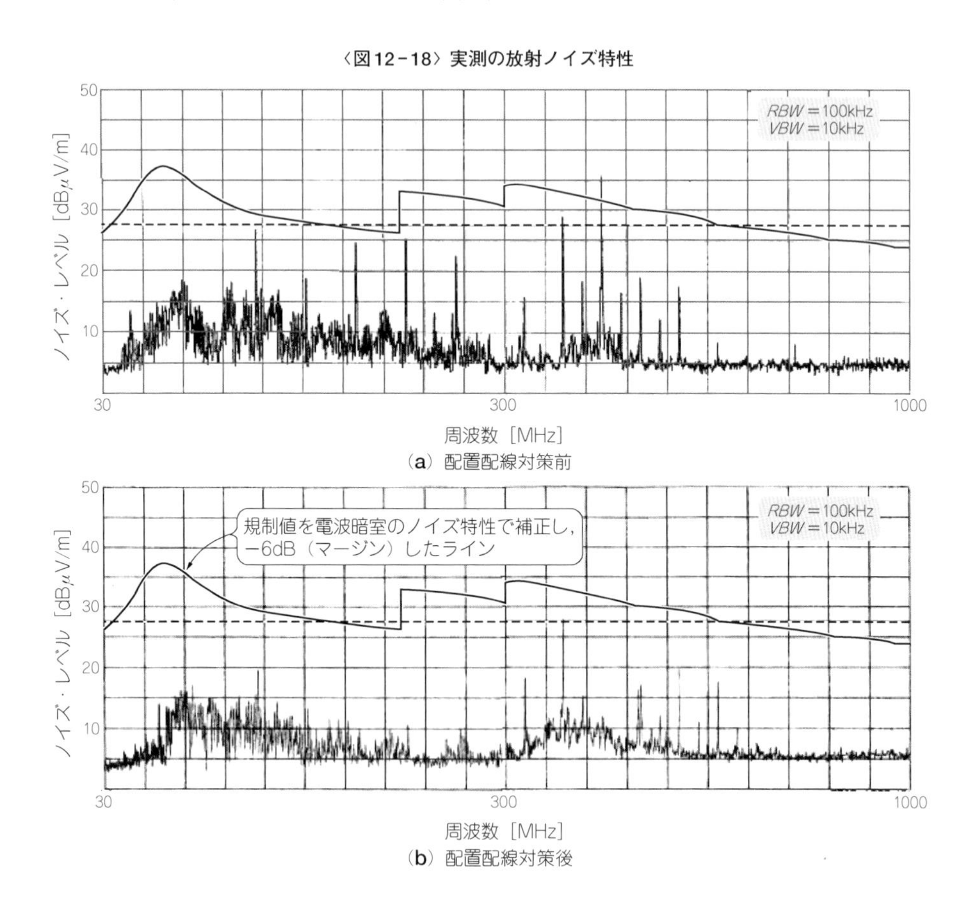

（a）配置配線対策前

（b）配置配線対策後

● 実際の基板の放射ノイズ測定

図12-17は，シミュレーションの結果に基づいて実際にCADで配線し，再度シミュレーションした結果です．

メモリ・モジュール付近に再び黒色の配線が出ていますが，これは，シミュレーションで想定していた配線長より，実配線長が長くなったことによるものです．先の**図12-15**と比べると配線の占める面積は大幅に縮小しています．

これらの対策を行い，基板単体で放射ノイズを実測した結果が**図12-18**です．規制値ぎりぎりになっていたクロックの高調波は，対策後ほとんど見当たらなくなりました．

〈図12-19〉配線長の違いとパルス波形

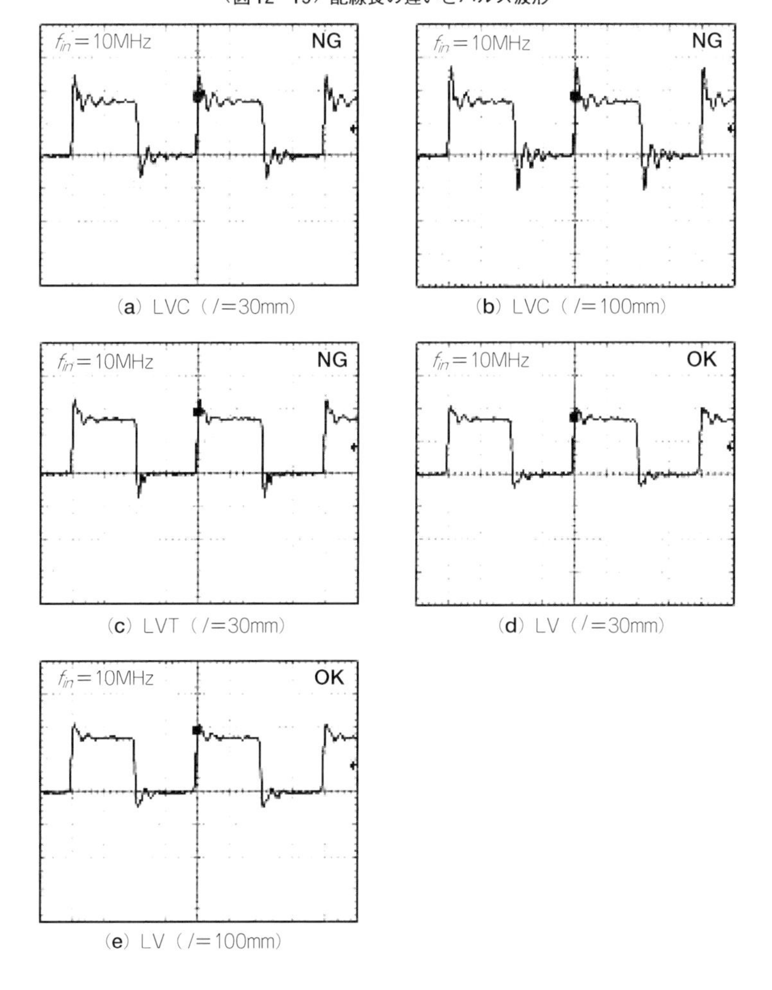

(a) LVC（l=30mm）

(b) LVC（l=100mm）

(c) LVT（l=30mm）

(d) LV（l=30mm）

(e) LV（l=100mm）

12.6　むだなダンピング抵抗の削減

● 配線が波長より十分短ければ抵抗は要らない

配線長が信号の波長より長くなる場合は分布定数線路として扱い，信号波形を保持するためにインピーダンスの整合を取るなど何らかの対応が必要です．これを裏返せば，配線が波長より十分短ければ，整合などの対策は不要ということです．

〈図12－20〉配線長の差とパルス波形の関係を調べるための実験回路

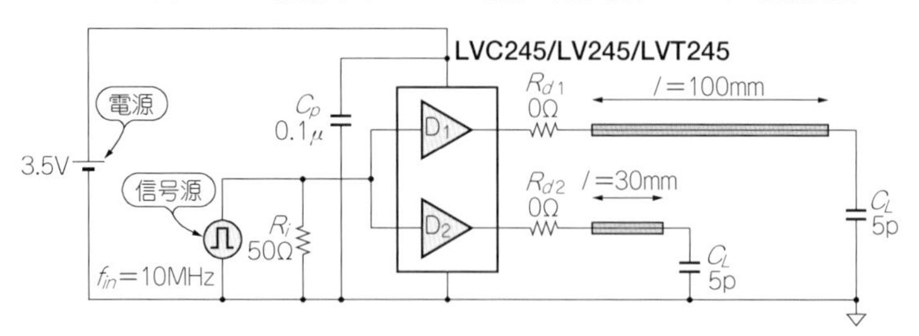

図12－19は，配線長を変えたときの負荷電圧の実測波形です．実験回路を図12－20に示します．この実験では，負荷容量を減らして信号の立ち上がりを速くするために，負荷容量C_Lを5 pFとしました．ダンピング抵抗R_dは0 Ωです．

図からわかるように，LVCやLVTなどICのドライブ能力が高いと，配線が30 mm程度でも電圧が絶対定格を越えることがあります．一方，LVクラスのICなら100 mm程度であれば，ダンピング抵抗なしでも問題ないことがわかります．

● シミュレータを使って不要な抵抗を見つける

実際の基板設計では，先に述べた配線シミュレータやプリント基板設計用CADにリンクしたノイズ・シミュレータを活用して，ダンピング抵抗が不要かどうかを判断します．

通常は，シミュレータで問題となった配線を短くしたり整合を取るなどして，ノイズを下げたり波形をきれいにします．しかし逆の発想で，シミュレータで問題にならない配線で，ダンピング抵抗や終端抵抗などが施されている箇所を探し出し，取り除いていきます．

図12－21は，このような設計法によって部品を削減した実際の基板の例です．カスタムLSI周辺の抵抗が大幅に削減されています．

12.7　基板の厚みと放射ノイズ

● 多層基板の構造と電源とグラウンドのインピーダンス

通常，多層基板の電源やグラウンドは，各層間のインピーダンスを低減するために隣接構造になっています．そして，隣接した平面導体間のインピーダンスZ_0は，

$$Z_0 = \frac{120\pi}{\sqrt{\varepsilon_r}} \frac{h}{d}$$

〈図12－21〉むだなダンピング抵抗を削除した例

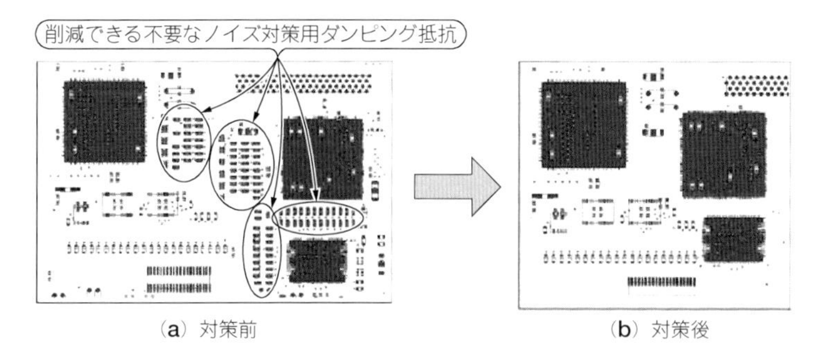

（a）対策前　（b）対策後

〈図12－22〉基板の厚さと放射ノイズ・レベルの関係

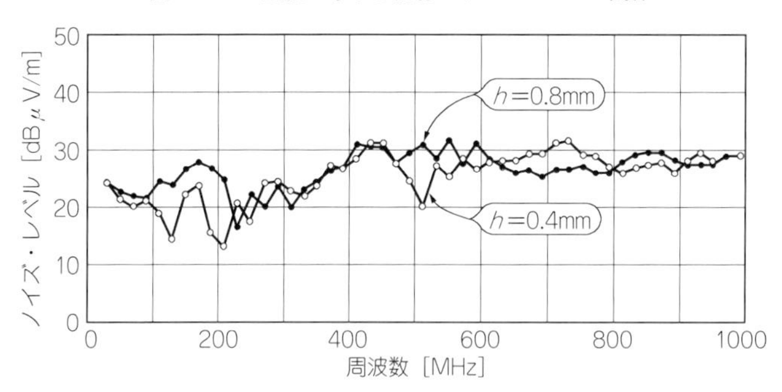

ただし，h：層間距離［m］，d：導体幅［m］，ε_r：比誘電率

と表せます．この式は，

- 層間距離hを短くする
- 導体長（幅）dを長くする
- 基板の比誘電率ε_rを大きくする

などの対応によって，電源とグラウンド間のインピーダンスを低減できることを意味しています．

● 薄い基板ほど低ノイズ

図12－4に示す両面基板を加工して，基板表面の線路と基板裏面のグラウンド間の基板厚さを0.8 mmから0.4 mmに薄くしたときに，放射ノイズがどのように変化するかみてみ

ました．測定環境と測定回路は**図12-2**と**図12-4**に示したものと同じです．使用したロジックICは，SN74LVC245です．

基板を薄くすることによって，電源とグラウンドの間隔は0.8 mmから0.4 mmになります．誘電率と導体幅は変わらないので，電源-グラウンド間のインピーダンスZ_0は，計算上半分になるはずです．

集中定数と分布定数

回路が高速で動作するようになり，伝送線路長が扱う信号の波長より長くなる場合は，その伝送路を必ず分布定数回路として扱わなければなりません．

伝送線路長lと集中定数と分布定数の使い分けは，次式を目安にします．

▶ 集中定数として扱える

$$l < \frac{t_r}{8\tau}$$

▶ 分布定数として扱ったほうがよい

$$\frac{t_r}{8\tau} \leqq l < \frac{t_r}{2\tau}$$

▶ 分布定数として扱う必要がある

$$l \geqq \frac{t_r}{2\tau}$$

ただし，τ：線長1m当たりの伝播遅延時間[sec]，l：線路長［m］，t_r：台形波の立ち上がり時間［sec］

となります．

例えば，ガラス・エポキシ基板上のt_r = 2 nsのディジタル信号が伝送する場合，ガラス・エポキシ基板のτは約6 ns/mなので，

$l_1 < 0.042$ m，$0.042 \leqq l_2 < 0.16$ m，
0.16 m $\leqq l_3$

となります．

つまり線路長が42 mm以上の場合は，伝送線路を分布定数回路として扱う必要があり，信号の波形を保持するために整合や終端抵抗など何らかの対応が必要であるということになります．

メーカ・カタログの立ち上がり時間t_rまたは立ち下がり時間t_fは，負荷容量を50 pFとしたときの値が一般的です．しかもかなり余裕を見ているようですから，負荷容量が50 pFより小さい回路の場合は，カタログ値をそのまま考慮するのは危険です．

特に，メモリ・モジュールなどのオプションを追加/削除するような回路の場合，オプションがないときは負荷が軽いためドライブ能力が余っています．このような場合，t_rがカタログ値より速くなってノイズで苦労することがあります．

その場合は，**図12-A**に示すように標準回路とオプション回路をあらかじめバッファなどで切り分けたり，オプションの負荷容量分C_{OP}を回路中に付加するなどの対応が必要です．最近は負荷に合わせてドライブをプログラマブルにコントロールできるデバイスも出てきました．

このように，実際のプリント基板設計にお

実験結果を**図12-22**に示します．100 M ～ 250 MHz，500 MHz，800 M ～ 900 MHz付近で3 ～ 10 dBの低減効果が見られました．300 MHzと600 ～ 800 MHzで，少し(2 ～ 5 dB)逆転していますが，層間のインピーダンスを下げることで，少なくともノイズが悪化することはないようです．

いては，回路と伝送路を別々に考えるのは不可能になっています．高速回路においては，たとえ20 mm以下の伝送路であっても分布定数回路として取り扱うほうが無難なようです．

反面，上式の関係で集中定数と判断できる回路や，低速で動作する回路($t_r \geqq 10$ ns)では，ダンピングや終端抵抗などの部品が削減できる可能性もあります．

〈図12-A〉ICの立ち上がり特性を安定化する方法

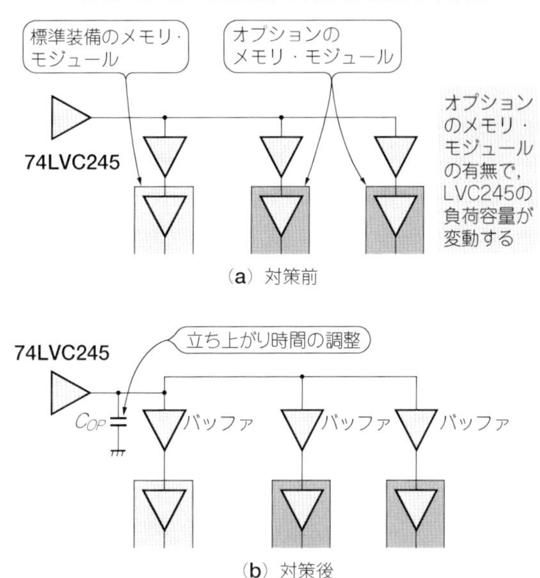

12.8　パスコンの位置と近傍磁界の変化

第8章の**写真8-2**と同じ実験基板を使って，基板近傍の磁界がどのようになっているのか，秘密兵器を使って見てみます．簡単な実験システムですが，パスコンの位置によって高周波電流がどのような経路で流れているかがわかります．

■ 近傍磁界の測定法

● 近傍磁界測定装置の概要

写真12-4に示すのは，実験に使用する秘密兵器EMV-200の外観です．これを使うと，基板の近傍磁界の強さや分布を測定できます．

左側の大きな装置がシステムの心臓部で，装置の下側に見えるのは，プローブと実験基板を固定する取り付け器具です．被測定物を4点で固定できるようになっており，高さを調整できます．中央の測定器はスペクトラム・アナライザです．右側の装置はパソコンです．スペクトラム・アナライザからデータを取り込んで解析したり，プローブのスキャン制御を行います．

写真12-5に示すのは，近傍磁界測定装置のプローブです．プローブは，ループ・アンテナを内蔵しています．検出した信号は同軸ケーブルで測定器に送られます．プローブか

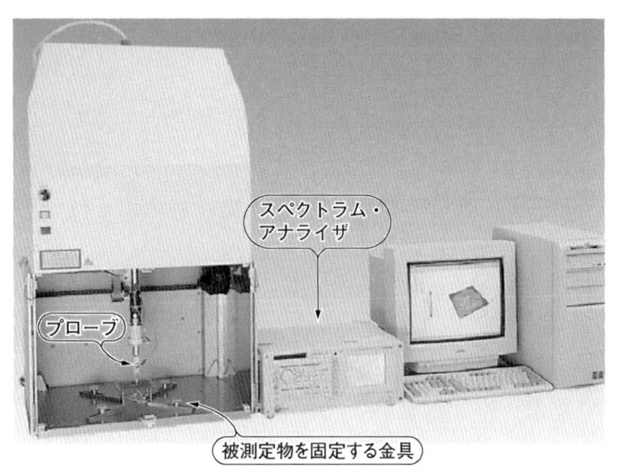

〈写真12-4〉近傍磁界測定装置 EMV-200の外観［日立デバイス・エンジニアリング㈱］

ら同軸ケーブルにかけては，変換コネクタでしっかり固定されています．これは，接続部で生じる反射をできるだけ小さく抑えるためです．コネクタ部の接続状態が不完全になっていると，接続部のインピーダンスが大きく乱れて反射が発生します．

2G～3GHzの高周波信号を扱うメーカの中には，コネクタ周辺のグラウンド・パターンや信号の引き出し方に，独特の工夫をしているところがあります．

● 近傍磁界測定の原理

図12-23は，交流の信号源と電圧計に接続した二つのコイルです．下部のループ・コイルⒶは基板上のプリント・パターンに，上部のループ・コイルⒷは近傍磁界測定装置のプローブに相当します．ループ・コイルⒷには，ループ・コイルⒶに流れる交流電流によって発生した磁束が貫通します．ループ・コイルⒷに流れる電流は，ループ・コイルⒷを貫通する磁束の量に比例するので，ループ・コイルⒷに流れる電流または出力端に生じる電圧を検出すれば，ループ・コイルⒶつまりプリント・パターンから発生する磁界の強さを知ることができます．

図12-24に，近傍磁界測定装置の測定の原理を示します．プリント・パターンに流れる高周波電流によって生じる磁界をループ・アンテナで検出し電圧に変換します．ループ・アンテナには，磁束の変化によって起電力が発生します．

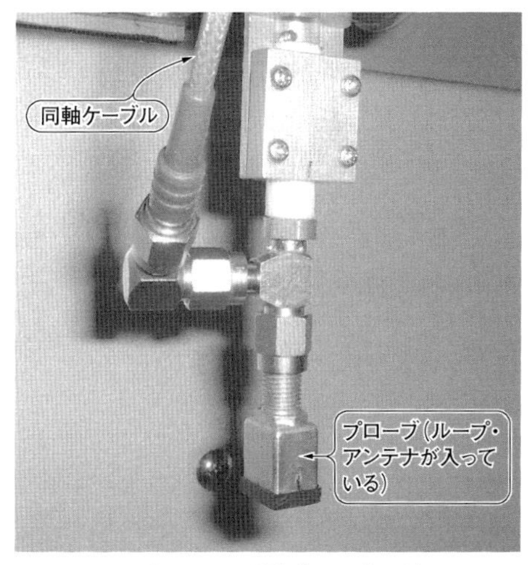

〈写真12-5〉磁界プローブの外観

〈図12-23〉
二つのループ・コイル間に生じる電磁誘導現象

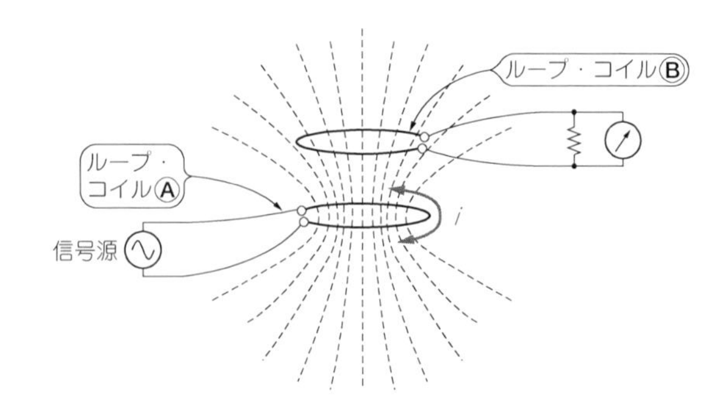

〈図12-24〉
プリント・パターンから生じる磁界と近傍磁界測定器のプローブに内蔵されたループ・アンテナ

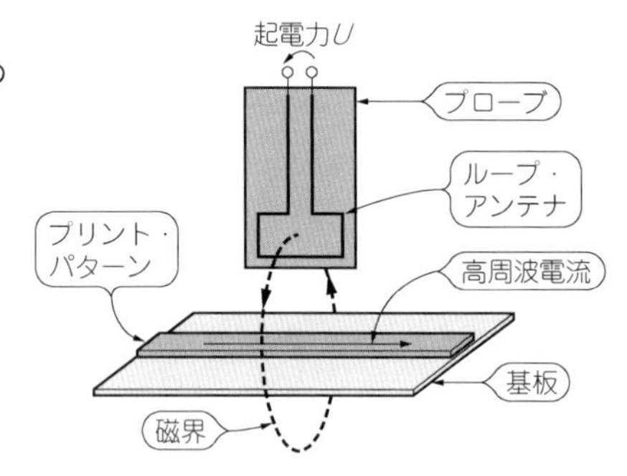

起電力 U［V］は，ループ・アンテナの面積を S［m^2］，測定資料とアンテナの距離を r［m］とすると次式で求まります．

$$U = \frac{S\mu\omega i \cos \omega t}{r}$$

ただし，ω：角周波数［rad/s］，t：時間［s］，μ：透磁率，i：電流［A］

周囲の磁界の影響を受けにくくし，起電力を確保するには，ループ面積を小さくし，測定距離を短くする必要があります．

● 正確な磁界測定を行うために

写真12-6は，近傍磁界測定装置のプローブで実験基板の裏面をスキャンしているところです．裏面は部品の凹凸がないため正確に測定できます．実験基板の左手前から右奥側まで横方向にスキャンします．

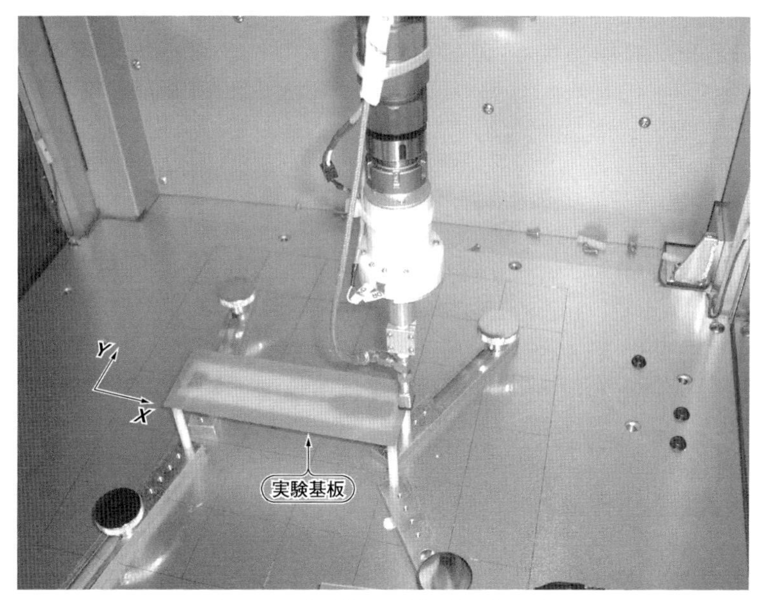

〈写真12-6〉実験基板の近傍磁界測定のようす

プローブは回転する構造になっています．**図12-24**からわかるように，基板上の磁界を効率良く検出するには，基板上の磁束がループ・アンテナを垂直に貫通する必要があります．つまり，ループ・アンテナとプリント・パターンは平行に配置しなければなりません．実際の測定では，プリント・パターンとループ・アンテナの角度は一定ではないので，最も磁界が強くなる角度に設定してデータを取得します．

磁界の測定精度を上げるためには，実験基板に供給する電源にも注意を払わなければなりません．ノイズの多いスイッチング・レギュレータは禁物ですし，電源と実験基板の間の配線を長くすると，正しい測定データは得られません．

基板の近傍磁界を測定する場合は，配線の影響はそれほど大きくありませんが，実験基板とアンテナの距離が10 mともなると，電源装置や配線から放射されるノイズが無視できなくなります．今回は，**写真12-7**に示すように，ビデオ・カメラ用の2次電池を使用しました．電池の出力に接続した器材は電圧コンバータで，入力電圧を5 Vまたは3.3 Vに変換します．ノイズの小さい3端子シリーズ・レギュレータICを内蔵しています．

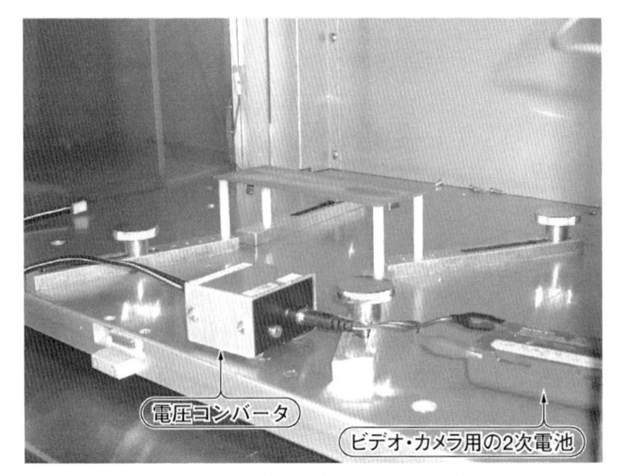

〈写真12-7〉実験基板に供給する電源装置

■ パスコンと近傍磁界の変化

● 基板の近傍磁界の測定結果

図12-25は，第8章で製作した実験基板Ⓐと Ⓑ(**写真8-2**)の近傍磁界の測定結果です．基板の裏側の磁界を測定したので，手前側が電源パターンから放射される磁界レベルを表しています．何度か測定を繰り返した結果，220 MHzのレベルが最も高かったので，これを測定周波数としました．一つの周波数に着目して，基板全体を測定するほうが効率が良いからです．

図12-25に示すX軸は基板の長辺方向，Y軸は短辺方向です．縦軸は放射ノイズのレベルを表しています．パスコンは，0.1 μF，B特性のものを使用し，ICの電源端子から1 mmの距離に実装しました．ICは74LVC04です．

電波暗室で測定した実験基板Ⓐと Ⓑの放射ノイズ特性(第8章 **図8-24**）を見ると，220 MHzの放射ノイズよりレベルの高い周波数がたくさんあります．近傍磁界と電波暗室で測定される3 m離れた位置で放射ノイズ・レベルの間に相関関係はないようです．これは次のような理由によるものです．

ノイズには,電源やグラウンド層などインピーダンスの低いラインから発生するものと,クロックや信号配線など，ハイ・インピーダンスのラインから発生するものの二つがあります．したがって，正確な放射ノイズ・レベルを得るためには，磁界と電界の両方を測定する必要があります．被測定物から3 m離れた位置で測定された放射ノイズ・レベルは,低インピーダンスから放射される磁界ノイズだけでなく，インピーダンスの高い回路から

〈図12-25〉低インダクタンス基板(基板Ⓐ)**と高インダクタンス基板**(基板Ⓑ)**の近傍磁界分布**

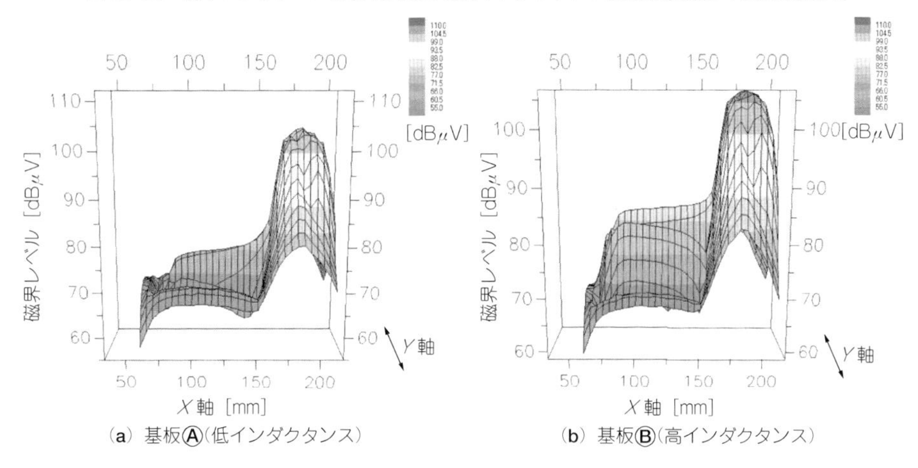

(a) 基板Ⓐ(低インダクタンス)　(b) 基板Ⓑ(高インダクタンス)

〈図12-26〉基板の中央部にパスコンを移動したときの近傍磁界分布

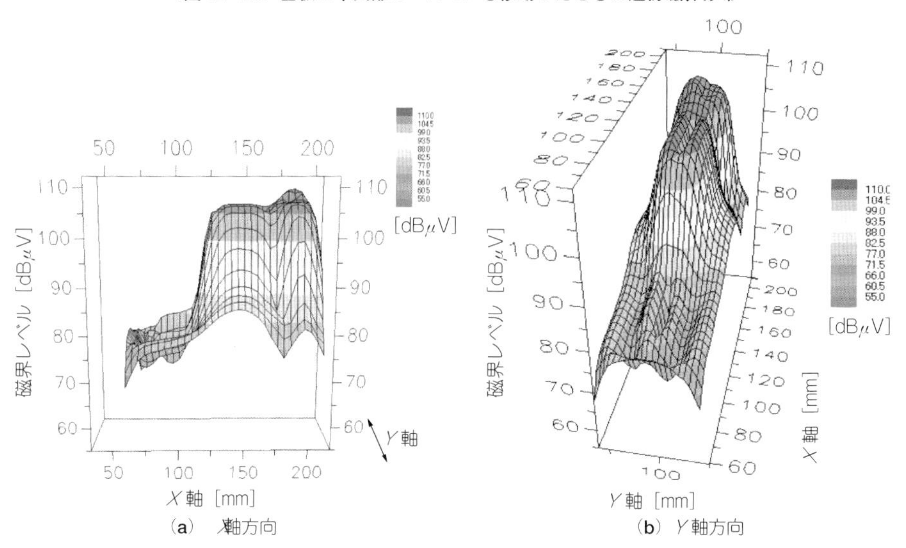

(a) X軸方向　(b) Y軸方向

発生する電界ノイズも含んでいます．

基板近傍で測定できるのは，インピーダンスの低いループ回路から放射される磁界だけです．あえて近傍磁界で測定したのは，測定対象がインピーダンスの低いグラウンドや電源だからです．

〈図12-27〉パスコンがないときの近傍磁界分布

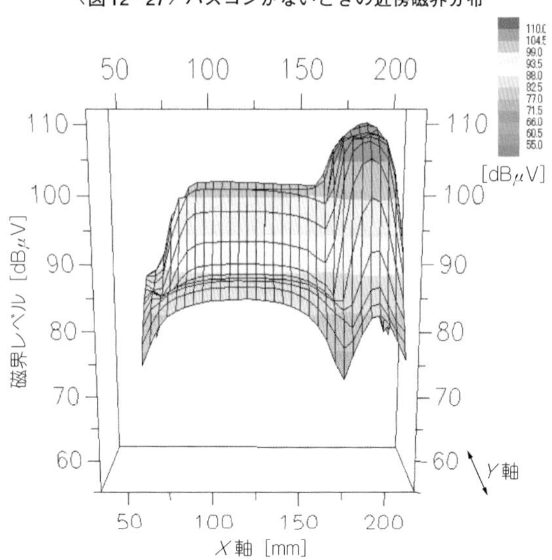

● パスコンの位置による近傍磁界の変化

図12-25の右側の盛り上がった部分は，ICとクリスタルが実装されている箇所です．磁界レベルが急激に減少している部分にパスコンが実装されています．

二つの図を比べてみると，磁界レベルはインダクタンスの低い基板Ⓐのほうが約6 dB低いことがわかります．基板Ⓐは電源パターンとグラウンド・パターン間の間隔が狭いため，磁界を打ち消し合う量が多いようです．

図12-26(a)に示すのは，パスコンを中央付近（ICから50 mmの位置）に移動したときの磁界レベルです．パスコン→電源パターン→ICの電源端子→ICのグラウンド端子→グラウンド・パターン→パスコンという電流ループが拡大し，磁界レベルの高いエリアが広くなりました．**図12-26(b)**は，この状態でY軸方向の磁界レベルを表示したものです．

図12-27は，パスコンを取り除いたときの近傍磁界の測定結果です．予想どおり，給電部からICまでの配線上の磁界レベルがとても高くなることがわかります．

以上の近傍磁界の測定結果からも，パスコンをICのすぐそばに置くことが，いかに重要かがわかります．

これまで，パスコンの位置について，さまざまな測定法を使って検討してきましたが，結論はICのできるだけ近くに実装し，短い配線で接続することが最良の方法です．

◆ 参考・引用*文献 ◆

(1) 宮本幸彦；高周波回路の設計と実装，p.30，1987年10月20日，日本放送出版協会．

(2) NAiSプリント配線材料カタログ，基材AA0001 200005‐7YD，松下電工㈱電子材料分社電子基材事業部．

(3)* 冨永弘幸；GHz帯のPCB設計，2002 EMCフォーラムテキスト，EMCフォーラム運営委員会．

(4)* NECユーザーズ・マニュアル，プリント配線板標準設計仕様(両面～8層基板，ピン間1～3本)，EP0073JJ4V4UM00，第4版，2000年8月，日本電気㈱．

(5) 久保寺 忠；ディジタル回路基板のノイズ対策事例，トランジスタ技術，1999年11月号，p.220，CQ出版㈱．

(6) Mark I. Montrose；Printed Circuit Board Design Techniques for EMC Compliance，1996年，p.21，IEEE Press．

(7) 久保寺 忠；EMC初めの一歩，2002 EMCフォーラムテキスト，EMCフォーラム運営委員会．

(8)* TI Application note SDYA011；Printed‐Circuit‐Board Layout for Improved Electromagnetic Compatibility，1996年10月，p.6，Texas Instruments Inc．

(9)* 後藤尚久；アンテナの科学，1992年3月15日，第11刷，pp.220～221，講談社．

(10)* Hewlett Packard Application note 1304‐1，タイムドメインリフレクトメトリによるマイクロストリップの特性評価，p.10．

(11) 伊藤謹司；プリント配線技術読本，1999年4月30日，第2版10刷，pp.7～12，日刊工業新聞社．

(12)* NECのプリント配線板，ビルドアップ・プリント配線板，EP0500JJ4V0SG00，第4版，2001年6月，日本電気㈱．

(13)* NECユーザーズ・マニュアル，プリント配線板高密度配線用P&SVH設計仕様，EP0075JJ4V4UM00，第4版，2000年7月，日本電気㈱．

(14) Michel Conrad；Clock Distribution Simplified with IDT Guaranteed Skew Clock Drivers，1996年6月，p.121，IDT Application Note AN‐82．

(15)* Mark I. Montrose；Printed Circuit Board Design Techniques for EMC Compliance，1996年，pp.78～79，IEEE Press．

(16) Stanley Hronik；FCT‐T Octal Logic Characteristics and Applications，p.9，IDT

application note AN - 152.

(17) 3.3V Low Skew PLL - Based CMOS Clock Driver (with 3 - state), IDT74FCT 388915T data sheet (DSC - 4243), 2000年10月.

(18)* 西川善栄；ICの電源ライン・ノイズを対策する，トランジスタ技術，1998年2月号，p.246，CQ出版㈱.

(19) 鈴木八十二；CMOS回路の使い方(Ⅱ)，1989年11月，pp.17～21，㈱工業調査会.

(20) 松永茂樹；最適なパスコンの使い方と放射ノイズ対策，トランジスタ技術，1999年11月号，p.194，CQ出版㈱.

(21)* チップ積層セラミックコンデンサカタログ C02J9，p.37，2002年4月，㈱村田製作所.

(22)* 上野 修，井口大介，新垣 均；コンデンサによるプリント基板の電源・グラウンド面放射の抑制，1999年7月，EMCJ研究会.

(23) Anupama Hegde；Clock and Signal Distribution Using IDT Clock Buffers，IDT Application note AN - 150，p.47，1996年.

(24) 綱島瑛一；多層プリント配線板の実装技術，pp.5～86，1985年9月，日刊工業新聞社.

(25) 松永茂樹；最適なパスコンの使い方と放射ノイズ対策，トランジスタ技術，1999年11月号，p.197，CQ出版㈱.

(26) ノイズ対策最新技術編集委員会；ノイズ対策最新技術，pp.8～14，1987年8月，㈱総合技術出版.

(27) 畔津明仁；ハード設計ワンランクアップ，p.58，1998年8月，第5版，CQ出版㈱.

(28) 碓井有三；ボード設計者のための分布定数回路のすべて，pp.17～18，2001年5月，初版4刷，http://www3.vc - net.ne.jp/~usuiy/

(29) Brian C. Wadell；Transmission Line Design Handbook，1991，pp.79～80，pp.113～114，Artech House.

(30) 上坂功一；これならわかる電気数学，1994年6月15日，pp.146～147，日刊工業新聞社.

(31) 春山定雄；電気系数学の基礎，1986年10月，pp.189～192，日本理工出版会.

(32) Clayton R. Paul；Introduction to Electromagnetic Compatibility，1992年，pp.362～372，John Wiley & Sons Inc.

(33) 碓井有三；ボード設計者のための分布定数回路のすべて，2001年5月，p.13，初版4刷，http://www3.vc - net.ne.jp/~usuiy/

(34)* 後藤尚久；アンテナの科学，1992年3月15日，第11刷，p.65，講談社.

索　　引

【あ行】

アイ・パターン …… 24
アディティブ法 …… 50
穴あけ …… 48
位相比較器 …… 109
板厚 …… 36
移動電荷量 …… 138
インピーダンス図 …… 241
エッチング …… 51
エッチング・レジスト …… 50
エンベデッド・
　マイクロストリップ線路 …… 40, 204
温度補償タイプ …… 131

【か行】

ガーディング・パターン …… 42
ガラス・エポキシ基板 …… 20
貫通電流 …… 125
基本波周波数 …… 20
基本波 …… 221
給電部 …… 236
近傍磁界測定装置 …… 276
偶数次高調波 …… 172
グラウンド層 …… 34
クリアランス …… 47
繰り返し周期 …… 231
クロストーク …… 218
クロック・ドライバ …… 91
ゲート-ソース間電圧 …… 125
結合 …… 41
高次高調波減衰特性 …… 133
高調波 …… 20
高誘電率タイプ …… 131
コプレーナ線路 …… 205
コモン・モード電流 …… 239

【さ行】

サブトラクティブ法 …… 50
磁界 …… 234
自己インダクタンス …… 152
自己共振周波数 …… 130
実効インダクタンス …… 156
シミュレータ …… 19
終端抵抗 …… 178
集中定数 …… 274
充放電電流 …… 122
出力インピーダンス …… 80
出力間スキュー …… 63
シンク電流 …… 80
信号層 …… 35
スキュー …… 18, 59
スキュー・セレクタ …… 93
スタブ …… 84
ストリップ線路 …… 24, 202, 205
スペクトラム拡散 …… 106
スルー・ホール …… 34, 43, 46
整合 …… 177
積層 …… 48
設計ルール …… 33
セットアップ時間 …… 57
センタード・ストリップ線路 …… 205
層間厚 …… 36
相互インダクタンス …… 153
ソース電流 …… 79
ソルダ・レジスト …… 53

【た行】

ターン・テーブル ……… 170
第3次高調波 ……… 221
ダイポール・アンテナ ……… 236
タイミング・チャート ……… 57
多層プリント基板 ……… 19
立ち上がり時間 ……… 66
立ち上がり伝播遅延 ……… 62
立ち下がり時間 ……… 66
立ち下がり伝播遅延 ……… 63
ダンピング抵抗 ……… 177
チップ・コンデンサ ……… 129
直流抵抗 ……… 150
抵抗ディバイダ ……… 94
ディファレンシャル・モード電流 ……… 239
低誘電率エポキシ基板 ……… 22
デカップリング ……… 147
テブナン終端 ……… 80, 180
デューティ ……… 65, 224
デューティひずみ ……… 63, 101
電圧制御発振器 ……… 109
電界 ……… 235
電荷量 ……… 121
電源層 ……… 34
電源パッド ……… 143
電磁界ノイズ ……… 41
電磁波 ……… 234
電波暗室 ……… 170
伝播速度 ……… 86
電流検出抵抗 ……… 135
電流分布 ……… 141
透過波 ……… 182
特性インピーダンス ……… 40, 68, 202
トランスミッタ ……… 209
トロンボーン配線 ……… 92

【な行】

内層コア材 ……… 52
内部等価容量 ……… 122
入出力間伝播遅延時間 ……… 64
入力容量 ……… 123
ノーマル・モード電流 ……… 239

【は行】

配線固有容量 ……… 89
バス・バッファ ……… 102
パスコン ……… 119
パッケージ・スキュー ……… 65
パッチ・アンテナ ……… 41
パッド ……… 53, 124
パルス・スキュー ……… 62, 101
反射 ……… 84
反射係数 ……… 181
一筆書き ……… 83
ビルド・アップ多層基板 ……… 51
ピン間3本ルール ……… 34
ピン間5本ルール ……… 34
ピンチ・オフ電圧 ……… 126
フーリエ級数展開 ……… 223
フェライト・ビーズ ……… 140
負荷容量 ……… 125
プリプレグ ……… 48
プルアップ ……… 180
プルダウン ……… 180
ブロー・ホール ……… 49
分岐配線 ……… 84
分周器 ……… 114
分布定数 ……… 274
分布負荷容量 ……… 81
ベタ・グラウンド ……… 38
包絡線 ……… 224
ホールド時間 ……… 57
ボンディング・ワイヤ ……… 73

【ま行】

マイクロストリップ・アンテナ …………… 42
マイクロストリップ線路 ………………… 202
ミアンダ配線 ……………………………… 92
無電解銅めっき …………………………… 50
モノポール・アンテナ …………………… 237

【や行】

誘電正接 …………………………………… 20
誘電体 ……………………………………… 20
誘電率 ……………………………………… 21
誘導起電力 ………………………………… 152

【ら行】

リード・フレーム ………………………… 73
リード線 …………………………………… 82
リプル電圧 ………………………………… 140
リンギング ………………………………… 231
ループ・コイル …………………………… 277
ループ・フィルタ ………………………… 109
ループ面積 ………………………………… 170
レジスト塗布 ……………………………… 51
レジスト剥離 ……………………………… 51

【わ行】

ワーク・サイズ …………………………… 26

【A～Z】

ASIC ………………………………………… 18
ASSP ………………………………………… 106
BGA ………………………………………… 51
B 特性品 …………………………………… 131
DDR-SDRAM ……………………………… 63
DIMM ……………………………………… 72
ESD ………………………………………… 18
FR4 ………………………………………… 20
F 特性品 …………………………………… 131
IBIS モデル ……………………………… 160
IVH（Inner Via Hole）………………… 53
N チャネル ………………………………… 125
PLL 内蔵型クロック・ドライバ………… 102
P チャネル ………………………………… 125
R/X7R 特性品 …………………………… 131
RIMM ……………………………………… 74
R 配線 ……………………………………… 42
SIMM ……………………………………… 74
tan δ ………………………………………… 20
TDR ……………………………………… 43, 190
t_{PHL} ………………………………………… 104
t_{PLH} ………………………………………… 104
T 分岐配線 ………………………………… 83
VCO………………………………………… 109
Y5V 特性品 ………………………………… 131

【数字】

45°配線 ………………………………… 43
4 層基板 …………………………………… 34
6 層基板 …………………………………… 37
8 層基板 …………………………………… 38
90°配線 ………………………………… 42

< 著者略歴 >

久保寺　忠（くぼでら・ただし）

1948 年　神奈川県生まれ
1970 年　日本大学理工学部卒業
1971 年　日本マランツ㈱入社
　　　　通信機器，自動演奏ピアノの設計など
1980 年　富士ゼロックス㈱入社
　　　　COB，MCM などの実装技術開発，EMC 対応技術開発など
現　在　日本フェンオール㈱　PWBA 事業企画室

高速ディジタル回路実装ノウハウ［オンデマンド版］

2002 年 9 月 15 日　初版発行
2013 年 12 月 1 日　第 7 版発行
2021 年 7 月 15 日　オンデマンド版発行

著　者　久 保 寺　忠
発行人　小 澤 拓 治
発行所　CQ 出版株式会社
〒 112-8619　東京都文京区千石 4-29-14
電話　編集　03-5395-2123
　　　販売　03-5395-2141
振替　00100-7-10665

ISBN978-4-7898-5285-2

乱丁・落丁本はご面倒でも小社宛てにお送りください．
送料小社負担にてお取り替えいたします．
本体価格は表紙に表示してあります．

表紙デザイン　アイドマ・スタジオ（柴田 幸男）
印刷・製本　大日本印刷株式会社
Printed in Japan